动物生物化学

主　编

李桂琴（兴安职业技术学院）

副主编

田珍珠（兴安职业技术学院）

参　编

敖布仁满都拉（兴安职业技术学院）

王晓莉（内蒙古化工职业学院）

北京理工大学出版社

BEIJING INSTITUTE OF TECHNOLOGY PRESS

内容提要

本书主要包括3个模块和附录，第1模块主要介绍了生命机体内所需的重要物质（蛋白质、核酸、酶和维生素）的组成、结构、性质和主要生物学功能；第2模块主要介绍了动物体内糖、脂肪、蛋白质、核酸代谢的基本过程和规律及物质代谢的相互关系和调控理论；第3模块主要介绍了核酸、蛋白质生物合成。附录安排了生物化学实验基本技术和多项具体技能训练，有助于提高学生的生物化学检测技能。

本书主要供各院校畜牧、兽医类各专业师生使用，也可供医学、食品、生化检测等专业师生和相关人员参考。

图书在版编目（CIP）数据

动物生物化学 / 李桂琴主编. —北京：北京理工大学出版社，2019.6
ISBN 978-7-5682-7139-4

Ⅰ. ①动…　Ⅱ. ①李…　Ⅲ. ①动物学－生物化学－高等职业教育－教材　Ⅳ. ①Q5

中国版本图书馆CIP数据核字（2019）第120599号

出版发行 / 北京理工大学出版社有限责任公司
社　　址 / 北京市海淀区中关村南大街5号
邮　　编 / 100081
电　　话 / （010）68914775（总编室）
（010）82562903（教材售后服务热线）
（010）68948351（其他图书服务热线）
网　　址 / http：//www.bitpress.com.cn
经　　销 / 全国各地新华书店
印　　刷 / 北京紫瑞利印刷有限公司
开　　本 / 787毫米×1092毫米　1/16
印　　张 / 12.5
字　　数 / 276千字
版　　次 / 2019年6月第1版　2019年6月第1次印刷
定　　价 / 49.00元

责任编辑 / 李玉昌
文案编辑 / 李玉昌
责任校对 / 周瑞红
责任印制 / 边心超

前言

Preface

动物生物化学课程是畜牧、兽医等动物科学类专业重要的基础课之一，与动物饲养、遗传育种、兽医基础和兽医临床等学科有密切的关系，是动物科学类专业学生的专业必修课之一。该门课程主要在分子水平上系统地阐述动物机体的主要化学组成物质的结构功能，糖、脂类和蛋白质等营养物质在动物机体内的代谢情况等，为动物饲料配方的科学与合理配制以及动物营养代谢病的研究提供重要的理论基础。

本书在编写中体现教育教学改革的特点，以培养学生的职业能力为目标，不仅体现专业基础课的基础性，还注重应用性，注重理论与实践相结合，并力求做到简明扼要、学以致用。本书以物质的代谢为中心内容，章前有“知识目标”，章后有“思考与练习”和“拓展与应用”，便于学生自主学习。本书后安排了生物化学实验基本技术和多项具体技能训练，有助于提高学生的生物化学检测技能。

本书编写过程中参考了市面上部分同类教材，在此表示感谢！限于编者水平，书中难免存在不足，请读者批评指正。

编　者

目录

Contents

绪　论

生物化学（Biochemistry）是从分子水平上阐明生命有机体化学本质的一门学科，是以生物生命体为研究的对象，揭示生命活动的化学规律，运用化学及生物的理论与技术，研究生命体内的物质组成与结构，物质在生命体内的化学变化，以及这些变化的规律与生理机能之间的密切关系，是服务于人类的生产实践活动的科学。以动物体为主要研究对象的生物化学，被称为动物生物化学。

0.1　动物生物化学研究的内容

动物生物化学的研究内容主要包括三个方面，而且这三个方面是紧密联系在一起的。

第一方面是动物体的化学组成、生物分子（特别是生物大分子）的结构、相互关系及其功能。组成动物体的化学元素主要有碳、氢、氧、氮、磷、硫、钙、镁、钠、钾、氯、铁等，这些元素构成动物体内各种有机物和无机物，如蛋白质、核酸、糖类、脂肪、维生素、水、无机化合物等，进而形成亚细胞结构、组织和器官，并在一定条件下表现出各种的生理功能。细胞的组织结构、生物催化、物质运输、信号传递、代谢调节以及遗传信息的储存、传递与表达等都是通过生物分子及其相互作用来实现的。生物体的化学元素，还将进一步组成多种多样的化合物，这些化合物是生物体生命活动的物质基础。

第二方面是细胞的新陈代谢的研究。生物体区别于非生物体的一个最主要特征是其具有新陈代谢作用，即生物体与其外界环境之间不断地进行物质和能量的交换过程。对新陈代谢的研究被称为动态生物化学，其中包含着复杂的化学变化过程。生物体每时每刻都在进行物质交换，摄入营养物质和排出代谢废物，从而维持其内环境的相对稳定，延续生命。动物摄取的营养物质经消化吸收进入机体组织细胞后，作为机体生长发育、组织更新和修补、个体繁殖等过程需要的原料，经一系列的化学反应将其转变为自身物质，即进行合成代谢；同时，可将自身的物质作为生命活动所需的能源，进行分解代谢，分解代谢所产生的废物经排泄器官排出体外。机体体内各种物质之间存在着密切而复杂的联系，各种物质代谢途径经调节作用，按一定的规律有条不紊地进行，以适应内外环境的变化。

第三方面是基因信息传递与调控。生物体区别于非生物体的另一个重要特征就是具有自我复制的能力，即以自身为模板复制出与自身相同的后代的能力，也称繁殖作用。其本质是遗传信息在生物体亲、子代之间的传递。DNA 是遗传信息的载体，基因是 DNA 分子中的各个功能片段。生物体的遗传信息以基因为基本单位储存于 DNA 分子中。基因信息传递涉及遗传、变异、生长、分化等生命过程，也与遗传病、恶性肿瘤、心血管病、代谢异常、免疫缺陷等多种疾病的发生机制有关。因此，基因信息传递的研究在生命科学（尤其是医学）中越来越显示出其重要性。

0.2 生物化学的发展

我国古代劳动人民在饮食、营养、医、药等方面都有不少创造和发明，公元前21世纪已能造酒，公元前12世纪，已能制饴，饴即今天的麦芽糖，是大麦芽中的淀粉酶水解谷物中淀粉的产物，在上古时期，已使用生物体内一类很重要的有生物学活性的物质——酶。明代李时珍（1518—1593）撰著的《本草纲目》，其中详述人体的代谢物、分泌物及排泄物等，如人中黄（粪）、淋石（尿）、乳汁、月水、血液及精液等，这一巨著不但集药物之大成，对我国古代的生物化学发展也有重要的贡献。

近代生物化学的研究始于18世纪，德国的药剂师K. Scheele首次从动植物材料中分离出乳酸、柠檬酸、酒石酸、苹果酸等，其为生物体各组织化学成分的分析为近代生物化学奠定了基础。19世纪，生物化学成为一门真正独立的学科。1828年F. Wohler在实验室里将氰酸铵转变成尿素，氰酸铵是一种普通的无机化合物，而尿素是哺乳动物尿中含氮物质代谢的一种主要产物。人工合成尿素的成功，不但为有机化学扫清了障碍，也为生物化学发展开辟了广阔的道路。自此直到20世纪初，对生物体内物质（如脂类、糖类及氨基酸）的研究，促进了核质及核酸的发现、多肽的合成等。而更有意义的是1897年Buchner制备的无细胞酵母提取液，在催化糖类发酵上获得成功，开辟了发酵过程在化学上的研究道路，奠定了酶学的基础。1903年，德国人C. A. Neuberg提出了“生物化学的概念”，促进了生物化学的发展。

从20世纪开始，生物化学进入了一个蓬勃发展的时期。在营养方面，研究了人体对蛋白质的需要及需要量，并发现了必需氨基酸、必需脂肪酸、多种维生素及一些不可或缺的微量元素等。在内分泌方面，人们发现了各种激素。许多维生素及激素不但被提纯，而且被合成。在酶学方面，Sumner于1926年分离出尿酶，并成功地将其做成结晶。接着，胃蛋白酶及胰蛋白酶也相继被做成结晶。这样，酶的蛋白质性质就得到了肯定，对其性质及功能才能有更详尽的了解，使体内新陈代谢的研究易于推进。在这一时期，我国生物化学家吴宪等在血液分析方面创立了血滤液的制备及血糖的测定等方法；在蛋白质的研究中，提出了蛋白质变性学说；在免疫化学上，首先使用定量分析方法，研究抗原抗体反应的机制；在营养方面，比较荤膳与素膳的营养价值，并发现动物的消化道可因膳食中营养素价值的不同及丰富与否而发生一定的改变；食素膳者与食荤膳者相比，胃稍大而肠较长。自此以后，生物化学工作者逐渐具备了一些先进手段，如放射性核素示踪法，能够深入研究各种物质在生物体内的化学变化，对各种物质代谢途径及其中心环节的三羧酸循环有了一定的了解。第二次世界大战后，特别从20世纪50年代开始，生物化学的发展突飞猛进；人们对体内各种主要物质的代谢途径均已基本清楚，所以，这个时期可以看作动态生物化学阶段。

数十年来，除早已在研究代谢途径时所使用的放射性核素示踪法之外，还建立了许多先进技术及方法。例如，在分离和鉴定各种化合物时，有各种各样敏感而特异的电泳法及层析法，还有特别适用于分离生物大分子的超速离心法；在测定物质的化学组成时，可使用自动分析仪，如氨基酸自动分析仪等；甚至在测定氨基酸在蛋白质分子中的排列顺序时，也有可供使用的自动顺序分析仪。还有不少近代的物理方法和仪器（如红外、紫外、X射线等各种仪器），用以测定生物分子的性质和结构。在知道生物分子的结构之后，就有可能了解其功能，并可能用人工方法合成。1965年我国的生物化学工作者和有机化学工作者首先人工合成了有生物学活性的胰岛素，开阔了人工合成生物分子的途径。除此之外，生物化学家也常常采用人工培养的细胞及繁殖迅速的细菌，作为研究材料，并用现代的先进手段，不但把糖类、脂类及蛋白质的分解代谢途径弄得更清楚，还大致了解了糖类、脂类、蛋白质、核酸、胆固醇、某些固醇类激素、血红素等的生物合成过程；不但测出了某些有生物学活性的重要蛋白质的结构（包括一、二、三及四级结构），尤其是一些酶的活性部位，而且测出了一些脱氧核糖核酸（DNA）及核糖核酸（RNA）的结构，从而确定了它们在蛋白质生物合成及遗传中的作用。体内构成各种器官及组织的组成成分都有其特殊的功能，而功能源于各种组成的分子结构；有特殊机能的器官和组织，由具有特殊结构的生物分子构成。探索结构与功能之间的关系正是现时期的任务。所以，可以认为生物化学已进入机能生物化学阶段。

0.3 动物生物化学与畜牧、兽医学科的关系

动物生物化学是畜牧、兽医等专业重要的基础课之一。通过对动物生物化学的学习，学生可以了解动物体内生化物质的组成、物质与能量的新陈代谢、营养物质的代谢及相互转化、相互影响的规律。科学地饲养动物、提供合理营养保证动物健康、培育优良品种和改变遗传特性等，以及兽医科学要探讨疾病的病因、进行疾病的诊断和治疗等，都需要动物生物化学的基本理论与技术。

生物化学应用在动物医学领域集中体现在四个方面：一是阐明疾病发生机理；二是提供临床生化检验和诊断方法；三是寻找治疗方法；四是为新药设计提供理论依据等。

生物化学对牧草种植、中草药栽培等农业生产也有重要的实用意义，如弄清楚植物的新陈代谢规律，就可以控制植物的发育；摸清蛋白质、糖、脂类等的生物合成规律，就可以控制一定的条件，获得更多、更优质的植物产品。

学习生物化学的理论和实验技术，可为正确探讨动物疾病的病因、诊断和治疗以及科学合理用药、加强疫病防治等提供理论基础。学好动物生物化学，不仅是学好畜牧、兽医、动物检疫等专业课程的保证，而且可以运用近代生物化学的理论与技术，研究解决当前畜牧、兽医学科中存在的问题，促进畜牧业的发展。

总之，动物生物化学与动物饲养、遗传育种、动物医学基础和动物医学临床等各学科的关系非常密切。

【思考与练习】

一、填空题

1．生物化学的研究内容主要包括__________、__________和__________。

2．生物化学发展的三个阶段是__________、__________和__________。

二、简答题

1．动物生物化学的研究对象和任务是什么？

2．以实例说明动物生物化学与畜牧、兽医等学科的专业课有什么联系。

第1模块　生命机体内的重要物质

第1章　蛋白质

知识目标

- 了解氨基酸和蛋白质的基本结构、分类及其理化性质。
- 掌握蛋白质生物学功能，氨基酸、蛋白质的结构特点及与功能之间的关系。
- 了解蛋白质在动物生产实践中的应用。

蛋白质（Protein）是生物体的基本组成成分，是一类复杂的含氮生物大分子，是生物体内一切细胞必需的组成成分，是生命活动的主要物质基础。在动物体内，蛋白质的含量很多，约占固体成分的45%，分布于细胞的各个部位，几乎所有的器官组织都含有蛋白质，具有广泛的生物学功能。动物体内蛋白质种类繁多，蛋白质在生物催化，构成动植物机体组织，细胞、生物运动，氧气运输和电子传递，物质代谢的调节，氨基酸储藏，动物免疫等方面都具有重要的生物功能。

1.1　蛋白质的生物学功能

蛋白质是荷兰科学家格利特·马尔德（Mulder）在1838年发现的。他观察到生物体离开了蛋白质就不能生存。蛋白质是生物体内极其重要的高分子有机物，生命是物质运动的高级形式，这种运动方式是通过蛋白质来实现的，所以蛋白质有极其重要的生物学功能。

1. 1.1　生物催化作用

生物体内的各种生化反应都是在相应酶的参与下完成的，绝大多数的酶都是蛋白质。由于酶的作用，物质代谢才能沿着一定的方向、以适当的速度进行，从而表现出各种生命现象。

1.1.2　代谢调节作用

高等生物体各组织细胞所含有的基因组虽然相同，但不同器官、组织或不同时期的基因表达不完全相同，都要受到严格的调控。许多蛋白质具有调节其他蛋白质执行其生理功能的能力，这些蛋白质称为调节蛋白。参与基因表达调控的蛋白质有组蛋白、非组蛋白、阻遏蛋白、基因激活蛋白和蛋白类激素等；此外，有一些调节蛋白参与细胞间的信息传递与信号传导。

1.1.3 运输储存作用

蛋白质在体内物质的运输与储存过程中起着重要作用。如血红蛋白运输氧及二氧化碳，脂蛋白运输脂类，铁在细胞内的储存必须与铁蛋白结合等；卵中的卵清蛋白、乳中的酪蛋白及种子中的谷蛋白等还可以储存胚胎或幼体生长发育所必需的氨基酸。

1.1.4 运动作用

某些蛋白质赋予细胞运动的能力。如肌动蛋白与肌球蛋白间的相对滑动，导致肌肉的收缩与舒张；动力蛋白与驱动蛋白的相互作用，可驱使小泡、颗粒和细胞器沿微管轨道运动以进行物质交流。

1.1.5 免疫作用

生物体内的防御系统也是由蛋白质组成的，防御系统蛋白质可以识别外来入侵物，并通过相应的免疫球蛋白的结合或特定细胞的吞噬作用消灭异源物。

1.1.6 生物膜作用

生物膜是生物体内物质和信息流通的必经之路，也是能量转换的重要场所。蛋白质是生物膜的重要组成成分，对维持生物膜结构和功能起着决定性作用。如细胞膜上附着、镶嵌的蛋白常常充当信息传递的受体。

1.1.7 其他作用

蛋白质在机械支持、营养、凝血及动物的记忆和识别活动等方面也起着非常重要的作用，有些蛋白质还具有一定的甜度或特殊的弹性等。此外，蛋白质是生物体生长发育不可缺少的营养物质，不仅可以为生物体提供所需的氨基酸，而且可以为生物体提供能量。

综上所述，蛋白质具有广泛的生物学功能，参与生命的各种活动。生命活动不能离开蛋白质，蛋白质是生命活动所依赖的物质基础。随着蛋白质化学研究的不断发展，有关生命的奥秘将会被逐渐揭开。

1.2 蛋白质的化学组成

生物界中的蛋白质种类繁多，估计处在 $10^{10} \sim 10^{12}$ 数量级，因生物种类的不同，其蛋白质的种类和含量有很大差别，例如，人体大约含有 30 万种蛋白质，一个大肠杆菌的蛋白质虽少，但也含有 1 000 种以上。各种蛋白质都有其特定的结构，其结构的差异赋予了它们多种多样的生物学功能，一切生命过程和物种的繁衍活动都与蛋白质的合成、分解和变化密切相关。

1.2.1 蛋白质的元素组成

蛋白质虽种类繁多，结构各异，但元素组成相似，根据元素分析可知，蛋白质主要由碳、氢、氧、氮和硫等元素组成，见表 1.1。

表 1.1 蛋白质中元素的含量 %

元素种类	C	H	O	N	S
元素含量	50 ～ 55	6.9 ～ 7.7	21 ～ 24	15 ～ 17	0.3 ～ 2.3

除此之外，不同种类的蛋白质中还含有微量的磷、铁、铜、锌等金属元素，个别蛋白质还含有碘。

各种蛋白质的氮含量基本接近且恒定，一般都为 15 % ～ 17 %，平均为 16 %，若取其倒数，即 100/16=6.25，这就是蛋白质换算系数，它表示样品中每存在 1 g 氮，就含有 6.25 g 蛋白质。蛋白质换算系数是以测定样品中氮的含量来测定其中蛋白质含量的依据，是凯氏定氮法测定蛋白质含量的计算基础。其计算公式如下：

$$蛋白质含量=氮含量 \times 6.25$$

凯氏定氮法的测定原理是将被测定的蛋白质样品与浓硫酸共热，氮转化成的氨与硫酸结合成硫酸铵；待分解完成后，在凯氏定氮仪中加入强碱放出氨，借助水蒸气将氨蒸发后注入过量的硼酸，然后用标准盐酸溶液滴定，根据消耗的盐酸量计算出样品的含氮量，再乘以 6.25 即可得到蛋白质的含量，这是测定粗蛋白含量的常用方法。

1.2.2 氨基酸

蛋白质可以受酸、碱或酶的作用而水解，水解的最终产物都是各种氨基酸的混合物。所以，氨基酸是蛋白质的基本结构单位，构成天然蛋白质的氨基酸共 20 种，见表 1.2。

表 1.2 20 种常见氨基酸的名称和结构式

分类		名称	缩写符号	分子结构	化学名称	等电点
中性氨基酸	脂肪族氨基酸	甘氨酸	甘，Gly	$H-CH(NH_2)-COOH$	氨基乙酸	5.97
		丙氨酸	丙，Ala	$CH_3-CH(NH_2)-COOH$	α－氨基丙酸	6.00

续表

分类		名称	缩写符号	分子结构	化学名称	等电点
中性氨基酸	脂肪族氨基酸	缬氨酸	缬，Val	$(CH_3)_2CH-CH(CH_2)-COOH$	α－氨基异戊酸	5.96
		亮氨酸	亮，Leu	$(CH_3)_2CH-CH_2-CH(NH_2)-COOH$	α－氨基己酸	5.98
		异亮氨酸	异亮，Ile	$CH_3-CH_2-CH(CH_3)-CH(NH_2)-COOH$	α－氨基－β－甲基戊酸	6.02
	含羟基氨基酸	丝氨酸	丝，Ser	$HO-CH_2-CH(NH_2)-COOH$	α－氨基－β－羟基丙酸	5.68
		苏氨酸	苏，Thr	$CH_3-CH(OH)-CH(NH_2)-COOH$	α－氨基－β－羟基丁酸	5.60
	含硫氨基酸	半胱氨酸	半，Crs	$HS-CH_2-CH(NH_2)-COOH$	α－氨基－β－巯基丙酸	5.07
		甲硫氨酸	蛋，Met	$CH_3-S-CH_2-CH_2-CH(NH_2)-COOH$	α－氨基－γ－甲硫基丁酸	5.74
	芳杂环氨基酸	脯氨酸	脯，Pro	（吡咯烷环，N—H）—COOH	β－吡咯烷基－α－羧酸	6.30
		苯丙氨酸	苯丙，PH 值 e	$C_6H_5-CH_2-CH(NH_2)-COOH$	α－氨基－β－苯基丙酸	5.48
		酪氨酸	酪，Tyr	$HO-C_6H_4-CH_2-CH(NH_2)-COOH$	α－氨基－β－对羟基苯丙酸	5.66
		色氨酸	色，Trp	（吲哚环，N—H）$-CH_2-CH(NH_2)-COOH$	α－氨基－β－吲哚基丙酸	5.89

续表

分类		名称	缩写符号	分子结构	化学名称	等电点
中性氨基酸	酰胺	天冬酰胺	Asn	$H_2N-C(=O)-CH_2-CH(NH_2)-COOH$	α－氨基－β－酰胺丙酸	5.41
		谷氨酰胺	Gln	$H_2N-C(=O)-CH_2-CH_2-CH(NH_2)-COOH$	α－氨基－γ－酰胺丁酸	5.65
酸性氨基酸		天冬氨酸	天冬，Asp	$HOOC-CH_2-CH(NH_2)-COOH$	α－氨基丁二酸	2.77
		谷氨酸	谷，Glu	$HOOC-CH_2-CH_2-CH(NH_2)-COOH$	α－氨基戊二酸	3.22
碱性氨基酸		精氨酸	精，Arg	$(NH_2)_2C-NH-(CH_2)_3-CH(NH_2)-COOH$	α－氨基－σ－胍基戊酸	10.76
		组氨酸	组，His	咪唑环$-CH_2-CH(NH_2)-COOH$	α－氨基－β－咪唑基丙酸	7.59
		赖氨酸	赖，Lys	$H_2N-CH_2-(CH_2)_3-CH(NH_2)-COOH$	α，ε－氨基己酸	9.74

1．氨基酸的结构

蛋白质分子中氨基酸的种类、数量、排列顺序和理化性质不同，可以形成种类繁多、结构复杂、生物功能各异的蛋白质。自然界存在的氨基酸有 300 多种，但存在于生物体内合成蛋白质的氨基酸只有 20 种。最新发现的硒代半胱氨酸被列为第 21 种氨基酸。不过，目前仅在几种蛋白质中发现含有这种氨基酸。除脯氨酸及其衍生物外，这些氨基酸在结构上都有一个共同点，即与羧基相邻的 α－碳原子上都连有一个氨基，因此称为 α–氨基酸，并且在 α–碳原子上还连接有一个氢原子和一个可变的侧链，称为 R 基或 R 侧链。α–氨基酸的结构通式如下：

$$H_2N-\underset{R}{\overset{COOH}{C}}-H \quad 或 \quad H_3^+N-\underset{R}{\overset{COO^-}{C}}-H$$

各种氨基酸的区别就在于 R 基的不同，侧链对氨基酸的理化性质和蛋白质的空间结构有重要的影响，除甘氨酸（R 基为 H）外，其余 19 种氨基酸的 α–碳原子都是手性碳原子（不对称碳原子），都具有旋光性，可以形成 D– 型和 L– 型两种异构体。到目前为止，所发现的游离氨基酸和蛋白质温和水解得到的氨基酸主要是 L– 型氨基酸，D– 型和 L– 型氨基酸在化学性质、熔点、溶解度等性质方面没有区别，但生理功能完全不同。D– 型氨

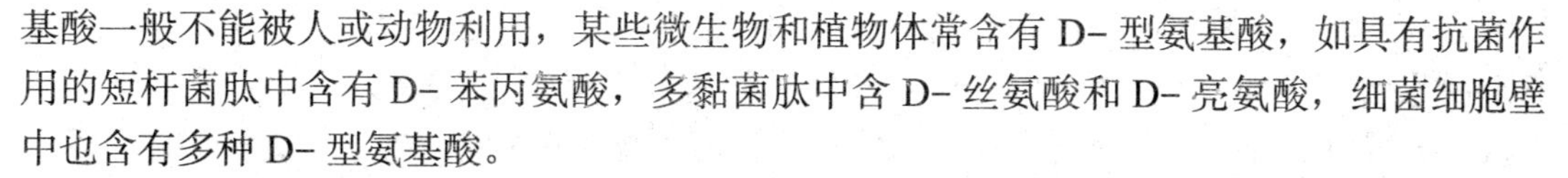

基酸一般不能被人或动物利用，某些微生物和植物体常含有D-型氨基酸，如具有抗菌作用的短杆菌肽中含有D-苯丙氨酸，多黏菌肽中含D-丝氨酸和D-亮氨酸，细菌细胞壁中也含有多种D-型氨基酸。

2. 氨基酸的分类

从不同的角度出发可以将20种氨基酸分为不同的类别。

（1）根据R基结构分类。根据R基结构，20种氨基酸可以分为脂肪族、芳香族、杂环族3类。脂肪族氨基酸包括甘氨酸、丙氨酸、缬氨酸、亮氨酸、异亮氨酸、甲硫氨酸、半胱氨酸、丝氨酸、苏氨酸、谷氨酸、谷氨酰胺、天冬氨酸、天冬酰胺、赖氨酸、精氨酸，共15种；芳香族氨基酸包括苯丙氨酸、酪氨酸、色氨酸；杂环族氨基酸包括组氨酸和脯氨酸。

（2）根据氨基和羧基的个数分类。根据氨基酸分子中所含氨基和羧基的数目，可以将20种氨基酸分为中性、酸性、碱性3大类。中性氨基酸是分子中含有一个氨基、一个羧基，此类氨基酸种类最多。酸性氨基酸是分子中所含羧基数目大于氨基数目，包括天冬氨酸和谷氨酸两种。碱性氨基酸是分子中所含氨基数目大于羧基数目，包括精氨酸、赖氨酸和组氨酸3种。

（3）从营养学角度分类。从营养学角度，可以将氨基酸分为必需氨基酸和非必需氨基酸两类。必需氨基酸是指维持正常生命不可缺少，但生物体不能合成或合成的量很少，必须从食物中获得的氨基酸，主要包括缬氨酸、异亮氨酸、亮氨酸、苯丙氨酸、甲硫氨酸、赖氨酸、色氨酸、苏氨酸等。食物中缺乏这些氨基酸时，就会影响动物的生长发育。非必需氨基酸是指生物体可以自己合成，不必依赖从外界食物中摄取的氨基酸。

除了上述的氨基酸外，自然界中还存在着许多的天然氨基酸，它们以游离的状态存在于生物的某些组织或细胞中，如脑组织中的γ-氨基丁酸、西瓜中含有的瓜氨酸、动物细胞中的牛磺酸和鸟氨酸。它们都不参与任何蛋白质的合成，但在生命活动中也起着非常重要的作用。

3. 氨基酸的主要理化性质

（1）物理性质。氨基酸为无色晶体，每种氨基酸都有自己特有的结晶形状，可用于氨基酸的鉴定，氨基酸的熔点很高，一般为200～300 ℃，各种氨基酸有不同的味感，赋予了食物不同的美味。如大米的香味是由于胱氨酸的存在；味精的鲜味是由于谷氨酸单钠盐的存在。氨基酸一般都溶于水，但在水中的溶解度差别很大，氨基酸均可溶于稀酸、稀碱溶液中，但不溶或微溶于有机溶剂。在配制氨基酸溶液时常用稀酸助溶，在氨基酸制备时常采用有机溶剂（常用乙醇）沉淀法。

氨基酸在可见光区都没有光吸收，在紫外光区只有酪氨酸（Tyr）、色氨酸（Trp）和苯丙氨酸（Phe）具有光吸收能力。酪氨酸的最大吸收位置在278 nm，色氨酸的最大吸收位置在279 nm，而苯丙氨酸的最大吸收位置在259 nm。可利用该性质测定这3种特殊氨基酸的含量。

（2）氨基酸的两性解离与等电点。氨基酸分子中的羧基（—COOH）能像酸一样解离提供H^+，变为—COO^-；其氨基（—NH_2）也能像碱一样接受H^+，变为—NH_3^+。因此，氨基酸是两性电解质。带有相反电荷的极性分子叫作两性离子，又称为兼性离子、偶极离子。

氨基酸在水溶液中的带电状态随溶液的pH值的变化而变化。向处于两性离子状态的氨基酸水溶液中加入酸，溶液的pH值降低，羧基负离子（$-COO^-$）接受质子（H^+），变成了不带电的羧基，而表现出碱的性质，整个氨基酸带的净电荷为正；加入碱时，溶液的pH值升高，铵离子（$-NH_3^+$）释放出一个质子H^+，与OH^-结合生成水，整个氨基酸带的净电荷为负。在一定的pH值条件下，氨基酸分子中所带的正电荷与负电荷数相等，即净电荷为零，此时溶液的pH值称为氨基酸的等电点，用pI表示。氨基酸在等电点时主要以偶极离子形式存在。上述变化如下所示：

$$R-CH(COOH)(NH_3^+) \underset{+H^+}{\overset{-H^+}{\rightleftharpoons}} R-CH(COO^-)(NH_3^+) \underset{-OH^-}{\overset{+OH^-}{\rightleftharpoons}} R-C(COO^-)(OH)(NH_2)$$

(正离子)$pH<pI$　　(偶极离子)$pH=pI$　　(负离子)$pH>pI$

在等电点时，氨基酸在溶液中以电中性状态存在，它与水分子的作用比阳离子或阴离子状态时弱，故溶解度最小，易于沉淀。在工业中常利用这一性质提取氨基酸，例如在味精的生产中，把发酵液的pH值调到谷氨酸的等电点附近，大量的谷氨酸就会结晶析出。

（3）与茚三酮的反应。氨基酸与茚三酮的反应是定性和定量检测氨基酸或蛋白质的重要反应。α-氨基酸（除脯氨酸外）与水合茚三酮在弱酸性溶液中共热，可以生成蓝紫色的化合物，同时释放出CO_2，其反应过程如下：

$$\text{茚三酮} \underset{-H_2O}{\overset{+H_2O}{\rightleftharpoons}} \text{水合茚三酮}$$

$$\text{水合茚三酮} + H_3N-CH(R)-COOH \longrightarrow \text{还原茚三酮} + R-CHO + NH_3 + CO_2$$

$$\text{茚三酮} + 2NH_3 + \text{还原茚三酮} \longrightarrow \text{蓝紫色化合物} + 3H_2O$$

该蓝紫色化合物在 570 nm 处有最大吸收峰，并且，吸收峰值的大小与氨基酸释放出的氨量成正比。因此，可以定量测定氨基酸含量（脯氨酸与茚三酮反应呈黄色，可在波长 440 nm 处进行含量测定）。该颜色反应也常用于氨基酸的纸层析、薄层层析及电泳等显色。

1.2.3　肽

1．肽的结构

一个氨基酸的 α-羧基和相邻的另一个氨基酸的 α-氨基之间脱水缩合，通过形成的酰胺键将两个氨基酸连接在一起，这个酰胺键称为肽键。蛋白质分子中氨基酸依靠肽键连接缩合形成的。

$$H_2N-\underset{H}{\overset{R_1}{C}}-\underset{O}{\overset{\|}{C}}-OH + H-\underset{H}{N}-\underset{R_2}{\overset{H}{C}}-COOH \xrightarrow{-H_2O} H_2N-\underset{H}{\overset{R_1}{C}}-\underbrace{\underset{O}{\overset{\|}{C}}-\overset{H}{N}}_{肽键}-\underset{R_2}{\overset{H}{C}}-COOH$$

由 2 个氨基酸缩合形成的肽称为二肽，由 3 个氨基酸形成肽称为三肽，习惯称含有少于 10 个氨基酸的肽为寡肽，含有 10 个以上氨基酸的肽为聚肽或多肽。可以看到，多肽链中的氨基酸单位已经不是原来完整的氨基酸分子，因此称氨基酸残基。蛋白质是由一条或多条多肽链以特殊方式结合而成的生物大分子。

肽是氨基酸的线性聚合物，因此也常称肽链。多肽链中由氨基酸羧基与氨基形成的肽键部分重复规则排列，构成肽链骨架，称为肽主链。肽链上的 R 基代表各氨基酸不同侧链基团，它们对维护蛋白质分子的立体结构和行使功能都起着重要的作用，统称为多肽链的侧链（图 1.1）。

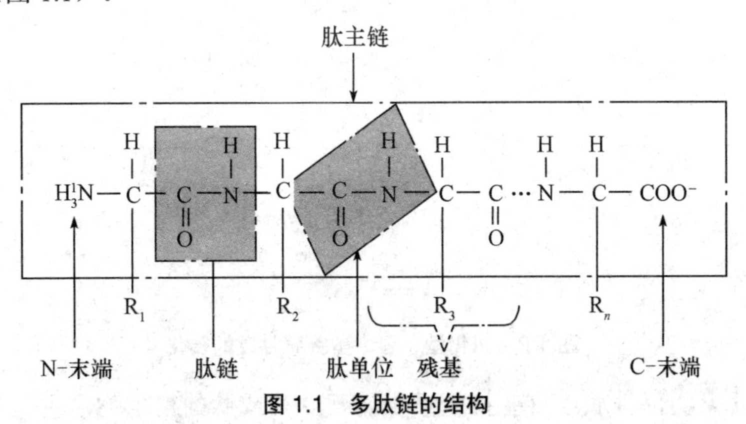

图 1.1　多肽链的结构

多肽链骨架的重复结构单元是肽键，除了某些特殊的环状小分子肽外，多肽和寡肽都是链状化合物。每个多肽链分子中，都有一个游离的 α－氨基末端称为氨基末端（或称 N- 末端），通常写在多肽链的左端；另一端有一个游离的 α－羧基末端称为羧基末端（或称 C- 末端），通常写在多肽链的右端。命名时，在每一个氨基酸名称后加一个“酰”字组成，从左至右依次将各氨基酸的中文或英文缩写符号列出。如下面结构式的三肽被命名为丝氨酰甘氨酰酪氨酸，或简写为 Ser-Gly-Tyr，或用英文的单字符缩写表示 S-G-Y。

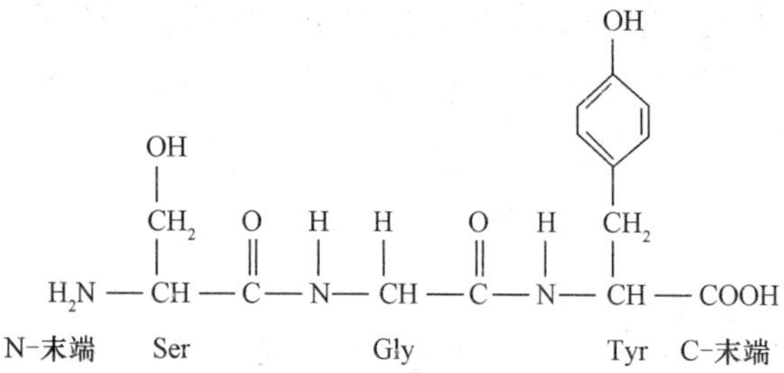

$$H_2N-\underset{\text{Ser}}{\overset{CH_2OH}{CH}}-\overset{O}{\overset{\|}{C}}-\overset{H}{N}-\underset{\text{Gly}}{\overset{H}{CH}}-\overset{O}{\overset{\|}{C}}-\overset{H}{N}-\underset{\text{Tyr}}{\overset{CH_2-C_6H_4-OH}{CH}}-COOH$$

N-末端　Ser　Gly　Tyr　C-末端

蛋白质就是许多氨基酸残基组成的肽链。通常情况下，蛋白质含有 50 个以上氨基酸残基，多肽含有的氨基酸少于 50 个。例如，含有 51 个氨基酸残基的胰岛素称为蛋白质，而由 39 个氨基酸残基组成的促肾上腺皮质激素称为多肽。

2. 重要生物活性肽

许多具有生物活性的低分子质量的肽广泛存在于生命体中。一般在生物体中含量少，结构多样，功能各异，但对生物基体的生命活动有益或在细胞内发挥着一定作用的肽类化合物为生物活性肽。例如，动物体内的激素（调节代谢活性的物质），许多是肽类，微生物中一些抗生素也是肽类。

（1）谷胱甘肽（GSH）。谷胱甘肽是一种三肽，由 L- 谷氨酸、L- 半胱氨酸和甘氨酸组成，具有抗氧化整合解毒作用。谷胱甘肽存在还原型的谷胱甘肽（GSH）和氧化型的谷胱甘肽（GSSG）。谷胱甘肽的生理功能主要是通过还原型的谷胱甘肽与有害的氧化剂作用，保护生物体内含有巯基的蛋白不被氧化，使这些蛋白质保持生理活性。氧化型、还原型谷胱甘肽的转化如图 1.2 所示。

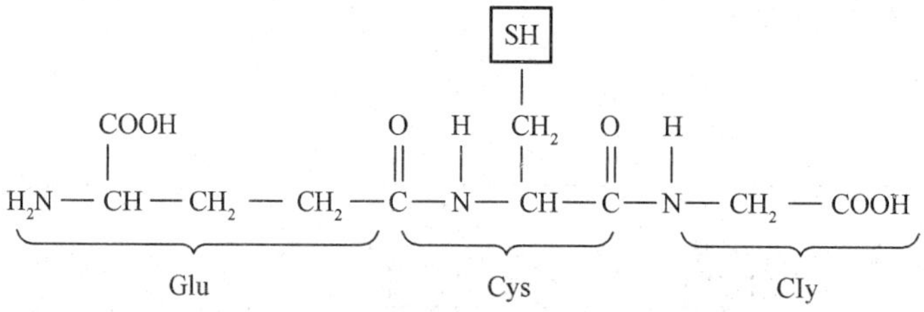

$$\underbrace{H_2N-\overset{COOH}{CH}-CH_2-CH_2-}_{\text{Glu}}\underbrace{\overset{O}{\overset{\|}{C}}-\overset{H}{N}-\overset{CH_2-\boxed{SH}}{CH}-\overset{O}{\overset{\|}{C}}-}_{\text{Cys}}\underbrace{\overset{H}{N}-CH_2-COOH}_{\text{Cly}}$$

谷胱甘肽的结构

$$2GSH \underset{+2H^+}{\overset{-2H^+}{\rightleftharpoons}} GSSG$$

图 1.2　氧化型、还原型谷胱甘肽的转化

（2）抗生素类活性肽。有些抗生素也属于肽类或肽的衍生物，主要是由细菌产生的，在它们的结构中含有环状的多肽链，如短杆菌肽是一个环状十肽，对革兰氏阳性细菌有强大的抑制作用，在临床上用于治疗及预防化脓性疾病，如图 1.3（a）所示；多黏菌素 E 结构中含有一个七肽的环，对革兰氏阴性细菌具有强大的杀菌作用，如图 1.3（b）所示。此外，还有一些肽类抗生素在研究 DNA 复制和 RNA 的合成中具有特别重要的作用。

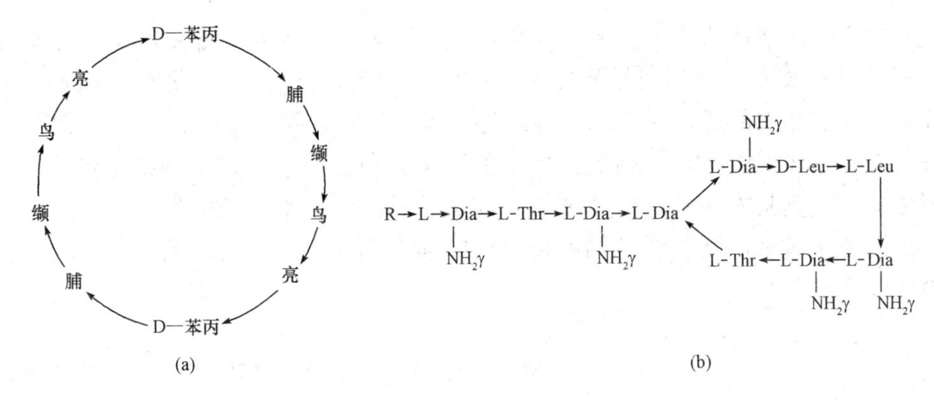

图 1.3　短杆菌肽和多黏菌素 E 结构

（a）短杆菌肽；（b）多黏菌素 E

（3）激素类活性肽。体内许多重要的激素也是天然的生物活性肽，具有调节机体代谢的功能。如加压素和催产素，就是由脑垂体腺细胞产生的两种九肽激素。加压素的主要功能是通过使周围血管收缩而起到升高血压的作用，催产素的主要作用是刺激平滑肌的收缩。

此外，许多生物活性肽还具有重要的商品价值。由于在体内含量极少，难以提取、纯化，因此生物活性肽的化学合成具有重要的意义。目前，生物活性肽的研究领域发展很快，已经受到了各国科学家和政府的高度重视，短短几年内，就有众多的生物活性肽被辨认出来。有些生物活性肽已经作为功能性食品实现了工业化生产。生物活性肽的研究与开发作为国际上新兴的生物高科技领域，具有极大的市场潜力。

1.3　蛋白质的分子结构

蛋白质是一条或几条由多个氨基酸分子通过形成肽键脱水缩合而形成的肽链相互折叠和缠绕形成的。组成蛋白质分子的氨基酸的种类、数目、排列顺序和肽链的空间结构就是蛋白质分子的结构。20 世纪 50 年代初，Linder Strom Lang 及其同事最先认识到蛋白质具有不同的结构层次，并引入一级、一级、三级、四级结构来描述这一现象，同时把蛋白质的二级、三级和四级结构统称为蛋白质的高级结构或空间构象。目前，蛋白质的研究已经达到了很高的水平，已从原子分辨水平了解了成千上万个蛋白质的三维结构，从而揭示蛋白质结构与功能之间的关系。

1.3.1　蛋白质的一级结构

蛋白质的一级结构又称为共价结构、化学结构，是指蛋白质分子肽键中氨基酸的种类、数目和排列顺序和二硫键的位置，也是蛋白质最基本的结构。多肽链中氨基酸的顺序是由基因中碱基排列顺序所决定的。一级结构是蛋白质的基本结构，是蛋白质空间结构的基础。

在蛋白质一级结构研究中，胰岛素是第一个被阐明的结构（图 1.4），由 A、B 两条链共 51 个氨基酸组成，相对分子质量为 5 734，A 链有 21 个氨基酸残基，B 链有 30 个氨基酸残基，它们在内部通过 3 个二硫键连为一体，A 链本身 6 位和 11 位上的两个半胱氨酸通过二硫键形成链内小环。剩下 2 个存在于 A 链和 B 链之间，帮助稳定蛋白质中肽链的空间结构，使其具有生物活性。如果二硫键受到破坏，蛋白质的生物活性就会消失。一般二硫键含量越多，蛋白质结构的稳定性越强，例如，皮、角、毛、发的蛋白质中二硫键的数目就很高。

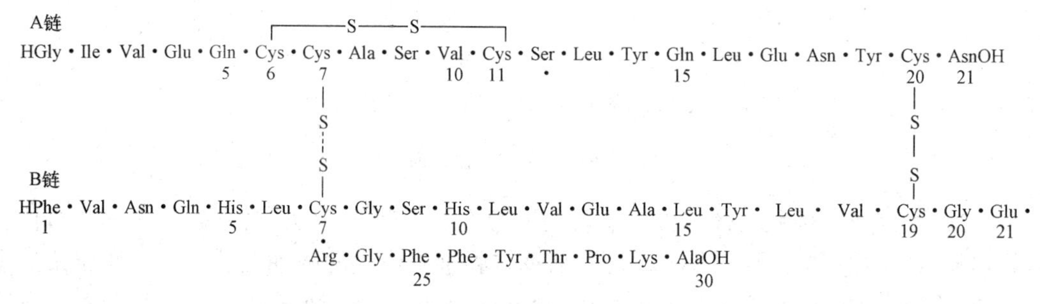

图 1.4 牛胰岛素一级结构

蛋白质的一级结构是蛋白质分子结构的基础，包含了决定蛋白质分子所有结构层次构象的全部信息。对蛋白质一级结构的分析是揭示生命的本质，阐明结构与功能关系的基础，也是研究基因表达、克隆、核酸序列分析以及生物进化等方面的重要内容。

1.3.2 蛋白质的空间结构

蛋白质的空间结构又称三维结构，是指蛋白质分子中的各原子或基团在空间的排列分布，决定蛋白质分子形状、理化性质和生物活性。蛋白质分子的多肽链并不是线性伸展，而是按一定方式折叠盘绕成特有的空间结构，这种空间的排列取决于各原子与基团绕键的旋转，而不是共价键的变化，因此通常又把蛋白质的空间结构称为蛋白质的构象。在正常的生理条件下，天然蛋白质仅具有一种独特而稳定的构象。根据折叠程度的不同，蛋白质的空间结构又常细分为二级、三级和四级结构。

1. 蛋白质的二级结构

蛋白质的二级结构是指蛋白质多肽链主链本身在空间的折叠和盘旋形成的主链的构象，即多肽链主链的各原子在空间排列的方式。主要包括 α-螺旋、β-折叠、β-转角、无规则卷曲等几种形式。维持蛋白质二级结构稳定的是主链原子形成的氢键。

（1）α-螺旋。α-螺旋是指蛋白质分子中多肽平面通过氨基酸 α-碳原子沿着螺旋的中心轴一圈一圈地上升而形成的螺旋式构象，是蛋白质中最常见的一种构象。α-螺旋有左手螺旋和右手螺旋两种，天然蛋白质的 α-螺旋都是右手螺旋。螺旋构象依靠氢键来维持，其特征如图 1.5 所示。

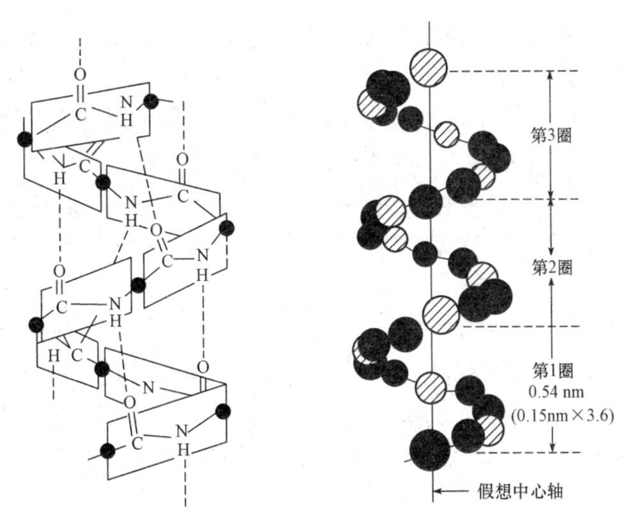

图 1.5　螺旋结构示意图

α–螺旋主要特征有以下四点：

①多个肽键平面通过 α–碳原子旋转，相互之间紧密盘曲成稳固的右手螺旋，仅个别蛋白质分子中存在左手螺旋。

②主链呈螺旋上升，每 3.6 个氨基酸残基上升一圈，相当于 0.54 nm，每个残基沿轴旋转 100°，上升 0.15 nm，螺旋体的表观直径约为 0.6 nm。

③相邻两圈螺旋之间借肽键中 C ＝ O 和 H 形成许多链内氢键，即每一个氨基酸残基中的 NH 和前面相隔三个残基的 C ＝ O 之间形成氢键，这是稳定 α–螺旋的主要键。

④各氨基酸残基侧链 R 基团均伸向螺旋外侧。R 基团的大小、电荷状态及形状均对 α–螺旋的形成及稳定有影响。

不同蛋白质中，α–螺旋结构的含量不同，如毛发的角蛋白、肌肉的肌球蛋白以及肌红蛋白、血红蛋白中也含有一定的 α–螺旋结构；肌动蛋白、球蛋白中几乎不含 α–螺旋结构。

（2）β－折叠。β－折叠又称 β－片层结构，折叠片的构象通过一个肽键的羰基氧和位于同一个肽链或相邻肽链的另一个酰胺氢之间形成的氢键维持。氢键几乎都垂直伸展的肽链，这些肽链可以是平行排列（走向都是由 N 到 C 方向）；或者是反平行排列（肽链反向排列）。其结构和氢键形成如图 1.6 和图 1.7 所示。

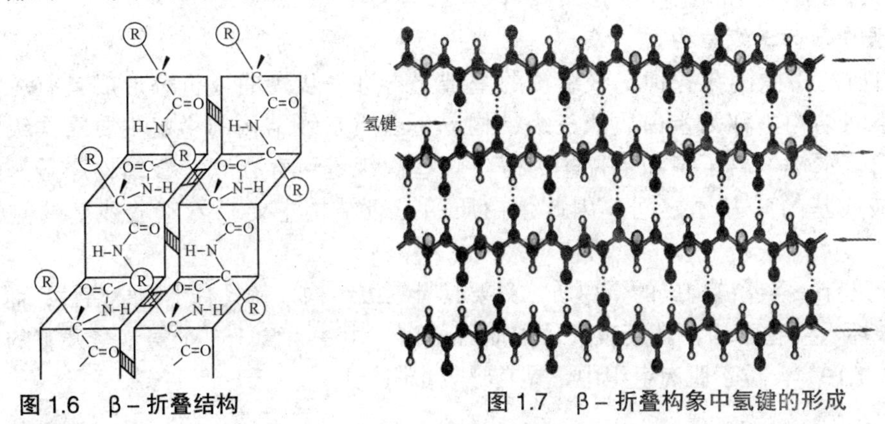

图 1.6　β－折叠结构

图 1.7　β－折叠构象中氢键的形成

① β-折叠结构是肽链与肽链之间或一条肽链的不同肽段的氨基和羰基之间形成有规则氢键的结构，氢键几乎垂直于中心轴。

②多肽链几乎是完全伸展的，相邻的两个氨基酸之间的轴心距为 0.35 nm。侧链 R 交替地分布在片层的上方和下方，并与片层垂直，维持其结构的稳定性。

③ β-折叠有两种类型。一种为平行式，即所有肽链的 N- 端都在同一边，如 β-角蛋白；另一种为反平行式，就是两条肽链的 N- 端一正一反地排列着，如丝心蛋白。从能量角度看，反平行式结构更为稳定。

（3）β-转角。蛋白质分子多肽链在形成空间构象的时候，经常会出现 180° 的回折（转折），回折处的结构就称为 β-转角结构。这种结构的产生是由于弯曲处的第一个氨基酸残基的羰基氧和第四个氨基酸残基的氨基氢之间形成氢键，而成为一个不稳定的环状结构（图 1.8 和图 1.9）。这类结构主要存在于球状蛋白分子的表面。

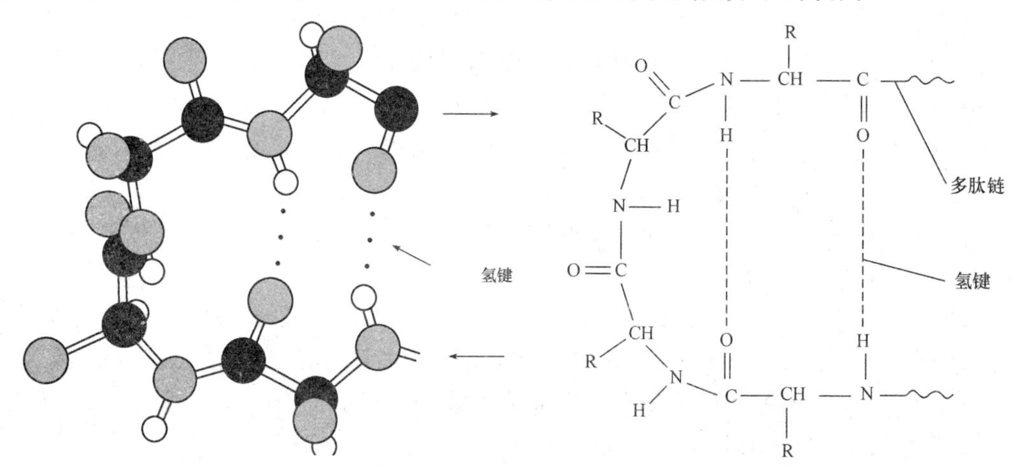

图 1.8　蛋白质分子中 β-转角结构　　图 1.9　β-转角中的氢键

（4）无规则卷曲。无规则卷曲又称无规则构象，肽链中肽键平面不规则排列，属于松散的无规卷曲，是由于肽链上氨基酸残基的 R 侧链在大小、所带电荷性质等方面存在较大差别，排列顺序极为复杂，而导致许多蛋白质在主链上出现大量没有规则的那部分肽链的构象。这种构象也是蛋白质表现生物活性所必需的一种结构形式，目前备受关注，如酶的功能部位常在这种构象区域中。

2. 蛋白质的三级结构

蛋白质的多肽链在各种二级结构的基础上再进一步盘曲或折叠形成具有一定规律的三维空间结构，称为蛋白质的三级结构。蛋白质三级结构的稳定主要靠次级键，包括氢键、疏水键、离子键和范德华力等。这些次级键可存在于一级结构序号相隔很远的氨基酸残基的 R 基团之间，因此蛋白质的三级结构主要指氨基酸残基的侧链间的结合。

对于只有一条肽链构成的蛋白质，只要具有三级结构，就具有生物学活性；而三级结构一旦破坏，生物学活性就会丧失。如肌红蛋白，由一条含 153 个氨基酸残基的多肽链组成（图 1.10），位于肌肉组织中，具有呼吸作用。

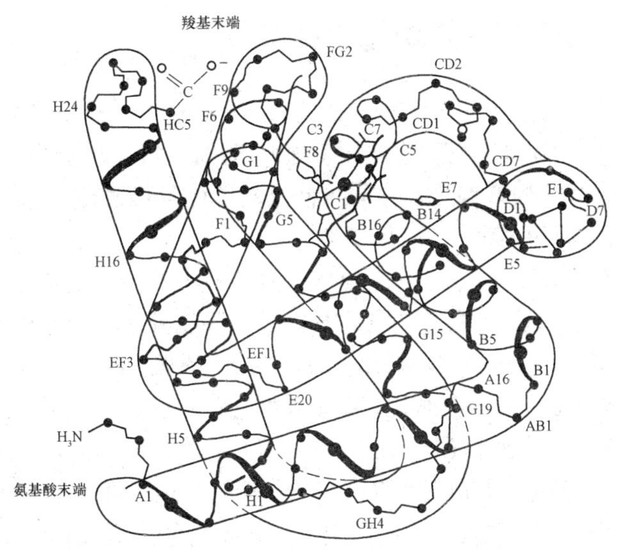

图 1.10　肌红蛋白（Mb）三级结构

3. 蛋白质的四级结构

由两条或两条以上具有三级结构的多肽链组成的蛋白质，其多肽链间通过次级键相互组合而形成的空间结构称为蛋白质的四级结构。其中，每条多肽链形成的独立三级结构单元称为亚基或亚单位，它一般由一条肽链构成（有的也由几条多肽链组成，通常以二硫键连接），常用希腊字母 α、β、γ、δ 等表示。维持蛋白质四级结构的作用力主要是疏水作用力，此外，氢键、离子键及范德华力也参与四级结构的形成。

一种蛋白质中，亚基结构可以相同，也可以不同。如烟草斑纹病毒的外壳蛋白是由 2 200 个相同的亚基形成的多聚体；正常人血红蛋白是两个 α 亚基与两个 β 亚基形成的四聚体（图 1.11）。在一定条件下，这种蛋白质分子可解聚成单个亚基，亚基的解聚或聚合对蛋白质的生物学活性具有调节作用。

图 1.11　血红蛋白的四级结构

1.3.3 蛋白质的结构与功能的关系

各种蛋白质具有的生物学功能与其特定的结构紧密相连。蛋白质的一级结构是其空间结构的基础，而空间结构是实现生物学功能的基础。每一种蛋白质都有特定的一级结构和空间结构，这些特定的结构是蛋白质行使其功能的物质基础。

1. 一级结构与功能的关系

蛋白质的一级结构决定了多肽链的折叠、盘曲方式，是蛋白质特定生物学功能的基础。大量的实验结果表明，一级结构相似的蛋白质，其空间构象和功能也相似。例如，不同哺乳动物的胰岛素分子都是由A和B两条链组成，且二硫键的配对位置和空间构象也极相似，有一半以上的氨基酸种类是一样的，而且有些氨基酸的位置还是固定不变的，正是由于这些氨基酸在序列上的一致，才保证了不同来源的胰岛素具有相同的功能。而血红蛋白和胰岛素的结构不同，功能各异，前者主要负责氧气和二氧化碳的运输，而后者与糖代谢的调节有关。

蛋白质分子一级结构的改变，使蛋白质的生物学功能降低或丧失，尤其是关键活性部位氨基酸残基的改变，会引起机体生理功能的改变而发生疾病。这种由于分子水平上的微观差异而导致的疾病，称为分子病。例如镰刀型贫血症患者的红细胞呈镰刀状，易溶血，血红蛋白结合氧的能力下降，就是由于血红蛋白574个氨基酸残基中的一个氨基酸残基的变异，即β亚基第6位上的谷氨酸被缬氨酸取代所致。如图1.12所示，镰刀型贫血血红蛋白分子用HbS表示，正常人的血红蛋白用HbA表示，这种变异源于基因信息的突变。

(HbA)　Val－His－Leu－Thr－Pro－Glu－Glu－Lys－－－－
(HbS)　Val－His－Leu－Thr－Pro－Val－Glu－Lys－－－－
(β链)　1　2　3　4　5　6　7　8－－－－

图1.12　镰刀型贫血一级结构差异

一级结构与生物进化密切相关，根据它们在结构上的差异程度就可以判断它们之间的亲缘关系，可以反映出生物系统进化的情况。如细胞色素C是一种广泛存在于生物体内，比较不同生物的细胞色素C的一级结构分析发现，人类和黑猩猩的细胞色素C分子无论是氨基酸的数目、种类、顺序，还是三级结构，大体上都相同，但人与马、鸡、昆虫、酵母等相比都有不同之处，见表1.3。由于物种的变化源于生物的进化，根据它们在结构上的差异程度就可以判断它们之间的亲缘关系，可以反映出生物系统进化的情况。由此可以看出：亲缘关系越近，其氨基酸组成的差异越小；亲缘关系越远，氨基酸组成的差异就越大。

表1.3　不同生物细胞色素C的氨基酸差异（与人比较）

生物名称	与人不同的氨基酸数目	生物名称	与人不同的氨基酸数目
黑猩猩	0	响尾蛇	14
恒河猴	1	海龟	15
兔	9	金枪鱼	21
袋鼠	10	狗鱼	23
鲸	10	小蝇	25

续表

生物名称	与人不同的氨基酸数目	生物名称	与人不同的氨基酸数目
牛、猪、羊	10	蜗牛	29
狗、驴	11	小麦	35
马	12	粗糙链孢霉	43
鸡	13	酵母菌	44

2. 空间结构与功能的关系

蛋白质分子的特定的空间结构决定着其生物学功能。若空间结构遭到破坏，生物学功能就会丧失。某些蛋白质尤其是含有亚基的蛋白质，它们的功能往往是通过构象的变化而产生的别构效应来实现的。

例如血红蛋白的别构现象，血红蛋白是一个四聚体蛋白质，具有氧合功能，可在血液中运输氧。其主要作用是通过动脉和静脉循环着的血液在肺部与毛细血管之间转运 O_2 和 CO_2，它有两种能够互变的天然构象，即紧密型（T 型）和松弛型（R 型）。T 型对 O_2 的亲和力低，不易与 O_2 结合；R 型则相反，它对 O_2 的亲和力比 T 型高数百倍。血红蛋白随红细胞在血液循环中往返于肺及各组织之间，随着条件的变化，构象也不断地互变。在肺部毛细血管，O_2 分压很高，促使 T 型转变成 R 型，有利于 Hb 与 O_2 结合，形成氧合血红蛋白（HbO_2）在全身组织毛细血管中，O_2 分压较低，促使 R 型 Hb 又转变成 T 型，有利于释放 O_2，形成脱氧血红蛋白。因此，血红蛋白是通过构象的变化调节与氧的结合，有效地完成了运送氧的功能。

1.4　蛋白质的理化性质

蛋白质是由氨基酸组成的生物大分子，它的理化性质与氨基酸的性质有些相似，如两性解离与等电点、紫外吸收等性质。但是蛋白质是高分子化合物，分子质量一般为 6～1 000 kDa（千道尔顿）或更大些，其性质不等于氨基酸性质之和，具有一些特有的性质。

1.4.1　蛋白质的两性解离与等电点

蛋白质分子中存在着氨基和羧基，因此跟氨基酸相似，也是两性电解质，但蛋白质分子中氨基酸残基侧链中某些基团，如谷氨酸、天冬氨酸残基中的 γ 和 β－羧基，赖氨酸残基中的 ε－氨基、精氨酸残基的胍基和组氨酸残基的咪唑基，在一定的溶液 pH 值条件下都可解离成带负电荷或正电荷的基团。因此，蛋白质分子所带电荷的性质和数量是由蛋白质分子中可解离基团的种类和数量以及溶液的 pH 值所确定的。

蛋白质在溶液中的带电状态会受溶液的 pH 值影响，当溶液的 pH 值达到某一值时，蛋白质分子成为所带正、负电荷相等的兼性离子。此溶液的 pH 值称为该蛋白质的等电点，以 pI 表示。对某一蛋白质而言，处于等电点（pI）的蛋白质，净电荷等于零，蛋白质分子在电场中不移动；在小于等电点的 pH 值溶液中，蛋白质分子带正电荷，在电场中向阴极移动；在大于等电点的 pH 值溶液中，蛋白质带负电荷，在电场中向阳极移动（图 1.13）。血浆中绝大部分蛋白质的等电点在 pH 值 =5 左右，所以，血浆 pH 值 =7.4 的生理情况下，血浆蛋白以阴离子形式存在。

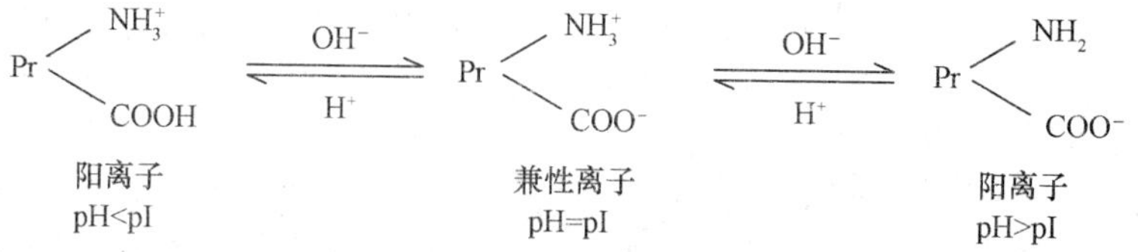

$$\mathrm{Pr}\begin{matrix}\mathrm{NH_3^+}\\ \mathrm{COOH}\end{matrix} \underset{\mathrm{H^+}}{\overset{\mathrm{OH^-}}{\rightleftharpoons}} \mathrm{Pr}\begin{matrix}\mathrm{NH_3^+}\\ \mathrm{COO^-}\end{matrix} \underset{\mathrm{H^+}}{\overset{\mathrm{OH^-}}{\rightleftharpoons}} \mathrm{Pr}\begin{matrix}\mathrm{NH_2}\\ \mathrm{COO^-}\end{matrix}$$

阳离子 pH<pI　　兼性离子 pH=pI　　阳离子 pH>pI

图 1.13　蛋白质的两性电离

蛋白质在等电点时，其分子净电荷为零，因为没有相同电荷互相排斥的影响，蛋白质颗粒极易借静电引力迅速结合成较大的聚集体，从溶液中沉淀析出，因此，蛋白质在等电点时溶解度最小，最不稳定。等电点时，蛋白质的黏度、渗透压、膨胀性以及导电能力均为最小。

在蛋白质的分离、提纯和分析时，常利用其两性解离和等电点这一重要性质，如蛋白质的等电点沉淀、离子交换和电泳等就是利用各种蛋白质的等电点不同、分子质量大小和形状各异来进行的。

1.4.2　蛋白质的胶体性质

蛋白质是生物大分子，它在水溶液中所形成的胶粒颗粒范围直径为 1 ～ 100 nm，具有胶体溶液的典型特征，如布朗运动、丁达尔现象、不能通过半透膜以及具有吸附能力等特性。

在水溶液里，蛋白质分子表面有许多亲水基团（如氨基、羧基、巯基和酰胺基等）可以与水分子发生水化作用，在蛋白质分子表面形成一层水化膜，使蛋白质分子很难直接碰撞而凝集；另一方面，蛋白质胶体处于非等电点状态，颗粒间携带有相同性质的电荷，产生斥力可防止颗粒沉淀，相同的电荷还与周围电荷相反的离子形成稳定的双电层，致使蛋白质分子稳定存在于水溶液中，蛋白质胶体稳定性原理如图 1.14 所示。

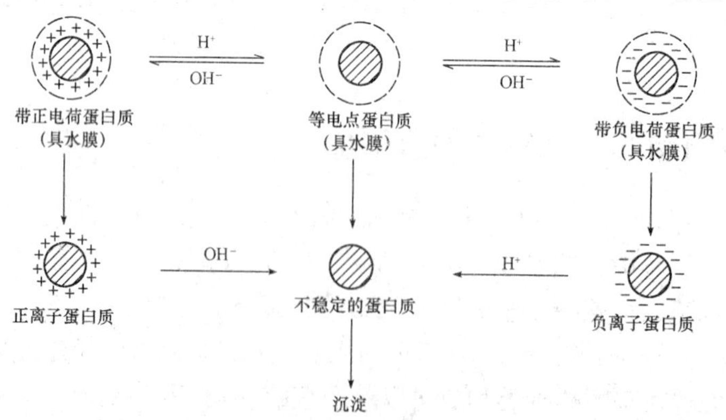

图 1.14　蛋白质胶体稳定性原理

蛋白质的亲水胶体性质具有重要的生物学意义。生物体中最多的成分是水，蛋白质的生物学作用主要是在水中表现出来的，如细胞的原生质就是具有各种流动性的胶体系统。各种细胞组织之间具有一定形状、弹性、黏度等性质也都与蛋白质稳定胶体性质有关，如果这种稳定性被破坏，则体内代谢失调，导致病变乃至死亡。

利用蛋白质不能透过半透膜的性质，可通过透析法来分离纯化蛋白质，即将含有小分子杂质的蛋白质放入羊皮纸、火棉胶、玻璃纸等透析袋中，置于流水中进行透析，此时小分子化合物不断地从透析袋中渗出，而大分子蛋白质仍留在袋内，从而达到蛋白质分离纯化目的。

1.4.3　蛋白质的沉淀方法

蛋白质从溶液中析出的现象称为蛋白质沉淀。蛋白质溶液稳定性是有条件的，在蛋白质溶液中加入脱水剂除去水化膜，或者改变溶液的 pH 值达到蛋白质的等电点，或者加入电解质使蛋白质分子表面失去同种电荷，蛋白质就会聚集而沉淀。蛋白质的沉淀作用分为两种类型：第一种是可逆的沉淀反应，这时蛋白质的空间构象未受到很大改变，除去沉淀因素后，可以重新溶解，例如盐析和低温乙醇沉淀蛋白。第二种是不可逆的沉淀反应，重金属盐类或生物碱试剂沉淀后，由于蛋白质结构发生重大改变，所以不再溶于水。不可逆的蛋白质沉淀多表示蛋白质已经变性，不能恢复其天然生物活性，故常用于在生物制品提取过程中去除杂质。常用的沉淀蛋白质的方法有以下几种：

1. 盐析法

一般来说，所有固体溶质都可以在溶液中加入中性盐而沉淀析出，这一过程叫盐析。在生化制备中，许多物质都可以用盐析法进行沉淀分离，如蛋白质、多肽、多糖、核酸等，其中蛋白质沉淀最为常见，特别是在粗提阶段。

盐析的原理主要是因为盐类既是电解质，又是脱水剂，使蛋白质失去电荷，脱去水化层而沉淀。在低温下，短时间内用盐析法沉淀的蛋白质，仍能保持原有生物学活性而未发生变性，除掉盐后，蛋白质又能重新溶解于水中，这是分离制备蛋白质的常用方法，属于可逆沉淀作用。硫酸铵由于在水中的溶解度较大，是沉淀蛋白质常用的盐类。

2. 有机溶剂沉淀法

在蛋白质溶液中，加入一定量与水相溶的有机溶剂，如乙醇、甲醇、丙酮等，由于这些溶剂与水的亲和力大，能破坏蛋白质分子表面的水膜，使蛋白质发生沉淀作用，如在等电点时，加入有机溶剂更易使蛋白质沉淀。有机溶剂沉淀法也可用于分离或纯化蛋白质，但有时该法会引起蛋白质的变性，这与有机溶剂的浓度、与蛋白质接触的时间以及沉淀时的温度有关。因此，在生产实践中，应注意控制有关方面的操作。

3. 其他沉淀法

（1）金属复合盐法。当溶液的 pH 值大于等电点时，蛋白质颗粒带负电荷，很容易与重金属离子如 Ag^{+}、Hg^{2+}、Pb^{2+} 结合，形成不溶性的重金属蛋白盐而沉淀。重金属盐常能使蛋白质变性，这可能是重金属盐水解生成酸或碱的缘故。临床上，误服重金属盐的病人可口服大量含有蛋白质的牛乳、豆浆、鸡蛋等进行解救，这是因为蛋白质可以与重金属离子形成不溶性的盐，然后服用催吐剂排出体外，以达到解毒的目的。

（2）生物碱试剂法。生物碱是植物组织中具有显著生理作用的一类含氮的碱性物质。能够沉淀生物碱的试剂称为生物碱试剂，如单宁酸、苦味酸、三氯乙酸。当溶液 pH 值小于等电点时，蛋白质颗粒带正电荷，可与生物碱试剂的酸根离子发生反应生成不溶性的盐而沉淀。这类沉淀常用于除去干扰的蛋白质。临床上，常用钨酸法、三氯醋酸法沉淀血液中的蛋白质以制备无蛋白血滤液。

（3）加热凝固沉淀法。几乎所有的蛋白质都会因加热变性而凝固。在有少量盐类存在或将 pH 值调至等电点时，加热凝固发生得最完全和最迅速。

1.4.4 蛋白质的变性

蛋白质在某些物理和化学因素作用下，其特定的空间构象被改变，从而导致其理化性质的改变和生物活性的丧失，这种现象称为蛋白质的变性。变性后的蛋白质叫变性蛋白质。

蛋白质变性的本质是蛋白质的空间结构被破坏，一级结构并未破坏，一般认为蛋白质的二级结构和三级结构有了改变或遭到破坏的结果，但其组成成分及相对分子质量没有改变。能使蛋白质变性的化学方法有加强酸、强碱、重金属盐、尿素、乙醇、丙酮等；能使蛋白质变性的物理方法有加热、紫外线及 X 射线照射、超声波、剧烈振荡或搅拌等。

变性后的蛋白质和天然蛋白质最明显的区别是溶解度降低，同时蛋白质的黏度增加，生物学活性丧失。如抗原—抗体的特异性反应，血红蛋白运输 O_2 和 CO_2 的功能，毒素的致毒作用等均可丧失。多数蛋白质变性后，不能恢复其天然状态；如果蛋白质变性过程不是过于剧烈，将变性因素除去时，有的蛋白质仍能恢复或部分恢复其原来的构象及功能，称为蛋白质的复性。

1.4.5 蛋白质的颜色反应

蛋白质分子中有某些特殊的氨基酸可与多种化合物作用产生各种颜色反应，这些颜色反应可以作为蛋白质的定性、定量分析的依据，重要的颜色反应有以下几种：

1．双缩脲反应

两分子尿素（NH_2—CO—NH_2）加热至 180 ℃左右生成双缩脲（NH_2—CO—NH—CO—NH_2）并放出一分子氨。双缩脲在碱性环境中能与 Cu^{2+} 结合生成紫色或紫红色化合物，此反应称为双缩脲反应。蛋白质分子中有肽键，其结构与双缩脲相似，也能发生此反应，可用于蛋白质的定性或定量测定。任何蛋白质或者蛋白质水解中间产物都有双缩脲反应。这个性质显示和蛋白质分子中所含肽键数目有一定的关系。肽键数目越多，颜色越深，但有双缩脲反应的物质不一定都是蛋白质或多肽。

$$H_2N-\underset{\|}{\overset{}{C}}(=O)-NH_2 + H_2N-C(=O)-NH_2 \xrightarrow[\Delta]{180\ ℃} H_2N-C(=O)-NH-C(=O)-NH_2 + NH_3$$

2. 福林—酚试剂反应

蛋白质分子中的酪氨酸、色氨酸能将福林—酚试剂（碱性铜试剂和磷钼酸及磷钨酸的混合试剂）中的磷钼酸及磷钨酸还原成蓝色的化合物（钼蓝与钨蓝的混合物）。所生成蓝色的深浅与蛋白质的含量成正比，因此，在650 nm或660 nm波长下测定光吸收值，即可测定蛋白质含量。该方法灵敏度较高，可测微克水平的蛋白质含量。

3. 黄色反应

黄色反应是含有芳香族氨基酸特别是含有酪氨酸和色氨酸的蛋白质所特有的反应。蛋白质溶液遇到硝酸后，先产生白色沉淀，加热则白色沉淀变成黄色，再加碱颜色加深呈橙黄色。这是因为硝酸将蛋白质分子中的苯环硝化，产生黄色硝基苯衍生物。皮肤、指甲和毛发等遇到浓硝酸会变成黄色，就是此原因。

4. 考马斯亮蓝反应

蛋白质与考马斯亮蓝G-250试剂反应，产生一种亮蓝色的化合物，在595 nm处有最大吸收。在一定的浓度范围内，吸收强度与蛋白质含量之间有线性关系，因此可用于蛋白质的定量测定。测定范围为0.01 ～ 1.0 mg/mL。该法的优点是：快速、简便，干扰因素少；其缺点是：蛋白质溶液的浓度不能太高。

【思考与练习】

一、名词解释

1. 蛋白质 2. 两性电解质 3. 等电点 4. 肽 5. 盐析 6. 蛋白质变性作用

二、填空题

1. 各种蛋白质 ________ 元素的含量比较相近，平均为 ________。

2. 蛋白质的组成单位是 ________，它们之间依靠 ________ 键相连接。

3. 20种氨基酸的结构通式是 ________，除了 ________ 氨酸外都是α－氨基酸；除了 ________ 氨酸外，都具有旋光性。

4. 人体需要的8种必需氨基酸分别为 ________、________、________、________、________、________、________ 和 ________。

5. 当溶液的pH值>pI时，蛋白质带 ________ 电荷，在直流电场中，向 ________ 极移动。

6. 蛋白质溶液是稳定胶体的原因是 ________ 和 ________。

7. 蛋白质变性的实质是 ________，变性后的蛋白质最显著的特点是 ________。

三、单项选择题

1. 下列哪种氨基酸为必需氨基酸？（ ）

A. 天冬氨酸 B. 谷氨酸 C. 赖氨酸 D. 丙氨酸

2. 属于酸性氨基酸的是（ ）。

A. 亮氨酸 B. 蛋氨酸 C. 谷氨酸 D. 组氨酸

3. 不参与生物体内蛋白质合成的氨基酸是（ ）。

A. 苏氨酸 B. 半胱氨酸 C. 蛋氨酸 D. 鸟氨酸

4. 下列哪组氨基酸是人体必需氨基酸？（ ）

A. 缬氨酸、谷氨酸、苏氨酸、赖氨酸

B. 谷氨酸、苏氨酸、甘氨酸、组氨酸
C. 亮氨酸、苏氨酸、赖氨酸、甘氨酸
D. 缬氨酸、亮氨酸、异亮氨酸、色氨酸

5. 蛋白质吸收紫外线能力的大小，主要取决于（　　）。
A. 碱性氨基酸的含量　　B. 肽链中的肽键
C. 芳香族氨基酸的含量　　D. 含硫氨基酸的含量

6. 蛋白质多肽链的局部主链形成的 α- 螺旋主要是靠哪种化学键来维持的？（　　）
A. 疏水键　　B. 配位键　　C. 氢键　　D. 二硫键

7. 下列哪种蛋白质结构是具有生物活性的结构？（　　）
A. 一级结构　　B. 二级结构　　C. 超二级结构　　D. 三级结构

8. 蛋白质的空间构象主要取决于（　　）。
A. 氨基酸残基的序列　　B. α- 螺旋的数量
C. 肽链中的肽键　　D. 肽链中的二硫键位置

9. 下列关于蛋白质四级结构的描述正确的是（　　）。
A. 蛋白质都有四级结构
B. 蛋白质四级结构的稳定性由共价键维系
C. 蛋白质只有具备四级结构才具有生物学活性
D. 具有四级结构的蛋白质各亚基间靠非共价键聚合

10. 胰岛素分子 A 链和 B 链的交联是靠（　　）。
A. 盐键　　B. 二硫键　　C. 氢键　　D. 疏水键

四、简答题

1. 蛋白质有哪些结构层次？如何理解蛋白质结构与功能的关系？
2. 引起蛋白质变性的因素有哪些？变性后有何现象？
3. 简述蛋白质的沉淀类型、原理及实践的关系。

【拓展与应用】

重要的动物蛋白

1. 血浆蛋白

血浆蛋白质包括多种蛋白质成分，用不同的分离方法，可以将血浆蛋白质分为不同的组分。如用盐析法可将血浆蛋白分为清蛋白、球蛋白及纤维蛋白原 3 种；用醋酸纤维薄膜电泳法分离时，可将血浆蛋白分为清蛋白、α_1- 球蛋白、α_2- 球蛋白、β - 球蛋白、γ - 球蛋白 5 种；用其他方法，如免疫电泳，还可以将血浆蛋白做更进一步的区分。这说明，血浆蛋白包括很多分子大小和结构都不相同的蛋白质。

血浆中的纤维蛋白原完全是由肝脏合成的。其含量虽少，仅占血浆总蛋白的 4% ～ 6%，但有很重要的生理功能。当血管损伤而出血时，纤维蛋白原可转变为不溶的纤维蛋白，从而使血液凝固，有阻止血液继续流出而保护机体的功能。血浆蛋白质中数量最多的是清蛋白和球蛋白。正常动物血浆中，清蛋白、球蛋白的含量及其比值都有一定的范围。清蛋白与球蛋白的比值称为血清的蛋白质系数。人的血清蛋白质系数大于 1，

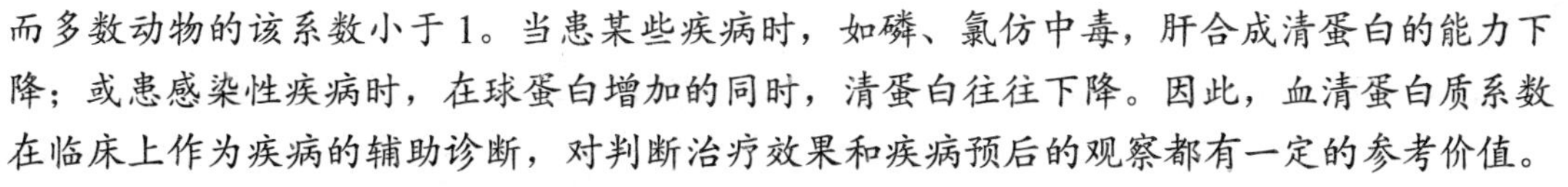

而多数动物的该系数小于 1。当患某些疾病时，如磷、氯仿中毒，肝合成清蛋白的能力下降；或患感染性疾病时，在球蛋白增加的同时，清蛋白往往下降。因此，血清蛋白质系数在临床上作为疾病的辅助诊断，对判断治疗效果和疾病预后的观察都有一定的参考价值。

血浆蛋白的主要生理功能如下：

（1）维持血液正常的胶体渗透压和 pH 值。血浆蛋白质浓度比细胞间液高，胶体渗透压较大，能使水从细胞间液进入血浆。如血浆蛋白质含量减少到一定程度，由于血浆胶体渗透压下降，就可引起水肿。血浆蛋白质的等电点大部分由于 pH 值为 4.0 ～ 6.0 时，在血液正常 pH 值范围内，它们都呈弱酸性，其中一部分以弱酸盐的形式存在。血浆蛋白质及其盐构成了缓冲体系，可以参与血液酸碱平衡的调节。

（2）运输作用。体内许多物质通过与血浆蛋白质结合被血液运输，如清蛋白能运输脂肪酸、胆红素等，α–球蛋白能运输脂类，β – 球蛋白能运输铁等。

（3）免疫作用。机体对入侵的病原体能产生特异的抗体。抗体都是免疫球蛋白，免疫球蛋白具有保护机体的重要作用。

（4）营养作用。血浆蛋白质可以被组织摄取，用以进行组织蛋白质的更新、组织修补，转化成其他重要的含氮化合物，以维持组织蛋白质的动态平衡。

（5）凝血作用。血浆中的纤维蛋白原和其他凝血因子在凝血过程中起着重要作用，当其含量降低时可引起凝血机能障碍。

2．乳蛋白质

乳蛋白质主要由乳清蛋白和酪蛋白组成。乳清是指脱脂乳用酸或凝乳酶凝固沉淀除去酪蛋白后的液体；存在于乳清中的蛋白质称为乳清蛋白，它主要包括 β – 乳球蛋白、α– 乳清蛋白、血清蛋白、免疫球蛋白、乳铁蛋白及一些酶类。酪蛋白是乳腺自身合成的含磷的酸性蛋白质，在乳中与钙离子结合，成球形颗粒分散存在，称为“微团”。酪蛋白是主要的营养性蛋白质，也是乳中丰富钙、磷的来源。

乳蛋白在人或动物的生长发育过程中具有以下重要的生理功能：

（1）具有较高的营养价值。乳蛋白含有哺乳动物幼仔生长发育所需的绝大部分营养成分，是动物出生后早期最适宜的食物来源。乳蛋白中含有机体绝大部分的必需氨基酸，并且必需氨基酸的量与人类所需的最适氨基酸量接近，是人类营养价值最高的营养品。此外，乳蛋白还具有优良的加工特性，广泛应用于食品工业，受到消费者和营养学家的重视。

（2）具有较高的免疫功能。Gorlay 等（1990）研究发现，乳中的免疫球蛋白可抑制和杀灭肠道的病原菌，增强动物或人体的免疫功能。Bounous 和 Gold（1991）报道，乳中的酪蛋白和乳清蛋白具有抑制致癌物的致癌作用的效果，而乳蛋白的抗癌作用可能和增强免疫系统的活性有关。Shinoda 等（1996）同样也发现，乳中的乳铁蛋白具有活化宿主防御系统的免疫介导剂的作用，可抑制癌细胞的生长。

（3）具有保护作用。乳蛋白除了提供机体所需的氨基酸和氮源物质外，乳蛋白的消化所产生的一系列生物活性肽对动物体还具有保护功能，如调节生理功能、预防疾病和感染等。

（4）具有疾病治疗作用。乳蛋白消化产生的生物活性肽（如阿片肽类、免疫活性肽、抗高血压肽、抗血凝肽等），可用于食品添加剂、药物生产，或用于矿物质的吸收障碍以及免疫缺乏的治疗，发挥其免疫调节、抗血栓、抗高血压和抗菌等功能。

3. 肌蛋白

肉是人类重要的营养品，其中以肌肉组织占的比例最大，构成了肉在质和量上的决定因素。在肌肉组织中，蛋白质是最多和最重要的成分，占总量的 19% ～ 20%，约为固体物质总量的 75%，不仅含有人体需要的全部必需氨基酸，而且人体对肉中蛋白质的利用率也高。肌肉组织中的蛋白质由有收缩性的肌原纤维蛋白质、肌原纤维之间溶解状态的肌浆蛋白质以及构成肌纤维膜、毛细血管、结缔组织的基质蛋白组成。肌原纤维由许多的肌小节组成，是骨骼肌收缩的基本结构单位。肌小节是由粗、细肌丝组成的，粗肌丝由肌球蛋白分子组成，细肌丝由肌动蛋白、原肌凝蛋白和肌钙蛋白组成。肌肉的收缩，就是由于肌细胞兴奋而引发细肌丝在粗肌丝之间滑动形成的。

肌肉中的蛋白质不仅在生命活动中具有重要的作用，而且在肉类的合理加工利用、安全储藏以及卫生防疫方面具有重要的意义。如肌肉中肌红蛋白与血红蛋白的含量决定了肉的颜色，成熟肉的色泽会变淡。由于肌肉收缩产生的持续张力，使肌原纤维小片化，从而使肌肉组织柔软而富有弹性等。

（摘自姜光丽：《动物生物化学》）

第2章　核酸

- 掌握核酸的基本结构和性质。
- 了解重要核苷酸衍生物的一些生物学意义。
- 掌握DNA和RNA分子结构特点，重点掌握DNA双螺旋结构的特点和生物学意义。
- 了解DNA的变性、复性和分子杂交等性质。

2.1　核酸的化学组成

1868年，瑞士外科医生J. F. Miescher（1844—1895）从外伤病人绷带上脓细胞的细胞核中分离得到一种酸性物质，即现在被称为核酸的物质。然而，直到1939年，E. Knapp等才第一次用实验方法证实核酸是生命遗传的基础物质。目前的研究表明，一切生物都含有核酸，即从高等的动、植物到简单的病毒都含有核酸。核酸不仅是生物体重要的组成成分，而且与生命活动有着十分密切的关系，动物的生长、繁殖、遗传、变异等都与核酸有着极其重要的关联，所以，核酸的研究是生命科学的重要基础之一。

核酸是含有磷酸基团的重要生物大分子，不同的核酸，其化学组成、核苷酸排列顺序等不同。根据化学组成不同，核酸可分为核糖核酸（简称RNA）和脱氧核糖核酸（简称DNA）。

2.1.1 核酸的化学组成

1. 元素组成

经元素分析证明，组成核酸（DNA和RNA）的元素有碳、氢、氧、氮、磷等，其中，磷的含量在核酸中变化不大，为9%～10%，因此可以通过测定磷的含量来估计核酸的含量。

2. 分子组成

核酸是多核苷酸的聚合物，其基本结构单位是单核苷酸。单核苷酸水解，可以得到磷酸和核苷，核苷进一步水解，生成戊糖和碱基。核酸的水解过程如图2.1所示。

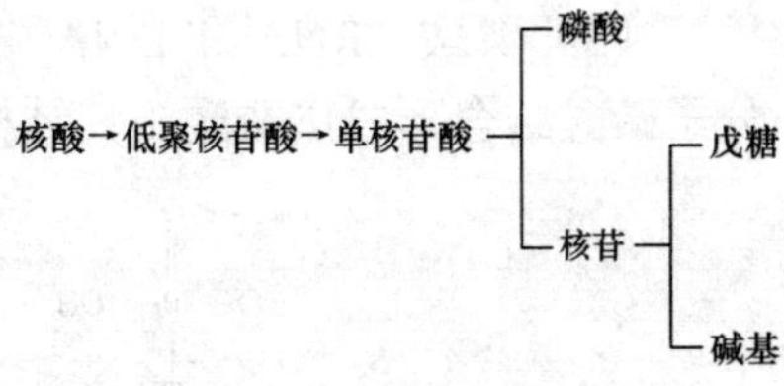

图2.1　核酸水解产物

由图2.1可见，核酸分子的基本组成成分包括磷酸、戊糖和碱基。DNA的基本组成单位是脱氧核苷酸，而RNA的基本组成单位是核苷酸。

（1）碱基。构成核苷酸的碱基分为嘌呤和嘧啶。

核酸中所含的嘌呤碱主要有腺嘌呤（Adenine）和鸟嘌呤（Guanine）。此外，也包括一些修饰碱基，如次黄嘌呤、黄嘌呤等许多形式。嘌呤的结构如下：

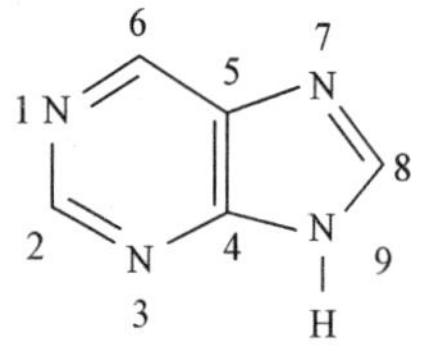

嘌呤 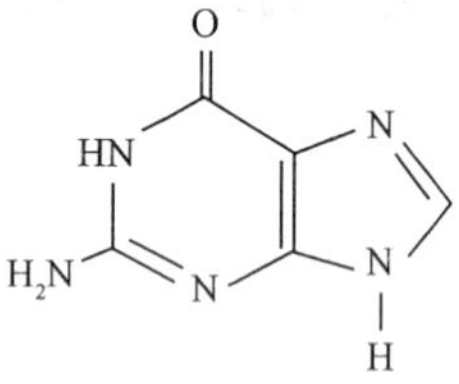　　鸟嘌呤 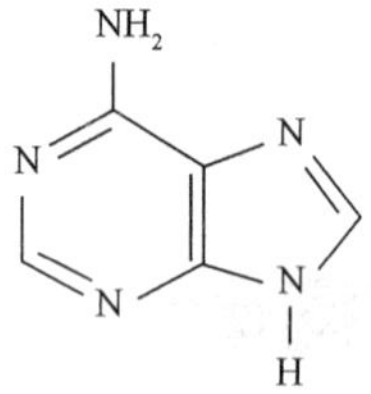　　腺嘌呤

核酸中常见的嘧啶衍生物有胞嘧啶（Cyt）、尿嘧啶（Ura）和胸腺嘧啶（Thy）。此外，核酸分子中还发现数十种修饰碱基，称为稀有碱基（或修饰碱基），一般这些碱基在核酸中的含量稀少，在各种类型核酸中的分布也不均一，如有些噬菌体中就含有 5- 羟甲基胞嘧啶和 5- 羟甲基尿嘧啶。

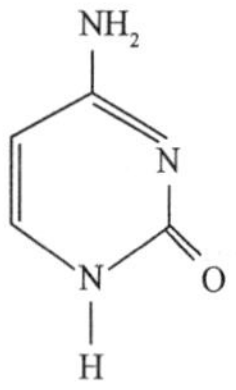

胞嘧啶 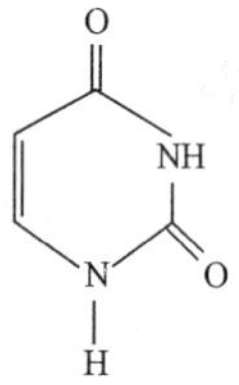　　尿嘧啶 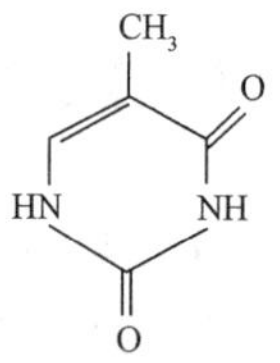　　胸腺嘧啶 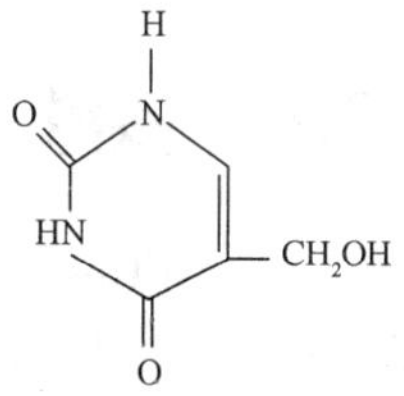　　5-羟甲基尿嘧啶 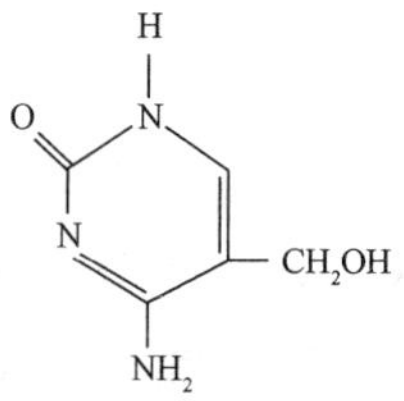　　5-羟甲基胞嘧啶

碱基常用英文名称开头字母表示，如腺嘌呤为 A，鸟嘌呤为 G，胞嘧啶（Cytosine）为 C，胸腺嘧啶（Thymine）为 T，尿嘧啶（Uracil）为 U。RNA 中主要含胞嘧啶（A）、鸟嘌呤（G）、胞嘧啶（C）、尿嘧啶（U）4 种碱基；DNA 含有腺嘌呤（A）、鸟嘌呤（G）、胞嘧啶（C）、胸腺嘧啶（T）4 种碱基。

（2）戊糖。戊糖是构成核苷酸的另一组成部分，有 D- 核糖和 D-2- 脱氧核糖两种，由此将核酸分为核糖核酸（RNA）和脱氧核糖核酸（DNA）。RNA 中含有 β -D- 核糖，DNA 含有 β -D-2- 脱氧核糖。核酸分子中的戊糖均为 β -D- 型。戊糖碳原子序号上加上“′”，是为了区别碱基上碳原子序号。

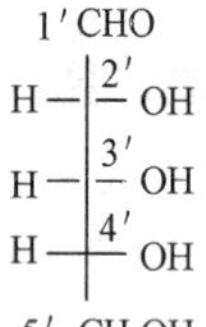

D-核糖 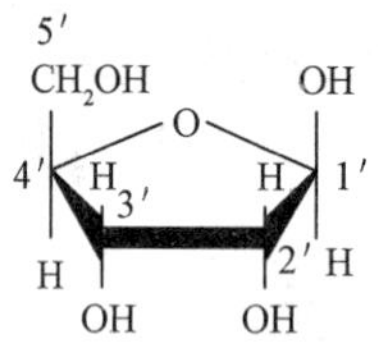　　β-D核糖 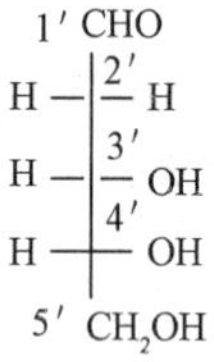　　D-2-脱氧核糖 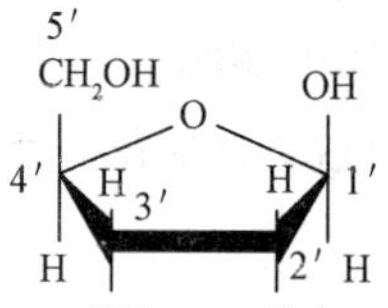　　β-D-2-脱氧核糖

（3）磷酸。RNA 和 DNA 中磷元素是以磷酸（H_3PO_4）形式存在。磷酸还可与另一分子磷酸结合形成焦磷酸，其结构式分别如下：

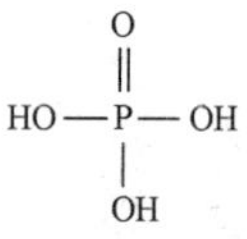

磷酸(Pi) 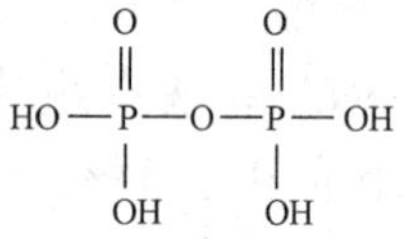　　焦磷酸

（4）核苷。核苷是戊糖与碱基之间以糖苷键相连接而成的。戊糖与碱基间的连接键是N–C键，一般称为N–糖苷键。RNA中的核苷称核糖核苷（或称核苷），主要有腺嘌呤核苷（A）、鸟嘌呤核苷（G）、胞嘧啶核苷（C）、尿嘧啶核苷（U）4种。其结构式分别如下：

腺嘌呤核苷(A)　　鸟嘌呤核苷(G)

胞嘧啶核苷(C)　　尿嘧啶核苷(U)

DNA中的核苷称为脱氧核糖核苷（或称脱氧核苷），主要有胞嘧啶脱氧核苷（dC）、胸腺嘧啶脱氧核苷（dT）、腺嘌呤脱氧核苷（dA）、鸟嘌呤脱氧核苷（dG）4种，“d”表示脱氧。其结构式分别如下：

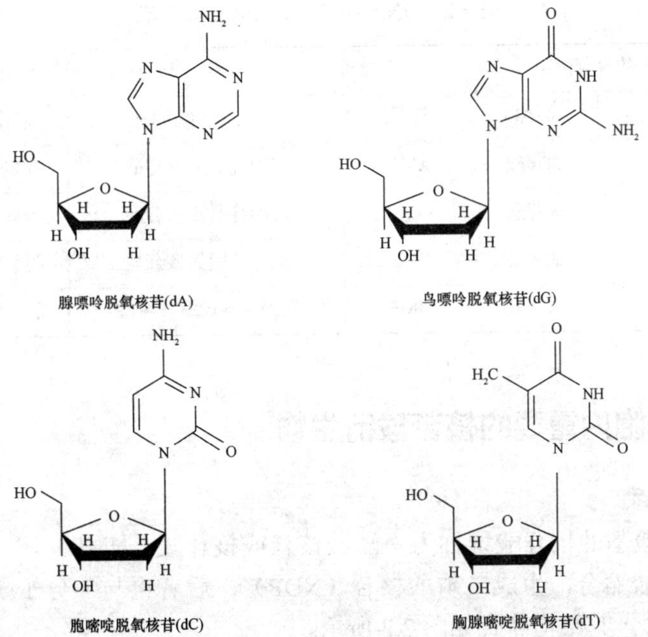

腺嘌呤脱氧核苷(dA)　　鸟嘌呤脱氧核苷(dG)

胞嘧啶脱氧核苷(dC)　　胸腺嘧啶脱氧核苷(dT)

（5）核苷酸。核苷酸与磷酸残基构成的化合物，即核苷的磷酸酯。核苷酸是核酸分子的结构单元。核酸分子中的磷酸酯键是在戊糖 C-3′ 和 C-5′ 所连的羟基上形成的，故构成核酸的核苷酸可视为 3′ - 核苷酸或 5′ - 核苷酸。自然界游离存在的核苷酸，仅 5′ 游离羟基连接磷酸，也即是作为 DNA 和 RNA 结构单元的核苷酸，分别是 5′ - 磷酸 - 脱氧核糖核苷和 5′ - 磷酸 - 核糖核苷。

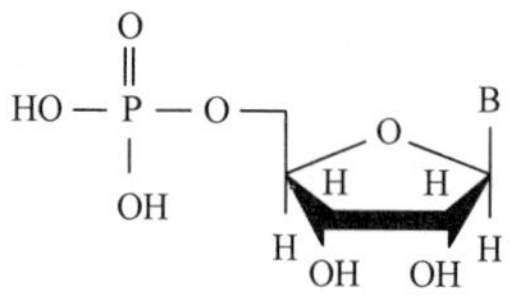

5′-磷酸-核糖核苷 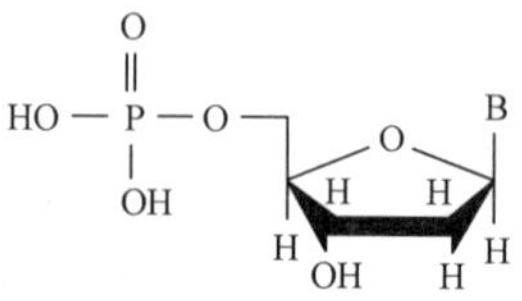　　　　5′-磷酸-脱氧核糖核苷

DNA 和 RNA 的基本化学组成差异见表 2.1。

表 2.1　DNA 和 RNA 的基本化学组成

化学组成		DNA	RNA
碱基	嘌呤碱	腺嘌呤（A）	腺嘌呤（A）
		鸟嘌呤（G）	鸟嘌呤（G）
	嘧啶碱	胞嘧啶（C）	胞嘧啶（C）
		胸腺嘧啶（T）	尿嘧啶（U）
戊糖		D-2- 脱氧核糖	D- 核糖
磷酸		磷酸	磷酸

DNA 和 RNA 的核苷酸组成差异见表 2.2。

表 2.2　DNA 和 RNA 的核苷酸组成

RNA 的核苷酸组成			DNA 的核苷酸组成		
全称	简称	符号	全称	简称	符号
腺嘌呤核苷酸	腺苷酸	AMP	腺嘌呤脱氧核苷酸	脱氧腺苷酸	dAMP
鸟嘌呤核苷酸	鸟苷酸	GMP	鸟嘌呤脱氧核苷酸	脱氧鸟苷酸	dGMP
胞嘧啶核苷酸	胞苷酸	CMP	胞嘧啶脱氧核苷酸	脱氧胞苷酸	dCMP
尿嘧啶核苷酸	尿苷酸	UMP	胸腺嘧啶脱氧核苷酸	脱氧胸苷酸	dTMP

2.1.2　细胞内重要的核苷酸衍生物

1. 多磷核苷酸

含有一个磷酸基的核苷酸统称为一磷酸核苷或核苷酸（NMP）。一核苷酸的磷酰基还能与一分子磷酸缩合，生成二磷酸核苷（NDP）；后者再与一分子磷酸缩合，生成三磷酸核苷（NTP），其结构简式如图 2.2 所示。

在图 2.2 所示的结构式中，B 表示碱基，~表示高能磷酸键。比如，当 B 为腺嘌呤时可表示三磷酸腺苷 C（ATP），ATP 上的磷酸残基用 α、β、γ 来编号。在这类化合物中，磷酸之间的焦磷酸键水解时可释放很高的能量，故称为高能磷酸键。二磷酸核苷和三磷酸核苷广泛存在于细胞内，参与许多重要的代谢过程，如三磷酸尿苷（UTP）参与糖原的合成，三磷酸胞苷（CTP）参与磷脂的合成，三磷酸鸟苷（GTP）参与蛋白质的生物合成等。ATP 是生物体内的直接功能物质，在能量代谢中起着极为重要的作用。

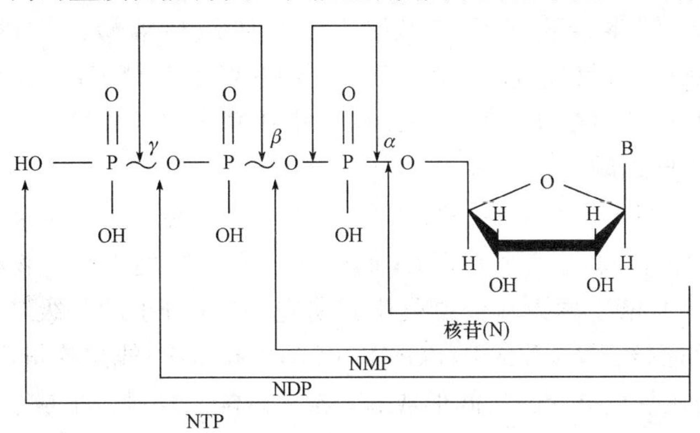

图 2.2　三磷酸核苷

2．环化核苷酸

生物体内的核苷酸除了构成核酸外，还会以其他衍生物的形式参与各种物质生理代谢的调节。环化核苷酸是这类衍生物，它不是核酸的组成成分，在细胞中含量很少，主要参与调节细胞生理生化过程，控制生物的生长、分化和细胞对激素的效应。生物体内重要的环化核苷酸有 3′，5′－环磷酸腺苷（cAMP）和 3′，5′－环磷酸鸟苷（cGMP），cAMP 和 cGMP 分别具有放大激素作用信号和缩小激素作用信号的功能，因此称为激素的第二信使。cAMP 还参与大肠杆菌中 DNA 转录的调控。其结构如下：

3′，5′-环磷酸腺苷(cAMP)　　　3′，5′-环磷酸鸟苷(cGMP)

2.2　核酸的分子结构

核酸的重要功能与它的分子结构密切相关，DNA 和 RNA 的结构大体上分为一级结构和高级结构。通常一级结构是基本的结构，决定高级结构，对生物种群亲缘关系的远近及先天性疾病的研究有着重要的作用，而高级结构往往与其复制和转录有着密切的关系。

2.2.1 DNA 的分子结构

1. DNA 的一级结构

DNA 是一种长链聚合物，组成单位为四种脱氧核苷酸，即腺嘌呤脱氧核苷酸（dAMP）、胸腺嘧啶脱氧核苷酸（dTMP）、胞嘧啶脱氧核苷酸（dCMP）、鸟嘌呤脱氧核苷酸（dGMP）。DNA 分子的一级结构是指在其多核苷酸链中脱氧核苷酸之间的连接方式、组成以及排列顺序。各脱氧核苷酸之间按一定的排列顺序，以 3′，5′-磷酸二酯键连接成的长链叫作 DNA 的一级结构。DNA 的遗传信息是由碱基的精确排列顺序决定的，生物的遗传信息就储存于 DNA 的脱氧核苷酸序列中。生物界的多样性即寓于 DNA 分子的 4 种核苷酸千变万化的排列中。研究 DNA 分子的一级结构发现，它是由几千到几万个脱氧核糖核苷酸（dAMP、dGMP、dCMP、dTMP）线型连贯而成的，没有分枝。

连接的方式是在脱氧核苷酸之间形成 3′，5′-磷酸二酯键，形成的脱氧核苷酸链都具有 1 个 5′-磷酸末端或 5′-末端，1 个 3′-羟基末端或 3′-末端，在表示 DNA 核苷酸延长的走向时，总是从 5′ 向 3′ 方向延伸（图 2.3）。

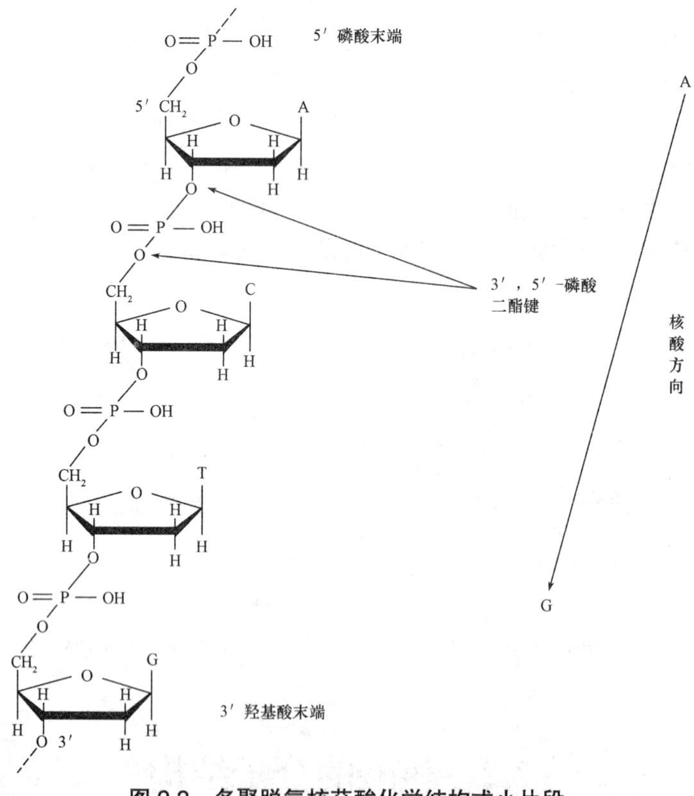

图 2.3　多聚脱氧核苷酸化学结构式小片段

从多聚（脱氧）核苷酸片段的化学结构式可以看出，核酸分子方向性，规定了核苷酸或脱氧核苷酸的排列顺序和书写规则必须从 5′-末端到 3′-末端。图 2.4 所示的多聚脱氧核苷酸链可书写为 PA…PGpCpT 或 A…GCT。

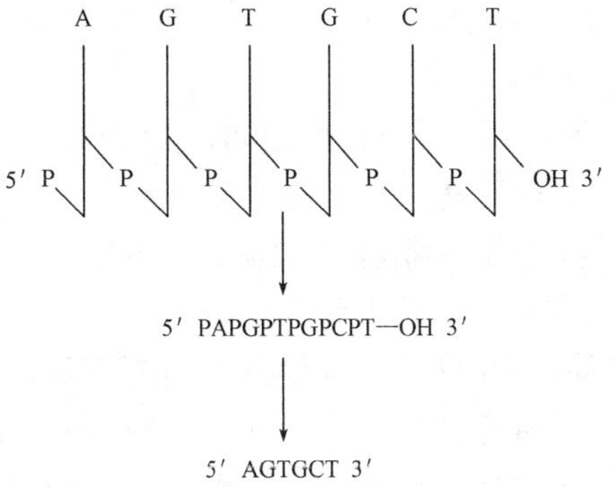

A　G　T　G　C　T

5′ P　P　P　P　P　P　OH 3′

↓

5′ PAPGPTPGPCPT—OH 3′

↓

5′ AGTGCT 3′

图 2.4　核酸一级结构书写方式

在生物体内，脱氧核糖核酸并非单一分子，而是形成两条互相配对并紧密结合，且如藤蔓般地缠绕成双螺旋结构的分子。每个核苷酸分子的其中一部分会相互连接，组成长链骨架；另一部分为碱基，可使成对的两条脱氧核糖核酸相互结合。所谓核苷酸，是指一个核苷加上一个或多个磷酸基团，核苷则是指一个碱基加上一个糖类分子。

2．DNA 的二级结构

1953 年，美国的沃森（J. D. Watson）和英国的克里克（F. H. C. Crick）在前人工作的基础上，共同提出了 DNA 的双螺旋结构模型揭示了生物界遗传形状得以世代相传的分子机制，标志着现代生物学的开始。

DNA 的双螺旋模型结构（图 2.5）有如下特点：

（1）DNA 分子由两条反向平行一条自上而下，走向为 5′-3′，另一条自下而上，走向为 3′-5′ 的多核苷酸链组成。两条链均为右手螺旋并缠绕同一个“中心轴”。

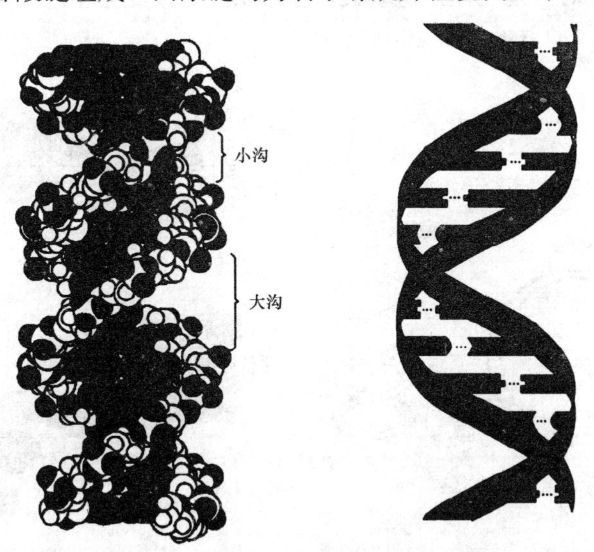

图 2.5　DNA 分子双螺旋模型结构图

（2）碱基位于螺旋的内侧，磷酸和脱氧核糖基位于螺旋外侧。两条链上的碱基原子处在同一平面上，并通过氢键连接互相配对。碱基配对有一定规律：鸟嘌呤（G）和胞嘧啶（C）配对（之间形成 3 个氢键）；腺嘌呤（A）和胸腺嘧啶（T）配对（之间形成 2 个氢键）。这种配对规律称为碱基互补规律，碱基对中的两个碱基称为互补碱基，通过互补碱基而结合的两条链称为互补链。

（3）双螺旋 DNA 分子从头到尾的直径相同，为 2 nm。毗邻碱基对平面间的距离是 0.34 nm。双螺旋每一圈含 10 对碱基，其高度为 3.4 nm。

（4）双螺旋结构的主要稳定因素在双螺旋内，横向稳定靠两条链互补碱基间的氢键，纵向则靠碱基平面间的堆积力，后者为主要稳定因素。

由于 DNA 的两条链互补，走向相反，两条链的碱基序列不一定相同，但只要一条链的碱基序列确定，其互补链的碱基序列就相应确立了。碱基配对的规律具有重要的生物学意义，它是DNA复制、RNA转录和反向转录的分子基础，关系到生物遗传信息的传递与表达。

3．DNA 的三级结构——超螺旋结构

DNA 的三级结构是在 DNA 二级结构基础上，双螺旋进一步扭曲盘绕所形成的特定空间结构，也称为超螺旋结构。目前已发现，线粒体 DNA、细菌质粒 DNA 和一些病毒 DNA 的双螺旋可以形成闭环状分子，双链闭环状 DNA 分子还可以进一步扭曲形成麻花状超螺旋结构（图 2.6）。

真核生物 DNA 中，染色质的主要成分是 DNA 和组蛋白，染色质的基本结构单位是核小体。组蛋白有 H_1、H_2A、H_2B、H_3 和 H_4，后 4 种各以两分子形成八聚体，DNA 双螺旋盘绕八聚体构成核小体的核心颗粒；组蛋白 H_1 位于相邻的核心颗粒之间的连接区，并与长 25 ～ 100 个碱基对的 DNA 分子结合。核心颗粒与连接区构成一个核小体。许多核小体相连串成念珠状结构，这就是高等生物染色质的结构基础（图 2.7）。许多核小体组成的串珠结构经多层次的螺旋化形成染色单体，DNA 分子的长度被压缩了近万倍。人类细胞中有 46 条（23 对）染色体，这些染色体的 DNA 总长度可达 1.7 m，经过上述近万倍的压缩，46 条染色体的总长只有 200 nm 左右。

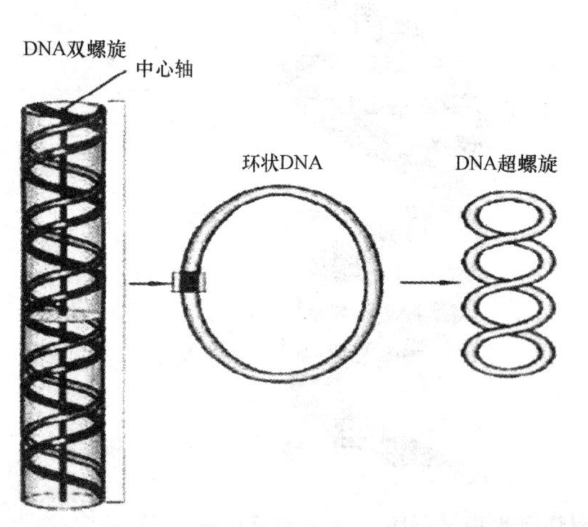

图 2.6　DNA 的环状结构和环式超螺旋结构

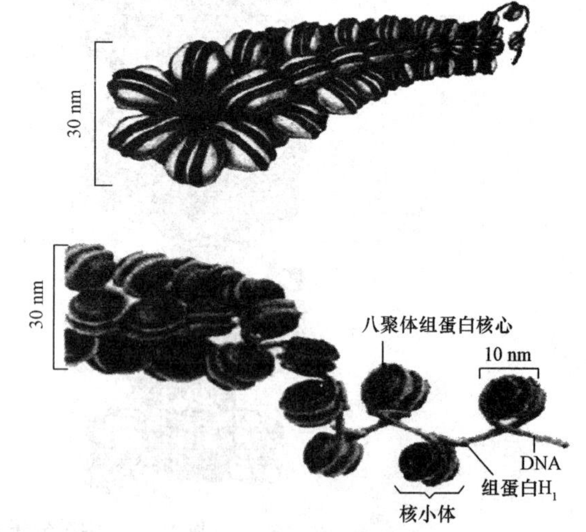

图 2.7　核小体的结构示意

2.2.2　RNA 的分子结构

核糖核酸（RNA）存在于生物细胞以及部分病毒、类病毒中的遗传信息载体。RNA 由核糖核苷酸经磷酸二酯键缩合而成长链状分子。一个核糖核苷酸分子由磷酸、核糖和碱基构成。

1. RNA 的结构特征

（1）RNA 基本组成单位是 AMP、GMP、CMP 及 UMP，一般含有较多种类的稀有碱基核苷酸，如假尿嘧啶核苷酸及带有甲基化碱基的多种核苷酸等。RNA 的一级结构是指多核苷酸链中核苷酸的连接方式、组成及排列顺序。

（2）每分子 RNA 中含有几十个至数千个 NMP，与 DNA 相似，彼此通过 3′，5′－磷酸二酯键连接而成多核苷酸链。

（3）除少数病毒外，RNA 主要是单链结构，在同一条链的局部区域可卷曲形成双链螺旋结构，或称发夹结构（图 2.8）。双链部位的碱基一般也彼此形成氢键而相互配对，即 A—U 及 G—C，双链区有些不参加配对的碱基往往被排斥在双链外，形成环状突起，这样的结构称为 RNA 的二级结构。不同的 RNA 分子其双螺旋区所占比例不同。RNA 在二级结构的基础上还可以进一步折叠扭曲形成三级结构。

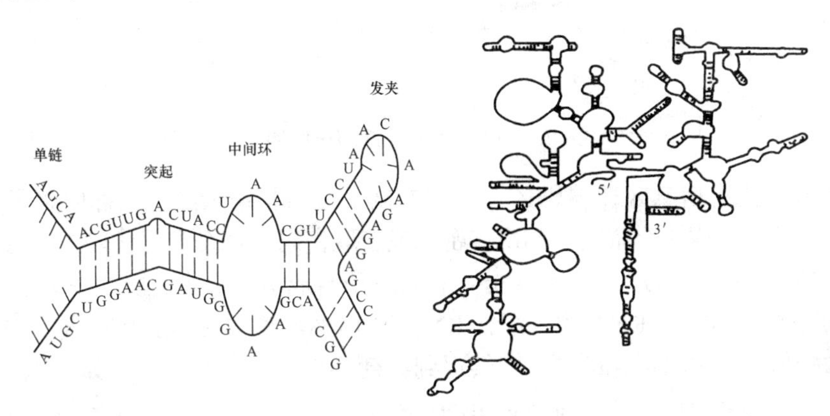

图 2.8　RNA 的发夹结构

2. RNA 的分类及其分子结构

RNA 种类很多，生物细胞中主要有信使 RNA（mRNA）、转运 RNA（tRNA）和核糖体 RNA（rRNA）3 种形式，它们的碱基组成、分子大小、生物学功能以及在细胞中的分布都不相同，结构也比较复杂。

（1）mRNA 的结构。mRNA 约占细胞 RNA 总量的 5 %，不同细胞的 mRNA 的链长和相对分子质量差异很大。它的功能是作为蛋白质生物合成的模板，将 DNA 的遗传信息传递到蛋白质合成基地——核糖核蛋白体。

mRNA 的分子结构呈直线形，绝大多数真核细胞 mRNA 在 3′ 末端有一个多磷酸腺苷“尾”结构。它是在转录后经多磷酸腺苷聚合酶的作用而添加上去的。原核生物的 mRNA 一般无此结构，它与 mRNA 从细胞核到细胞质的转移有关。真核细胞 mRNA 在 5′ 端有帽子结构（图 2.9）。该结构对稳定 mRNA 及其翻译具有重要意义，它作为蛋白质合成系统的辨认信号被专一的蛋白因子所识别，从而启动翻译过程。

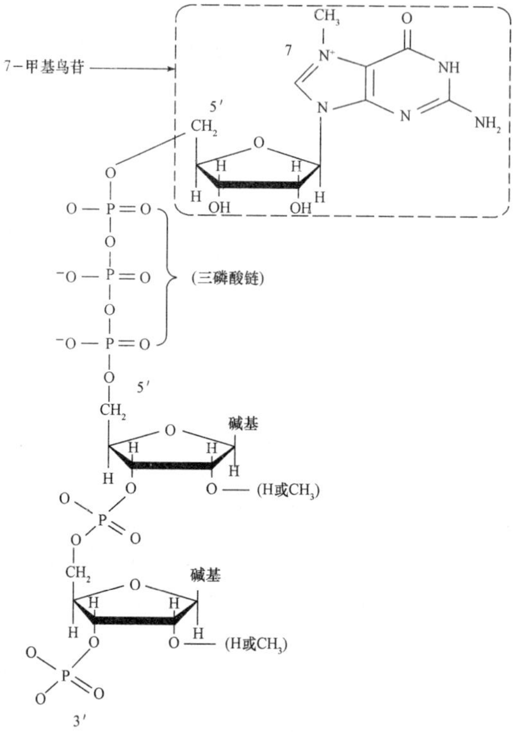

图 2.9　mRNA5′ – 端帽子结构

mRNA 分子内有信息区即编码区（又称外显子）和非编码区（又称内含子），信息区内每 3 个核苷酸组成 1 个密码，称遗传密码或三联密码，每个密码代表 1 个氨基酸。因此，信息区是 RNA 分子的主要结构部分，在蛋白质合成中决定蛋白质的一级结构。

（2）tRNA 的结构。tRNA 约占细胞 RNA 的 15 %，其主要功能是在蛋白质生物合成中翻译氨基酸信息，并将活化的氨基酸转运到核糖核蛋白体上参与多肽链的合成。细胞内 tRNA 种类很多，每一种氨基酸都有特异转运它的一种或几种 tRNA，分散于胞液中。

目前，对 tRNA 的结构研究较为清楚，其一级结构多由 70 ～ 90 个核苷酸组成。有些区域经过自身回折形成双螺旋结构，呈现三叶草式二级结构。其中碱基配对区构成三叶草的臂，未配对区称为环，大多数 tRNA 分为四臂四环（图 2.10）。三叶草的叶柄称为氨基酸臂，包含 tRNA 的 3′ – 末端和 5′ – 末端，在蛋白质合成中起携带氨基酸的作用；氨基酸臂对面的环叫反密码环，一般含有 7 个核苷酸残基，其中正中的 3 个核苷酸残基组成反密码子。在蛋白质生物合成时，反密码子与 mRNA 上的密

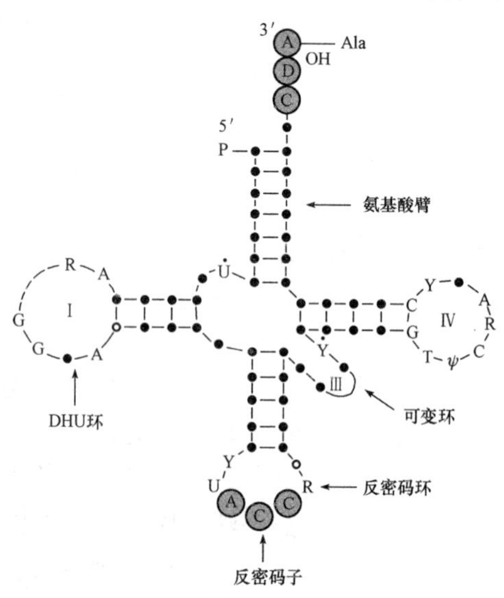

图 2.10　tRNA 的二级结构

码互补，以识别mRNA上相应的遗传密码；左臂连接一个二氢尿嘧啶（D），故称D环；右侧环含有假尿苷及核糖胸苷，故称为TψC环，其排列顺序对tRNA与核糖体结合有重要作用；中间的环叫额外环，又称可变环，不同的tRNA该区变化较大，是tRNA的分类指标之一。

在三叶草型二级结构的基础上，突环上未配对的碱基由于整个分子的扭曲而配成对，形成三级结构。tRNA在二级结构的基础上可形成倒L形的三级结构（图2.11），这种倒L形源于四环四臂在空间上的排列，L形的一端为反密码环，另一端为氨基酸臂。

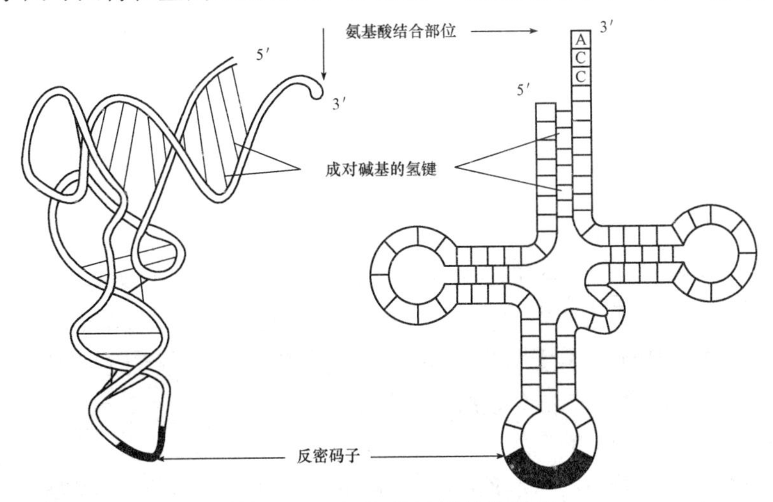

图2.11 tRNA的三级结构示意

（3）rRNA的结构。rRNA约占细胞RNA总量的80%，它与蛋白质组成的核蛋白体，是蛋白质生物合成的主要场所。

rRNA分子量最大，结构也相当复杂。原核生物的rRNA有3种，即5S rRNA，16S rRNA和23S rRNA。真核生物细胞核糖体RNA有4种，即5S rRNA，5.8S rRNA，18S rRNA和28S rRNA。其中，5S rRNA与tRNA相似，具有类似三叶草型的二级结构。

S是大分子物质在超速离心沉降中的一个物理学单位，其原理是大分子溶液（溶质密度大于溶剂的密度）受到强大的离心力作用时，分子就会下沉。每单位离心场强度的沉降速度为定值，称为沉降系数（S），以每单位重力的沉降时间表示，即1 S=1×10^{-13}秒，S随分子量增大而增大。如分子的沉降系数为8×10^{-13}秒，可以用沉降系数表示其相对分子量为8S。其大小与大分子的大小正相关。

2.3 核酸的物理化学性质

2.3.1 核酸的物理性质

核酸都是白色固体，相对分子质量很大，DNA呈纤维状固体，RNA呈粉末状结晶，均微溶于水，形成具有一定黏度的溶液，DNA 溶液的黏度比 RNA 溶液的黏度大。两者不溶于一般的有机溶剂（乙醇、乙醚、氯仿等），因此常用乙醇从溶液中沉淀分离核酸。

2.3.2 核酸的化学性质

1. 核酸的两性电离

与蛋白质相似，核酸分子中既含有酸性基团（磷酸基），也含有碱性基团（氨基），因而核酸也具有两性性质。由于核酸分子中的磷酸是一个中等强度的酸，而碱性（氨基）是一个弱碱，所以核酸的等电点比较低。如 DNA 的等电点为 4 ～ 4.5，RNA 的等电点为 2 ～ 2.5。在一定条件下，核酸分子在电场中自由运动，所以，常用电泳方法对其分离提纯。

2. 核酸的紫外吸收性质

由于核酸组成中的嘌呤、嘧啶都具有共轭双键，因此能强烈地吸收紫外线。核酸溶液在 260 nm 附近有一个最大吸收值，常用紫外分光光度法测定核酸含量。通常在我们提纯核酸的样品中会混有较多蛋白质，而且，蛋白质对紫外线最大吸收峰波长大约在 280 nm 处，可用 A260/A280 来估算核酸的纯度。

3. 核酸的变性、复性和分子杂交

（1）核酸的变性。在一定理化因素作用下，核酸双螺旋等空间结构中碱基之间的氢键断裂，变成单链的现象称为变性。引起核酸变性的常见理化因素有加热、酸、碱、尿素和甲酰胺等。在变性过程中，核酸的空间构象被破坏，理化性质发生改变，但并不破坏一级结构，分子量不变（图 2.12）。如加热使 DNA 溶液温度升高，加酸或加碱改变溶液的 pH 值，加乙醇、丙酮或尿素等有机溶剂或试剂，都可引起变性。DNA 变性后，其生物活性丧失。由于双螺旋分子中碱基处于双螺旋的内部，使光的吸收受到压抑，其值低于等摩尔的碱基在溶液中的光吸收。变性后，氢键断开，碱基堆积力破坏，碱基暴露，于 260 nm 处对紫外光的吸收就明显升高，这种现象称为增色效应。

温度升高引起的 DNA 变性，称为热变性，是实验室常用的方法。当 DNA 加热变性时，先是局部双螺旋松开成为双螺旋的单链，然后整个双螺旋的两条链分开成不规则的卷曲单链，在链内可形成局部的氢键结合区，其产物是无规则的线团，因此核酸变性可看作一种螺旋向线团转变的过渡。若仅仅是 DNA 分子某些部分的两条链分开，则变性是部分的；当两条链完全离开时，则是完全的变性。

DNA 加热变性过程是在一个狭窄的温度范围内迅速发生的，它有点像晶体的熔融。通常将 50% 的 DNA 分子发生变性时的温度称为解链温度或熔点，一般用“T_m”符号表示。DNA 的 T_m 一般为 70 ～ 85 ℃（图 2.13）。不同的 DNA 其 T_m 不同，在 DNA 的碱基组成中，由于 G—C 碱基丙酸的异生作对含有 3 个氢键，A—T 碱基对只有两个氢键，因此 G—C 对含量越高的 DNA 分子则越不易变性，其 T_m 也大。

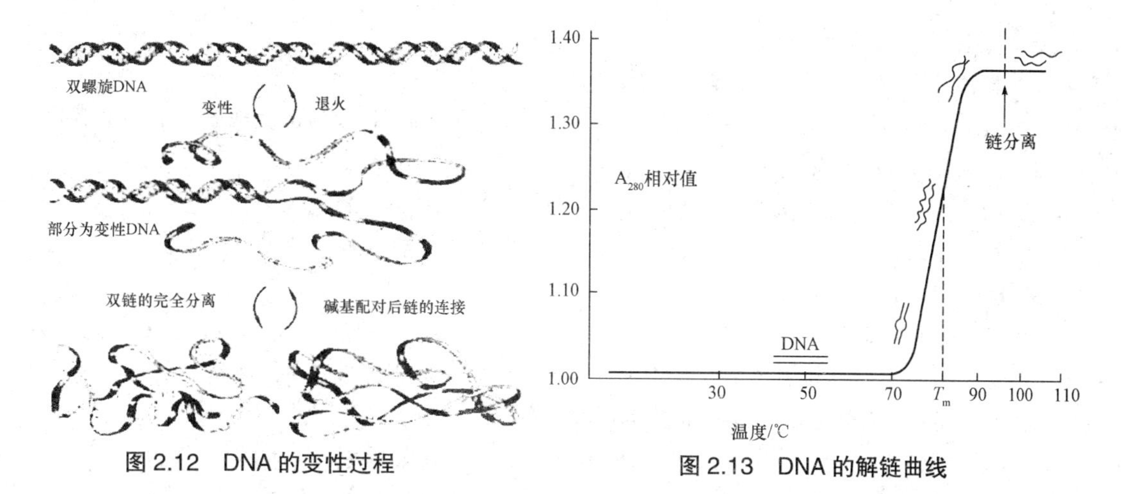

图 2.12　DNA 的变性过程

图 2.13　DNA 的解链曲线

（2）复性。变性核酸的两条互补单链在缓慢降温条件下重新生成氢键而缔合成双螺旋的过程，称为复性或退火。在一定的温度条件下，核酸要经过多次试探性碰撞才能形成正确的互补区，温度过低的也不利于复性，比 T_m 低 25 ℃是复性的理想温度。除温度因素外，核酸片段的大小、单链浓度的高低、链内重复序列的含量和溶液的电离强度对核酸复性都有重要的影响。

（3）核酸的杂交。DNA 的变性和复性都是以碱基互补为基础的，因此可以进行分子杂交。即不同来源的多核苷酸链间，经变性分离、退火处理后，若有互补的碱基顺序，就能发生杂交形成 DNA—DNA 杂合体，甚至可以在 DNA 和 RNA 间进行杂交。如果杂交的一条链是人工特定（已知核苷酸顺序）的 DNA 或 RNA 的序列，并经放射性同位素或其他方法标记，则称为探针。利用杂交方法，使“探针”与特定位置的序列发生“退火”形成杂合体，即可达到寻找和鉴定特定序列的目的。核酸的杂交在分子生物学和遗传学的研究中具有重要意义。

【思考与练习】

一、名词解释

1．DNA 的一级结构　2．超螺旋结构　3．DNA 的变性　4．分子杂交　5．增色效应

二、填空题

1．核酸按组成成分的不同，可以分为两类：__________和__________，前者主要存在于__________中，后者主要存在于__________中。构成前者的核苷酸有__________、__________、__________和__________4 种；构成后者的核苷酸主要有__________、__________、__________和__________4 种。

2．生物细胞中的 RNA 包括__________、__________和__________3 类，其中__________的二级结构为三叶草型，__________是合成蛋白质的场所。

3. 生物细胞中存在细胞内重要的核苷酸衍生物，作为分子货币的是__________，__________和__________参与信号转导，具有放大激素作用信号和缩小激素作用信号的功能。

三、选择题

1. 核酸中核苷酸之间的连接方式是（　　）。
   A. 肽键　　B. 氢键　　C. 3′，5′－磷酸二酯键　　D. 糖苷键
2. 下列关于DNA双螺旋结构模型叙述正确的是（　　）。
   A. 两条单链的走向是反向平行的　　B. 碱基A和G配对
   C. 碱基之间以共价键结合　　D. 磷酸戊糖位于双螺旋内侧
3. RNA和DNA彻底水解后的产物（　　）。
   A. 核糖相同，部分碱基不同　　B. 碱基相同，核糖不同
   C. 碱基不同，核糖不同　　D. 碱基部分不同，核糖不同
4. 维系DNA双螺旋结构稳定的最主要因素是（　　）。
   A. 氢键　　B. 离子键　　C. 碱基堆积力　　D. 范德华力
5. 核酸变性后，表现为（　　）。
   A. 失去生理活性　　B. 分子量减少
   C. 一级结构被破坏　　D. 空间结构不变
6. 核酸变性后，可发生哪种效应？（　　）
   A. 增色效应　　B. 减色效应
   C. 失去对紫外线的吸收能力　　D. 最大吸收峰波长发生转移
7. 热变性的DNA分子在适当条件下可以复性，条件之一是（　　）。
   A. 骤然冷却　　B. 缓慢冷却　　C. 浓缩　　D. 加入浓的无机盐

四、简答题

1. 简述DNA双螺旋结构的要点。
2. 比较DNA和RNA在化学组成、大分子结构和生物学功能上的特点。
3. 比较tRNA、rRNA和mRNA的结构和功能。

【拓展与应用】

DNA双螺旋结构的发现史

1. 发现核酸

早在1868年，人们就已经发现了核酸。在德国化学家霍佩·赛勒的实验室里，有一个瑞士籍的研究生名叫米歇尔，他对实验室附近的一家医院扔出的带脓血绷带很感兴趣，因为他知道脓血是那些为了保卫人体健康，与病菌“作战”而战死的白细胞和被杀死的人体细胞的“遗体”。于是他细心地把绷带上的脓血收集起来，并用胃蛋白酶进行分解，结果发现细胞遗体的大部分被分解了，但细胞核不受影响。他进一步对细胞核内物质进行分析，发现细胞核中有一种富含磷和氮的物质。霍佩·赛勒用酵母做实验，证明米歇尔对细胞核内物质的发现是正确的。他给这种从细胞核中分离出来的物质取名为“核素”，后来人们发现它呈酸性，因此改叫“核酸”。从此人们对核酸进行了一系列卓有成效的研究。

2. 弄清核酸的基本化学结构

20世纪初，德国的科赛尔和他两个学生琼斯和列文的研究，弄清了核酸的基本化学

结构：它是由许多核苷酸组成的大分子。核苷酸是由碱基、核糖和磷酸构成的。其中碱基有4种（腺嘌呤、鸟嘌呤、胸腺嘧啶和胞嘧啶），核糖有2种（核糖、脱氧核糖），因此把核酸分为核糖核酸（RNA）和脱氧核糖核酸（DNA）。

3．经典实验证明DNA是遗传物质

1928年，美国科学家格里菲斯用一种有荚膜、毒性强的和一种无荚膜、毒性弱的肺炎双球菌对老鼠做实验。他把有荚病菌用高温杀死后与无荚的活病菌一起注入老鼠体内，结果他发现老鼠很快发病死亡，同时他从老鼠的血液中分离出了活的有荚病菌。这说明无荚菌竟从死的有荚菌中获得了什么物质，使无荚菌转化为有荚菌。这种假设是否正确呢？格里菲斯又在试管中做实验，发现把死了的有荚膜菌与活的无荚膜菌同时放在试管中培养，无荚膜菌全部变成有荚膜菌，并发现使无荚膜菌长出蛋白质荚膜的就是已死的有荚膜菌壳中遗留的核酸（因为在加热中，荚膜中的核酸并没有被破坏）。格里菲斯称该核酸为“转化因子”。

1944年，美国细菌学家艾弗里从有荚膜菌中分离得到活性的“转化因子”，并对这种物质做了检验蛋白质是否存在的实验，结果为阴性，并证明“转化因子”是DNA。但这个发现没有得到广泛的承认，人们怀疑当时的技术不能除净蛋白质，残留的蛋白质起到转化的作用。

美籍德国科学家德尔布吕克的噬菌体小组对艾弗里的发现坚信不疑。因为他们在电子显微镜下观察到噬菌体的形态和进入大肠杆菌的生长过程。噬菌体是以细菌细胞为寄主的一种病毒，个体微小，只有用电子显微镜才能看到它。它像一个小蝌蚪，外部是由蛋白质组成的头膜和尾鞘，头的内部含有DNA，尾鞘上有尾丝、基片和小钩。当噬菌体侵染大肠杆菌时，先把尾部末端扎在细菌的细胞膜上，然后将它体内的DNA全部注入细菌细胞，蛋白质空壳仍留在细菌细胞外面，再没有起什么作用了。进入细菌细胞后的噬菌体DNA，利用细菌内的物质迅速合成噬菌体的DNA和蛋白质，从而复制出许多与原噬菌体大小形状一模一样的新噬菌体，直到细菌被彻底解体，这些噬菌体才离开死了的细菌，再去侵染其他的细菌。

1952年，噬菌体小组主要成员赫尔希和他的学生蔡斯用先进的同位素标记技术，做噬菌体侵染大肠杆菌的实验。他把大肠杆菌T2噬菌体的核酸标记上32P，蛋白质外壳标记上35S。先用标记了的T2噬菌体感染大肠杆菌，然后加以分离，结果噬菌体将带35S标记的空壳留在大肠杆菌外面，只有噬菌体内部带有32P标记的核酸全部注入大肠杆菌，并在大肠杆菌内成功地进行噬菌体的繁殖。这个实验证明DNA有传递遗传信息的功能，而蛋白质是由DNA的指令合成的。这一结果立即为学术界所接受。

4．定量测定核酸中的4种碱基的含量

几乎同时，奥地利生物化学家查加夫对核酸中的4种碱基含量的重新测定取得了成果。在艾弗里工作的影响下，查加夫认为如果不同的生物种是由于DNA的不同，则DNA的结构必定十分复杂，否则难以适应生物界的多样性。因此，他对列文的“四核苷酸假说”产生了怀疑。在1948—1952年4年时间内，他利用了比列文时代更精确的纸层析法分离4种碱基，用紫外线吸收光谱做定量分析，经过多次反复实验，终于得出不同于列文的结果。实验结果表明，在DNA大分子中嘌呤和嘧啶的总分子数量相等，其中腺嘌呤（A）与胸腺嘧啶（T）数量相等，鸟嘌呤（G）与胞嘧啶（C）数量相等。这说明

DNA 分子中的碱基 A 与 T、G 与 C 是配对存在的，从而否定了“四核苷酸假说”，并为探索 DNA 分子结构提供了重要的线索和依据。

5．DNA 双螺旋结构分子模型的建立

1951 年 11 月，沃森听了富兰克林关于 DNA 结构较详细的报告后，深受启发，具有一定晶体结构分析知识的沃森和克里克认识到，要想很快建立 DNA 结构模型，只能利用别人的分析数据。他们很快就提出了一个三股螺旋的 DNA 结构的设想。1951 年年底，他们请威尔金斯和富兰克林来讨论这个模型时，富兰克林指出他们把 DNA 的含水量少算了一半，于是第一次设立的模型宣告失败。

有一天，沃森又到国王学院威尔金斯实验室，威尔金斯拿出一张富兰克林最近拍制的“B 型”DNA 的 X 射线衍射的照片。沃森一看照片，立刻兴奋起来，因为这种图像比以前得到的“A 型”简单得多，只要稍稍看一下“B 型”的 X 射线衍射照片，再经简单计算，就能确定 DNA 分子内多核苷酸链的数目了。

克里克请数学家帮助计算，结果表明嘌呤有吸引嘧啶的趋势。他们根据这一结果和从查加夫处得到的核酸的两个嘌呤和两个嘧啶两两相等的结果，形成了碱基配对的概念。

他们苦苦地思索四种碱基的排列顺序，一次又一次地在纸上画碱基结构式，摆弄模型，一次次地提出假设，又一次次地推翻自己的假设。

有一次，沃森又在按着自己的设想摆弄模型，他把碱基移来移去寻找各种配对的可能性。突然，他发现由两个氢键连接的腺膘呤—胸腺嘧啶对竟然和由 3 个氢键连接的鸟嘌呤—胞嘧啶对有着相同的形状，于是精神为之大振。因为嘌呤的数目为什么和嘧啶数目完全相同这个谜就要被解开了。查加夫规律也就一下子成了 DNA 双螺旋结构的必然结果。因此，一条链如何作为模板合成另一条互补碱基顺序的链也就不难想象了。那么，两条链的骨架一定是方向相反的。

沃森和克里克经过紧张连续的工作，很快就完成了 DNA 金属模型的组装。从这模型中看到，DNA 由两条核苷酸链组成，它们沿着中心轴以相反方向相互缠绕在一起，很像一座螺旋形的楼梯，两侧扶手是两条多核苷酸链的糖—磷基因交替结合的骨架，而踏板就是碱基对。由于缺乏准确的 X 射线资料，他们还不敢断定模型是完全正确的。

富兰克林下一步的科学方法就是把根据这个模型预测出的衍射图与 X 射线的实验数据做一番认真的比较。他们请来了威尔金斯。不到两天工夫，威尔金斯和富兰克林就用 X 射线数据分析证实了双螺旋结构模型是正确的，并写了两篇实验报告同时发表在英国的《自然》杂志上。

1953 年 4 月 25 日，英国的《自然》杂志刊登了美国的沃森和英国的克里克在英国剑桥大学合作的研究成果：DNA 双螺旋结构的分子模型。这一成果后来被誉为 20 世纪以来生物学方面最伟大的发现，标志着分子生物学的诞生。1962 年，沃森、克里克和威尔金斯获得了诺贝尔生理学或医学奖，而富兰克林因患癌症于 1958 年病逝而未被授予该奖。

（摘自汪子春等：《世界生物学史》）

第3章 酶与维生素

知识目标

- 了解酶的定义、特性及分类等一般概念。
- 掌握酶结构以及结构与功能关系。
- 掌握影响酶促反应速度的因素及酶的催化作用机理。
- 了解各种维生素的结构、性质、生理作用及缺乏症。

3.1 酶概述

3.1.1 酶的概念和催化特点

生命活动的基本特征是新陈代谢，而新陈代谢过程是由无数复杂的化学反应组成的，表现为生物体不断从外界摄取所需要的物质组成自身成分，同时将体内产生的废物排出体外，这一系列新陈代谢反应过程都是在酶的催化下进行的。没有酶，新陈代谢中的各种反应就无法完成。因此，酶在生命活动中起着重要作用，在生物化学中占有突出地位。我国古代制作的饴即现在的麦芽糖，是大麦芽中的淀粉酶水解谷物中淀粉的产物；我国古人酿酒所用酒曲，又称为酒母，也属于酶，可见我国在上古时期，已使用生物体内一类很重要的有生物学活性的物质——酶。但人类对酶的科学认识是在19世纪发展起来的，西方对发酵现象的研究推动了对酶的进一步研究。1913年，米凯利斯（Michaelis）和门顿（Menten）利用物理化学方法提出了酶促反应的动力学原理——米氏学说，使酶学可以定量研究。目前已发现2 500多种酶，其中有200多种制得了酶结晶，研究清楚了数十种酶的氨基酸排列顺序，有的还确定了空间结构，并对酶的化学本质有了实质性的认识。

1. 酶的概念

酶是由生物活细胞合成的一类具有生物催化功能的有机大分子，也可称为生物催化剂。1926年美国生化学家James B．Sumner首次从刀豆中提取出酶结晶，并证明它是蛋白质。此后，人们确证了酶的化学本质主要是蛋白质。近年来，随着对酶的深入研究，除了蛋白质可作为生物催化剂外，人们还发现了具有催化活性的其他物质，如核糖核酸、脱氧核糖核酸、抗体等，前两者常称为核酶，后者叫抗体酶。

酶所催化的化学反应叫酶促反应。在酶促反应中，被酶催化的物质被称为底物（Substrate，S），反应中生成的物质被称为产物（Product，P）。酶所具有的催化能力称为酶的活性，如果酶丧失催化能力则称为失去活性。

2．酶的催化特点

酶作为一种生物催化剂，除了具有一般催化剂的共性，与一般无机催化剂相比还有以下特点：

（1）催化的高效性。酶具有极高的催化效率，一般而言，对同一反应酶的催化效率比非催化反应高 $10^8 \sim 10^{20}$ 倍，比一般催化剂高 $10^7 \sim 10^{13}$ 倍。例如，酵母蔗糖酶催化蔗糖水解的速度是 H^+ 催化此反应速度的 2.5×10^{12} 倍；脲酶催化尿素水解的反应速度是 H^+ 催化作用的 7×10^{12} 倍。酶高度的催化效率有赖于酶蛋白分子与底物分子之间独特的作用机制。

（2）高度的专一性。一种酶只能催化某一种或一类物质发生特定的化学反应，生成特定的产物称为酶的专一性。各种酶的专一性不同，例如盐酸可使糖、脂肪、蛋白质等多种物质水解，而淀粉酶只能催化淀粉水解，对脂肪和蛋白质则无催化作用。酶催化作用的特异性取决于酶蛋白分子的特定结构。酶的特异性可大致分为 3 种类型：

①绝对特异性。一种酶只能催化一种底物发生一定的化学反应，并生成一定的产物。如脲酶只能催化尿素水解成 NH_3 和 CO_2，而对其他同样酰胺键结构的肽类或其他化合物没有作用。

②相对专一性。相对专一性是指酶催化一类底物或化学键发生化学反应。例如，脂肪酶不仅能水解脂肪，也能水解酯类；蔗糖酶不仅能水解蔗糖，也可以纾解棉籽糖中的同一糖苷键。

③立体异构专一性。几乎所有的酶对底物的构型都有严格的要求，即一种酶只能催化一种立体异构体发生特定的化学反应，对另一种立体异构体不起催化作用。如乳酸脱氢酶只能催化 L- 乳酸，不能催化 D- 乳酸；精氨酸酶只作用于 L- 精氨酸，不能催化 D- 精氨酸等。

（3）高度的不稳定性。酶是蛋白质，只能在常温、常压、近中性的条件下发挥作用。高温、高压、强酸、强碱、有机溶剂、重金属盐、超声波、剧烈搅拌，甚至泡沫的表面张力等任何使蛋白质变性的理化因素都可使酶蛋白变性，而使其失去催化活性。因此，酶一般要在生物体体温的温度、压强、pH 值等较温和环境条件下起催化作用，否则酶的活性降低甚至失去活性。

（4）酶的活性受多种因素影响。生命体内物质的代谢在错综复杂的动态平衡之中，酶催化各种代谢维持这种动态平衡，是保持生命体内物质正常代谢，保证生命活动的正常进行的重要环节。酶的活性受到很多因素的影响。如底物和产物的浓度、pH 值以及各种激素的浓度都对酶活性有较大影响。酶活性的变化使酶能适应生物体内复杂多变的环境条件和多种多样的生理需要。生物通过别构、酶原活化、可逆磷酸化等方式对机体的代谢进行调节。

3.1.2 酶的命名、分类与活力

1．酶的命名

酶的命名法有习惯命名法与系统命名法两种。习惯命名法以酶催化的底物、反应类型命名，有时还加上酶的来源。依据底物命名，如淀粉酶、脂肪酶、蛋白酶等；依据催化反应类型命名，如脱氢酶、转氨酶等；加上酶的来源的命名如唾液淀粉酶、胰蛋白酶等。习

惯命名法简单、常用，但缺乏系统性，不准确。1961年，国际酶学会议提出了酶的系统命名法，规定应标明酶的底物名称及反应类型。若反应中有两个底物，则在底物间用"："隔开，若底物之一是水，可省略。如乙醇脱氢酶的系统命名是"醇：NAD^+氧化还原酶"。

2．酶的分类

按照催化反应的类型，国际酶学委员会将酶分为6大类。

（1）氧化还原酶类。催化底物进行氧化还原反应的酶，生物体内的氧化还原反应以脱氢为主，还有失电子及直接与氧化合的反应。如葡萄糖氧化酶、各种脱氢酶等。这是已发现的数量最多的一类酶，具有氧化、产能、解毒功能，在生产中的应用仅次于水解酶。

（2）转移酶类。催化功能基团的转移反应，如各种转氨酶和激酶分别催化转移氨基和磷酸基的反应。

反应的通式：A—R+C → A+C—R

（3）水解酶类。催化底物的水解反应，如蛋白酶、脂肪酶等，起降解作用，多位于胞外或溶酶体中。

（4）裂解酶类。催化从底物上移去一个小分子而留下双键的反应或其逆反应，包括醛缩酶、水化酶、脱羧酶等。

（5）异构酶类。催化同分异构体之间的相互转化，包括消旋酶、异构酶、变位酶等。

（6）合成酶类。催化由两种物质合成一种物质，必须与ATP分解相偶联。合成酶也叫连接酶，包括DNA连接酶、羧化酶等。

3．酶活力

酶活力也称酶活性，是指酶催化某种底物反应的能力。酶活力的大小可以用在一定条件下它所催化的某一化学反应的转化速率来表示，即酶催化的转化速率越大，酶的活力就越高；酶催化的转化速率越小，酶的活力就越低。所以，测定酶的活力就是测定酶催化的转化速率。酶催化的转化速率可以用单位时间内单位体积中底物的减少量或产物的增加量来表示。酶活力的测定既可以通过定量测定酶反应的产物或底物数量随反应时间的变化，也可以通过定量测定酶反应底物中某一性质的变化，如黏度变化来测定。通常是在酶的最适pH值和离子强度以及指定的温度下测定酶活力。

3.2　酶的结构与催化功能

3.2.1　酶分子的化学组成

到目前为止，人类提纯的酶均为蛋白酶，酶的本质主要是蛋白质。因此它也具有一级、二级、三级，乃至四级结构。按其分子组成的不同，酶可分为单纯酶和结合酶。仅含有蛋白质的酶称为单纯酶；结合酶则由酶蛋白和辅助因子组成。

单纯酶分子中只有氨基酸残基组成的肽链。其催化活性主要取决于蛋白质的结构，一般的水解酶（如蛋白酶、淀粉酶、脂肪酶、核糖核酸酶等）都属于单纯酶。

结合酶分子中除了蛋白质部分外，还含有非蛋白质部分，此类酶水解后除得到氨基酸外，还有非氨基酸类物质。其中，蛋白质部分称为酶蛋白，非蛋白质部分称为辅助因子。酶蛋白与辅助因子单独存在时，均无活性，两者结合后形成全酶才具有酶的活性。

全酶 = 酶蛋白 + 辅助因子

辅助因子包括金属离子和铁卟啉或含 B 族维生素的小分子有机物。金属离子主要有 Zn^{2+}、Mo^{2+}、Mg^{2+}、Fe^{2+}、Fe^{3+}、Cu^{2+} 等，一般起携带及转移电子或功能基团的作用。小分子有机物中与酶蛋白以共价键紧密结合的，称为辅基；与酶蛋白以非共价键松散结合，可以用物理方法除去的，称为辅酶，但两者之间并无严格界限。

生物体内酶的种类很多，但辅助因子的种类并不多。一种酶蛋白只能与一种辅助因子相结合构成一种有活性的全酶，而同一种辅酶或辅基可以与多种酶蛋白结合构成多种全酶，参与催化多种反应。例如，NAD^+ 可以作为许多脱氢酶的辅酶。因此，酶蛋白决定了酶的专一性和高效性，辅酶或辅基则决定了酶促反应的类型，参与电子、原子或某些基团的传递过程。

3.2.2 酶的活性中心和必需基团

酶是具有一定空间结构的大分子，其分子量一般在 1 万以上，由数百个氨基酸组成。而酶的底物一般很小，所以，直接与底物接触并起催化作用的只是酶分子中的一小部分。有些酶的底物虽然较大，但与酶接触的也只是一个很小的区域。因此，人们认为，酶分子中只有一小部分结构与酶的催化活性有关，通常把与酶的催化活性密切相关、维持酶特定空间构象的基团称为必需基团。必需基团在一级结构上相距很远，甚至位于不同的肽链上。由于肽链的盘曲折叠，致使必需基团在空间位置上相互靠近，组成具有特定空间结构的区域，能直接结合底物并催化底物转变为产物，这一特殊的空间区域称为酶的活性中心。

活性中心包括两个功能部位：一个是酶直接与底物结合的部位，称结合部位，它决定了酶的底物专一性；另一个是催化底物切断旧的化学键，形成新化学键并生成产物部位，称催化部位，因此这一部位决定了酶的催化能力（图 3.1）。但两者的区别并不是绝对的，有些基团既有底物结合功能又有催化功能。

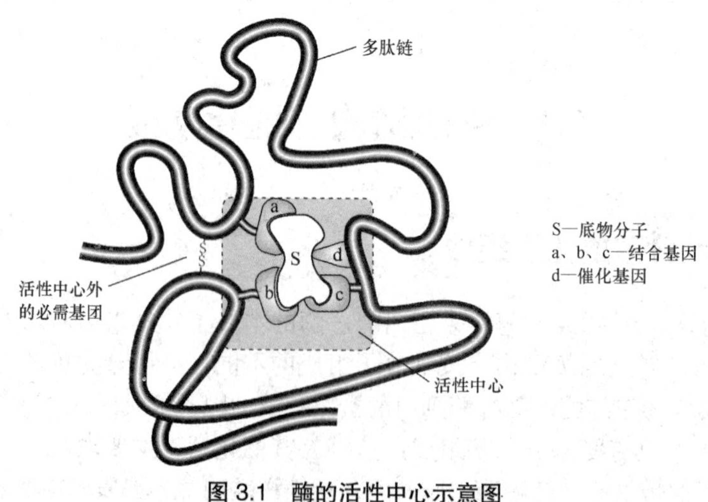

图 3.1　酶的活性中心示意图

活性中心只占酶分子总体积的 1 % ～ 2%，一般位于酶分子的表面，或为裂缝，或为凹陷，是酶发挥催化作用的关键部位，当活性中心被破坏或被占据时，酶就会失去催化活性。但活性中心以外的部分并不是无用的，有一类必需基团位于活性中心以外，不直接参与结合和催化过程，但能够维持酶的空间结构，使活性中心保持完整，称为活性中心以外的必需基团。非必需基团的替换虽然对酶的活性无影响，但与酶的免疫、运输、调控、寿命等有关。

3.2.3　酶原及酶原的激活

生物体内大多数酶一旦生成即具有活性，但也有些酶在细胞内刚刚合成或分泌时，尚不具有催化活性，这些无活性的酶的前体称为酶原。酶原转化为有活性酶的过程称为酶原激活。酶原激活的实质是通过肽链的剪切，改变蛋白的构象，从而使酶的活性中心形成或暴露的过程。例如胰蛋白酶刚从胰脏分泌出来时是没有活性的酶原，进入小肠时，在肠激酶的作用下，酶的构象发生改变，形成酶的活性中心，于是无活性的酶原就被激活形成胰蛋白酶（图 3.2）。

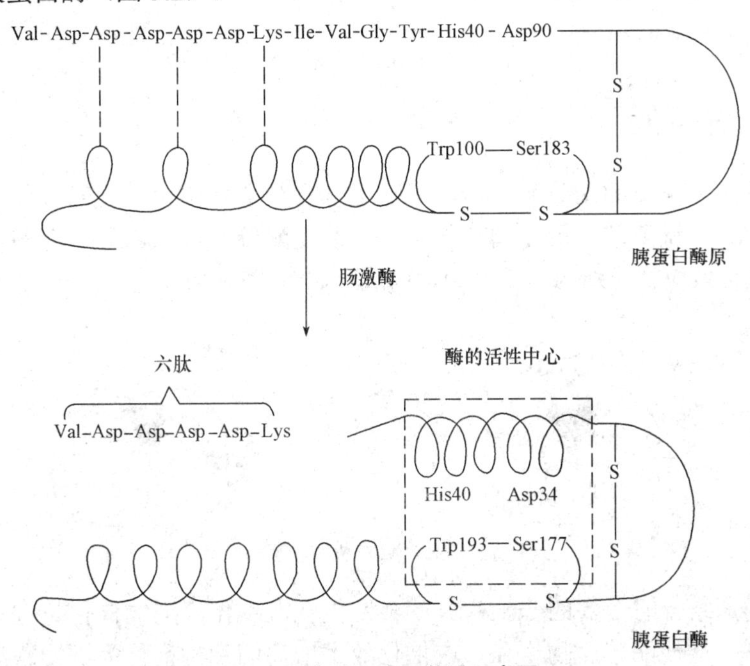

图 3.2　胰蛋白酶原激活示意图

酶原的存在具有重要的生理意义，它既可以避免细胞产生的蛋白酶对细胞进行自身消化，防止细胞自溶，又可以使酶原在到达指定部位或在特定条件下发挥作用，保证体内代谢的正常进行。例如，由胰腺分泌的蛋白酶原必须在肠道内经过肠激酶的激活，才具有催化活性，若蛋白酶原在胰腺内被激活，就可能导致胰腺组织细胞被破坏而发生急性胰腺炎；胃蛋白酶初分泌时，以酶原的形式存在，能防止胃壁被胃液消化形成胃溃疡和胃穿孔；血管内凝血酶以凝血酶原的形式存在，能防止血液在血管内凝固而形成血栓。但当创伤出血时，大量凝血酶原被激活为凝血酶，促进了血液凝固，防止大量出血。

3.2.4 同工酶

同工酶是一类能催化相同的化学反应，但酶蛋白的分子结构、理化性质和免疫原性各不相同的酶。它们存在于生物的同一种族或同一个体的不同组织，甚至在同一组织、同一细胞的不同细胞器中。至今已知的同工酶已不下几十种，如己糖激酶、乳酸脱氢酶等，其中对乳酸脱氢酶的研究最为深入。乳酸脱氢酶是首先被深入研究的一种同工酶。存在于哺乳动物体中的 LDH 是由 H（心肌型）和 M（骨骼肌型）两种类型的亚基，组成的 5 种同工酶 H_4（LDH_1）、MH_3（LDH_2）、M_2H_2（LDH_3）、M_3H（LDH_4）、M_4（LDH_5）。此外，在动物睾丸及精子中还发现另一种基因编码的 X 亚基组成的四聚体 C_4（LDH—X）同工酶广泛存在于生物界，具有多种多样的生物学功能。同工酶的存在能满足某些组织或某一发育阶段代谢转换的特殊需要，提供了对不同组织和不同发育阶段代谢转换的独特的调节方式；同工酶作为遗传标志，已广泛用于遗传分析的研究；农业上同工酶分析法已用于优势杂交组织的预测。

3.2.5 别构酶

别构酶是一类重要的调节酶，其分子除了含有结合部位、催化部位外，还有调节部位（别构部位），调节部位可与调节物结合，改变酶分子构象，并引起酶催化活性的改变，调节物又称效应物或别构剂。酶的别构效应如图 3.3 所示。

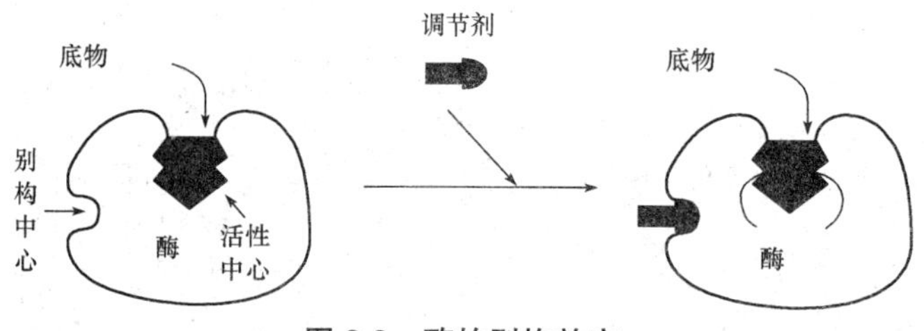

图 3.3　酶的别构效应

酶与别构剂结合时，酶的分子构象就会发生轻微变化，影响催化位点对底物的亲和力和催化效率。能使酶与底物亲和力或催化效率增高的别构剂称为别构激活剂，反之使酶与底物的亲和力或催化效率降低的别构剂称为别构抑制剂。

别构酶一般位于反应途径的关键位置，控制整个反应途径的反应速度。很多底物是别构酶的激活剂，通过别构调节可以避免过多的底物积累。另外，细胞可通过别构抑制的方式及早地调节整个代谢途径的速度，减少不必要的底物消耗。这种调控对于维持细胞内的代谢平衡起到重要作用。

3.3　酶作用的基本原理

酶是一类生物催化剂，它们支配着生物的新陈代谢、营养和能量转换等许多催化过程，与生命过程关系密切的反应大多是酶催化反应。若因遗传缺陷造成某个酶缺损，或其他原因造成酶的活性减弱，均可导致该酶催化反应的异常，使物质代谢紊乱，甚至发生疾病，因此酶催化与生命活动的关系密切。

3.3.1　酶的催化作用与分子活化能

在一个化学反应体系中，只有那些能量较高，能发生有效碰撞的分子才能发生化学反应，通常把这些分子称为活化分子。而要使能量较低的分子变为活化分子，就必须消耗能量。这种使一般分子变为活化分子所需要的能量称为活化能。活化能越低，活化分子数越多，反应速度越快；反之，反应速度则越慢。酶和一般催化剂一样，能使化学反应的活化能大大降低，使反应体系中的活化分子数增加，从而提高化学反应速度，不同的是酶比一般催化剂降低活化能的幅度更大（图 3.4）。

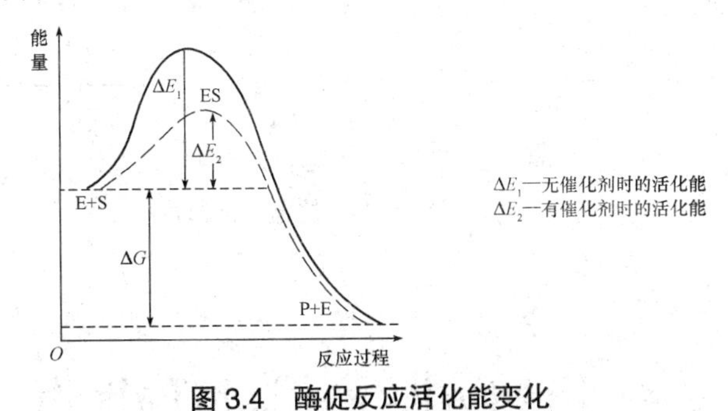

图 3.4　酶促反应活化能变化

3.3.2　酶作用的基本原理

1．中间产物学说

酶之所以能降低反应的活化能，具有极高的催化效率，目前有很多种解释，其中最有影响的是中间产物学说。该学说认为，酶在催化某一化学反应时，设酶（E）和底物（S）首先在活性中心结合成一个不稳定的中间产物（ES），然后中间产物再分解为产物（P）和原来的酶（E）。

$$E+S \rightleftharpoons ES \rightarrow E+P$$

当酶与底物生成中间产物并进一步形成过渡状态时，这一过程已释放较多的结合能，现知这部分结合能可以抵消部分反应物分子活化所需的活化能，从而使原先低于活化能的分子也成为活化分子，因而大大加速化学反应的速度。

2．诱导契合学说

酶对于它所作用的底物有着严格的选择，只能催化一定结构或者一些结构近似的化合物，使这些化合物发生化学反应。1894 年费歇尔（Fischer）提出了假说：酶和底物结合时，底物的结构和酶的活性中心的结构十分吻合，就好像一把钥匙配一把锁一样。酶的这种互补形状，使酶只能与对应的化合物契合，这就是“锁钥学说”，如图 3.5（a）所示。这种“锁钥学说”是不全面的。比如，酶既能与底物结合，也能与产物结合，催化其逆反应。于是在 1959 年由 D.E.Koshland 提出了“诱导契合学说”，该学说认为，当酶与底物接近时，酶蛋白受底物分子的诱导，其构象发生改变，使活性中心中的必需基团重新排列和定向，形成更适合与底物结合的空间结构，同时，底物分子也发生一些相互适应的变化，使酶和底物紧密结合形成中间产物，变得有利于与底物的结合和催化，如图 3.5（b）所示。

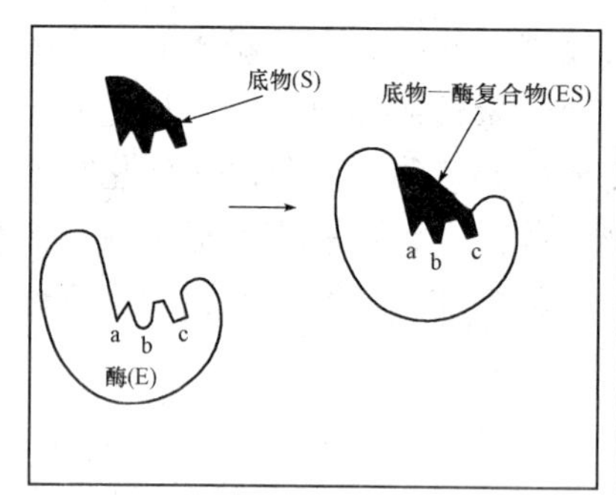

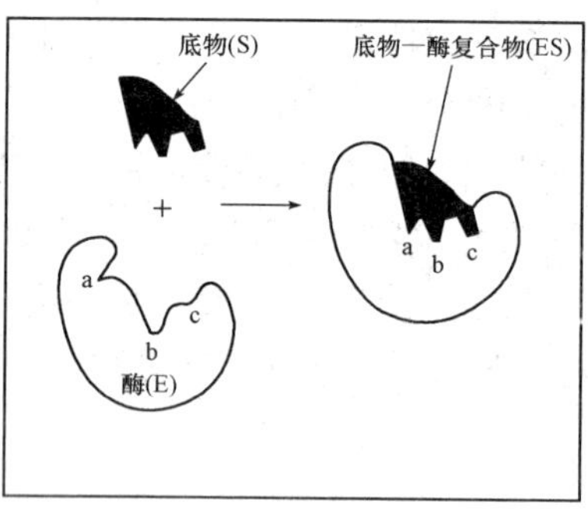

(a)　(b)

图 3.5　酶和底物结合示意图

（a）锁钥学说；（b）诱导契合学说

3.4　影响酶促反应速度的因素

酶是蛋白质，凡能影响蛋白质的理化因素均可影响酶的结构和功能，所以，酶只有在合适的条件下才能具有最大活性，进而影响酶促反应的速度。酶促反应速度受许多因素影响，这些因素有底物浓度、酶浓度、pH 值、温度、激活剂和抑制剂等。通过对这些影响因素的了解，可以指导酶在生产中的应用，最大限度地发挥酶的催化作用。

3.4.1　底物浓度的影响

在酶浓度及其他条件不变的情况下，底物浓度与酶促反应速度的关系如图 3.6 所示。在底物浓度很低时，反应速度随底物浓度的增加而增加，两者成正比关系。随着底物浓度继续升高，反应速度的增加趋势渐缓。当底物浓度相对于酶浓度达到一定极限时，酶的活性中心已被饱和，底物浓度增加，反

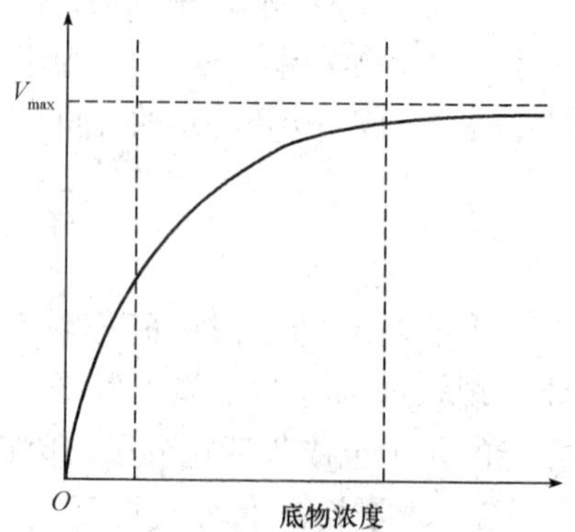

图 3.6　底物浓度对酶促反应速度的影响

应速度不再增加，达到最大值。

3.4.2　酶浓度的影响

在底物浓度充足，其他条件固定的条件下，酶促反应速度与酶浓度成正比。即酶浓度越高，反应速度越快。但该正比关系条件是：①底物浓度足够大；②使用的必须是纯酶制剂或不含抑制剂、激活剂或失活剂的粗酶制剂。

3.4.3　pH 值的影响

大部分酶的活力受 pH 值的影响，在一定的 pH 值范围内酶催化活性最强，酶催化能力最强时的 pH 值，称为最适 pH 值。高于或低于最适 pH 值，酶的活性都会下降（图 3.7）。不同的酶最适 pH 值不同。多数酶的最适 pH 值为 6 ～ 8，少数酶需偏酸或碱性条件。如胃蛋白酶的最适 pH 值为 1.5，而肝精氨酸酶的最适 pH 值为 9.7。pH 值影响酶的构象，也影响与催化有关基团的解离状况及底物分子的解离状态。最适 pH 值有时因底物种类、浓度及缓冲溶液成分不同而变化，不是完全不变的。

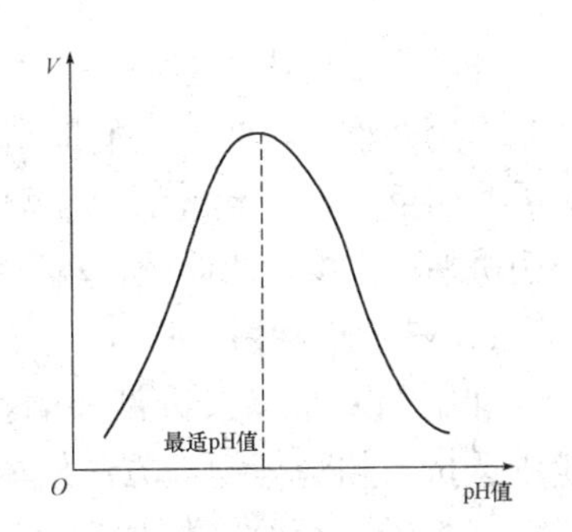

图 3.7　pH 值对酶促反应速度的影响

3.4.4　温度的影响

化学反应速度随温度升高而加快，酶对温度极为敏感，温度过高引起酶的变性，因此，温度对酶促反应有双重影响。当其他条件不变时，在一定的温度内，随着温度的升高，酶促反应速度加快；当温度升高到一定值时，酶蛋白发生变性，酶促反应速度反而下降。使酶促反应速度达到最大时的温度，称为最适温度（图 3.8）。动物体内一般酶的最适温度为 37 ～ 40 ℃，接近体温。一般酶在 60 ℃以上变性，少数酶可耐高温，如牛胰核糖核酸酶加热到 100 ℃仍不失活。干燥的酶耐受高温，而液态酶失活快。

最适温度也不是固定值，它受反应时间影响，酶可在短时间内耐受较高温度，时间延长则最适温度降低。低温可使酶活性降低，当温度回升时酶的活性又可以恢复，因此，用低温冷冻方法可以保存组织器官和生物制品。

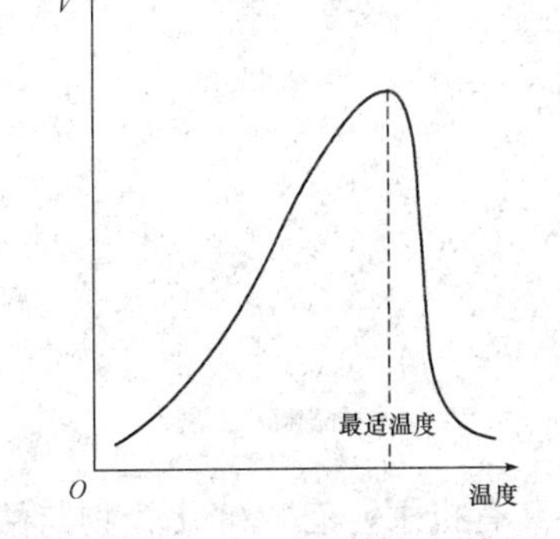

图 3.8　温度对酶促反应速度的影响

3.4.5　激活剂的影响

在酶促反应中，使酶由无活性变为有活性或使酶活性增加的物质都称为激活剂。大部分激活剂是离子或简单有机化合物。激活剂可分为三类：

（1）无机阳离子。金属离子是许多酶的辅助因子也是激活剂，如 K^{+}、Na^{+}、Ca^{2+}、Mg^{2+}、Zn^{2+}、Fe^{2+} 等。

（2）无机阴离子。如氯离子、溴离子、碘离子、硫酸盐离子、磷酸盐离子等。

（3）有机化合物。如维生素 C、半胱氨酸、还原性谷胱甘肽等。许多酶只有当某一种适当的激活剂存在时，才表现出催化活性或强化其催化活性，这称为对酶的激活作用。而这种激活剂对另一种酶可能起抑制作用。另外，激活剂的浓度对其作用也有影响。

3.4.6 抑制剂的影响

在酶促反应中，能使酶活力下降，但不引起酶蛋白变性的作用，称为抑制作用；能引起抑制作用的物质，叫作酶的抑制剂。抑制剂可降低酶促反应速度。抑制剂与酶分子上的某些必需基团反应，引起酶活力下降，甚至丧失，但并不使酶变性。研究抑制作用有助于对酶的作用机理、生物代谢途径、药物作用机制的理解。抑制分为不可逆抑制与可逆抑制。

1．不可逆抑制

抑制剂通常以共价键与酶蛋白活性中心上的必需基团结合，使酶活性消失，而且不能用透析、超滤等物理方法使酶恢复活性，这种抑制作用为不可逆抑制。

有机磷化合物（例如敌百虫、敌敌畏、乐果杀虫剂、1059 等）能与动物体内胆碱酯酶活性中心丝氨酸上的羟基牢固结合，从而抑制胆碱酯酶的活性，使神经传导物质乙酰胆碱堆积，引起一系列神经中毒症状，如心律变慢、肌肉痉挛、呼吸困难等，严重时可导致动物死亡，故又称为神经毒剂。临床上常采用解磷定（PAM）治疗有机磷化合物中毒。解磷定与磷酰化羟基酶的磷酰基结合，使羟基酶游离，从而解除有机磷化合物对酶的抑制作用，使酶恢复活性。

$$(RO)_2P(=O)X + E{-}OH \longrightarrow (RO)_2P(=O){-}O{-}E + HX$$

有机磷化合物　　羟基酶　　磷酰化酶（失活）

$$(RO)_2P(=O){-}O{-}E + \text{(N-CH}_3\text{-pyridinium-2-)CHNOH} \longrightarrow \text{(N-CH}_3\text{-pyridinium-2-)CHNO{-}P(=O)(OR)_2} + E{-}OH$$

磷酰化酶（失活）　　解磷定　　羟基酶（复活）

有机汞、有机砷化合物与酶分子中半胱氨酸残基的巯基作用，抑制含巯基的酶，如对氯汞苯甲酸（PCMB）。由于这些抑制剂所结合的巯基不局限于必需基团，所以此类抑制剂又被称为非专一性抑制剂。化学毒剂路易斯气是一种含砷的化合物，它能抑制体内的巯基酶而使人畜中毒。由于此类抑制剂的作用不易用物理方法去除，因此，砷化物的毒性不能用单巯基化合物解除，可用过量双巯基化合物解除，如二巯丙醇等，后者是临床上重要的砷化物及重金属中毒的解毒剂。

2．可逆抑制

抑制剂通过非共价键与酶结合，可用透析法等物理方法除去抑制剂，恢复酶活性，这种抑制作用称为可逆抑制。根据抑制剂与底物的关系，可逆抑制可分为竞争性抑制和非竞争性抑制。

（1）竞争性抑制。抑制剂（I）结构与底物（S）相似，能竞争性地与酶的活性中心结合，占据底物结合的位点，使底物与酶结合的机会下降，从而引起酶活性受到抑制。竞争性抑制的程度强弱取决于抑制剂和底物浓度的相对比例，在抑制剂浓度不变的情况下，可以通过提高底物浓度来解除抑制。

应用竞争性抑制的原理可阐述某些药物的作用机理，如磺胺类药物。一些细菌在生长繁殖时，不能利用环境中的叶酸，只能在体内利用对氨基苯甲酸（PABA）在二氢叶酸合成酶的催化下合成二氢叶酸（FH_2），再进一步合成四氢叶酸（FH_4），参与核酸和蛋白质的合成。磺胺类药物与对氨基苯甲酸结构相似，可竞争性地与细菌体内二氢叶酸合成酶的活性中心结合，抑制细菌二氢叶酸合成酶，从而抑制细菌的生长和繁殖，达到治病消炎的效果。人和动物可利用食物中的叶酸，因而代谢不受磺胺类药物的影响。根据竞争性抑制的特点，在使用磺胺类药物时，必须保持血液中药物浓度远高于对氨基苯甲酸的浓度，才能发挥有效的抑菌作用。抗菌增效剂（TMP）可增强磺胺类药物的药效，因为其结构与二氢叶酸类似，可抑制细菌二氢叶酸还原酶，但很少抑制人体二氢叶酸还原酶。它与磺胺类药物配合使用，可使细菌的四氢叶酸合成受到双重阻碍，严重影响细菌的核酸及蛋白质合成。

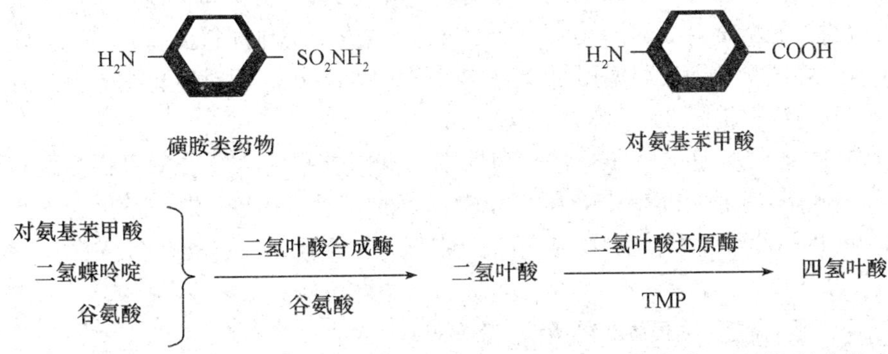

（2）非竞争性抑制。抑制剂和酶在活性中心以外的部位结合，不妨碍底物与酶的结合，两者没有竞争，但形成的中间物（ESI）不能分解成产物，致使酶活性降低。非竞争性抑制不能靠提高底物浓度的方法来解除。

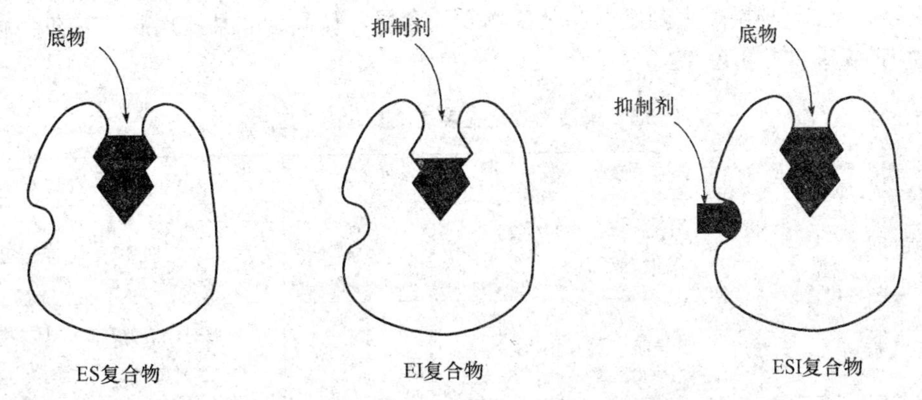

3.5 酶与动物生产实践的关系

3.5.1 酶在畜禽饲养中的应用

1. 用作饲料防腐剂和杀菌剂

酶可以用作饲料的防腐剂和杀菌剂，如溶菌酶本身是一种天然蛋白质，无毒性，是一种安全性高的饲料添加剂。它能专一性地作用于目的微生物的细胞壁而不能作用于其他物质。该酶对革兰阳性菌、枯草杆菌、耐辐射微球菌有强力分解作用，而对大肠杆菌、普通变形菌和副溶血弧菌等革兰阴性菌等也有一定的溶解作用。与聚合磷酸盐和甘氨酸等配合应用，具有良好的防腐效果，在饲料中添加溶菌可防止霉变，延长饲料的贮存期。

2. 可提高畜禽养殖业的经济效益

（1）提高畜禽的体重。美国、法国等试验结果证明，应用饲用复合酶，猪、鸡、牛增重通常为 4 % ～ 5 %，对断奶子猪增重率，苏联报道为 10.0 %，德国为 14.0 %，澳大利亚为 11.1 %，韩国为 11.2 %，我国的试验结果基本与国外一致。提高猪的经济效益为 6.2 % ～ 11.4 %，肉鸡为 9.8 % ～ 11.2 %。

（2）提高饲料代谢能。在欧洲及澳大利亚的肉鸡试验证明，饲用复合酶（用量 0.05%）提高饲料代谢能的幅度为 0.49 ～ 0.93 MJME/kg，相当于每吨饲料提高 39 ～ 74 kg 玉米代谢能。我国蛋鸡试验结果表明饲用复合酶（用量 0.1 %）提高饲料代谢能值为 1.02 MJME/kg，相当于每吨饲料提高 81 kg 玉米代谢能。

（3）提高蛋白质消化率和氨基酸利用率。据国外报道，复合酶可提高饲料消化率 6 % ～ 9 %，赖氨酸消化率 14.8 %，蛋氨酸 10.6 %。国内试验结果提高蛋白质利用率 8.0 %，若按饲料蛋白含量 18 % 计算，每吨饲料可纯增蛋白 14.4 kg，相当于 33.4 kg 豆粕，经济效益非常可观。

3.5.2 酶在动物医学方面的应用

1. 酶在疾病诊断方面的应用

酶在疾病诊断方面的应用主要体现在两个方面：一是根据体内原有酶活力的变化来诊断某些疾病；二是利用酶来测定体内某些物质的含量，从而诊断某些疾病。酶在疾病诊断方面的应用见表 3.1 和表 3.2。

表 3.1 酶活力变化在疾病诊断方面的应用

酶	疾病与酶活力变化	酶	疾病与酶活力变化
淀粉酶	胰脏，肾脏疾病时，活力升高；肝病时，活力下降	谷草转氨酶	肝病、心肌梗死时，活力升高
胆碱酯酶	肝病时，活力下降	胃蛋白酶	胃癌时，活力升高；十二指肠溃疡时，活力下降

续表

酶	疾病与酶活力变化	酶	疾病与酶活力变化
酸性磷酸酶	前列腺癌，肝炎、红细胞病变时，活力升高	磷酸葡萄糖变位酶	肝炎、癌症时，活力升高
碱性磷酸酶	佝偻病、软骨病、骨癌、甲状旁腺机能亢进时，活力升高；软骨发育不全时，活力下降	醛缩酶	癌症、肝病、心肌梗死时，活力升高
谷丙转氨酶	肝炎等肝病、心肌梗死时，活力升高	碳酸酐酶	维生素C缺乏病、贫血时，活力升高
β－葡萄糖醛缩酶	肾癌、膀胱癌时，活力升高	乳酸脱氢酶	癌症、肝病、心肌梗死时，活力升高

表3.2 利用酶测定体内某些物质含量变化在疾病诊断方面的应用

酶试剂	被测物质	诊断的疾病
葡萄糖氧化酶和过氧化氢酶联合	血液、尿液中葡萄糖	糖尿病
尿酸氧化酶	血液中尿酸	痛风病
胆碱酯酶或胆固醇氧化酶	血液中胆固醇	心血管疾病和高血压
碱性磷酸酶和过氧化物酶标记抗原或抗体	待测抗原或抗体	肠虫、毛线吸虫、血吸虫，麻疹、疱疹、乙型肝炎

2．酶在疾病治疗方面的应用

酶作为药物可以治疗多种疾病，而且具有疗效显著、副作用小的特点。酶在疾病治疗方面的应用见表3.3。

表3.3 酶在疾病治疗方面的应用

药物酶	用途
淀粉酶	治疗消化不良、食欲不振
蛋白酶	治疗消化不良、食欲不振，消炎、消肿，除去坏死组织，促进创伤愈合，降低血压，制造水解蛋白质
脂肪酶	治疗消化不良、食欲不振
纤维素酶	治疗消化不良、食欲不振

续表

药物酶	用途
溶菌酶	治疗手术性缺血、咯血、鼻出血，分解脓液，消炎、镇痛、止血，治疗外伤性浮肿，增加放射线的疗效
尿激酶	治疗心肌梗死、结膜下出血、黄斑部出血
链激酶	治疗炎症、血管栓塞，清洁外伤创面
青霉素酶	治疗青霉素引起的青霉素酶变态反应
青霉素酰化酶	制造半合成青霉素和头孢霉素
超氧化物歧化酶	预防辐射损伤，治疗皮肌炎、结肠炎、氧中毒、红斑狼疮
凝血酶	治疗各种出血
胶原酶	分解胶原，消炎、化脓、脱痂，治疗溃疡
葡萄糖氧化酶	测定血糖含量，诊断糖尿病
胆碱酯酶	测定胆固醇含量，治疗皮肤病、支气管炎、气喘
溶纤酶	溶血栓
弹性蛋白酶	治疗动脉硬化，降血脂
尿酸氧化酶	测定尿酸含量，治疗痛风
L- 精氨酸	抗癌
L- 组氨酸	抗癌
α - 乳糖苷酶	治疗遗传缺陷病
胰蛋白酶、胰凝乳酶	外科扩创、化脓伤口的净化，浆膜粘连的防治和一些炎症的治疗
链激酶、尿激酶、纤溶酶	防止血栓的形成
L- 天冬酰胺酶	用于治疗白血病

3．酶在药物制造方面的应用

酶在药物制造方面的应用是利用酶的催化作用将前体物质转变为药物，现已有不少药物，包括一些贵重药物都是由酶催化生产的。酶在药物制造方面的应用见表 3.4。

表 3.4　酶在药物制造方面的应用

酶	生产的药物	酶	生产的药物
青霉素酰化酶	β－内酰胺抗生素，如青霉素、头孢霉素	核糖核酸酶	核苷酸
β－酪氨酸酶	多巴	核苷磷酸化酶	阿拉伯糖腺嘌呤核苷
蛋白酶	氨基酸和蛋白质水解液		

3.6　维生素与动物生产实践的关系

维生素是维持机体正常机能所必需的一类小分子有机化合物。机体对维生素的需要量很少，但由于这类物质在体内不能合成，或合成量很少，不能满足机体的需要，必须从食物中获取；维生素不参与机体组成，也不提供能量，其主要生理功能是参与物质代谢的调节过程；多数维生素是辅酶或辅基的组成成分，和酶的催化作用有密切关系；机体内缺少某种维生素时，可引起物质代谢发生障碍，出现维生素缺乏症。

维生素的种类很多，它们的化学结构相差很大，通常按溶解性将其分为脂溶性维生素和水溶性维生素。

3.6.1　脂溶性维生素

1．维生素 A

维生素 A 又称抗干眼醇，有维生素 A_1 和维生素 A_2 两种，维生素是视黄醇，维生素 A_2 是 3－脱氢视黄醇，活性是前者的一半。在动物体内，肝脏是储存维生素 A 的场所，如维生素 A_1 主要存在于动物和咸水鱼的肝脏中，维生素 A_2 主要存在于淡水鱼的肝脏中，乳制品及鱼油中维生素 A 的含量也较多。植物中不含维生素 A，但所含的类胡萝卜素是维生素 A 前体。一分子 β 胡萝卜素在一个氧化酶催化下加两分子水，断裂生成两分子维生素 A_1，这个过程在小肠黏膜内进行。类胡萝卜素还包括 α，γ 胡萝卜素、番茄红素、叶黄素等。

维生素 A 与暗视觉有关。维生素 A 在醇脱氢酶作用下转化为视黄醛，11－顺式视黄醛与视蛋白上赖氨酸氨基结合构成视紫红质，后者在光中分解成全反式视黄醛和视蛋白，在暗中再合成视紫红质，形成一个视循环。维生素 A 缺乏，可导致暗视觉障碍即夜盲症，但食用肝脏及绿色蔬菜可治疗。全反式视黄醛主要在肝脏中转变成 11－顺式视黄醛，所以中医认为“肝与目相通”。

维生素 A 的作用很多，但因缺乏维生素 A 的动物极易感染疾病，因此研究很困难。已知缺乏维生素 A 时，类固醇激素减少，因为其前体合成时有一步羟化反应需维生素 A

参加。另外，缺乏维生素A时表皮黏膜细胞减少，角化细胞增加。有人认为，是因为维生素A与细胞分裂分化有关；有人认为，是因为维生素A与黏多糖、糖蛋白的合成有关，可作为单糖载体。维生素A还与转铁蛋白合成、免疫、抗氧化等有关。

维生素A过量摄取会引起中毒，可引发骨痛、肝脾肿大、恶心腹泻及鳞状皮炎等症状。大量食用北极熊肝或比目鱼肝，可引起维生素A中毒。

2. 维生素D

维生素D又称钙化醇，是类固醇衍生物，其种类很多，但以维生素D_2（麦角钙化醇）和维生素D_3（胆钙化醇）最为重要。动物体内的胆固醇可以转化为7-脱氢胆固醇，并储存于动物皮下，经日光或紫外线照射转化为维生素D_3；植物油和酵母中的麦角固醇，经日光或紫外线照射转化为维生素D_2。

维生素D的主要生理功能是促进钙、磷吸收，调节钙、磷代谢。维生素D_3先在肝脏中羟化形成25-羟基维生素D_3，在肾中再羟化生成1，25-（OH）$_2$-D_3。第二次羟化受到严格调控，平时只产生无活性的24位羟化产物，只有当血钙低时才有甲状旁腺素分泌，使1-羟化酶有活性。1，25-（OH）$_2$-D_3是肾皮质分泌的一种激素，作用于肠黏膜细胞和骨细胞，与受体结合后，启动钙结合蛋白的合成，从而促进小肠对钙、磷的吸收以及骨内钙、磷的沉积。

当饲料中维生素D含量少，又缺乏紫外线照射时，动物易产生软骨症或佝偻症。但摄入过多维生素D也会引起中毒，发生迁移性钙化。

3. 维生素E

维生素E又称生育酚，根据环上甲基的数目和位置不同，可分为8种，其中α-生育酚的活性最高。维生素E主要存在于蔬菜、麦胚、植物油的非皂化部分。

维生素E与动物的生殖功能有关，缺乏时会引起动物的不育症，还会发生肌肉退化。生育酚极易氧化，是良好的脂溶性抗氧化剂，可清除自由基，保护不饱和脂肪酸和生物大分子，维持生物膜完好，延缓衰老。

4. 维生素K

天然维生素K包括维生素K_1和维生素K_2两种，都是2-甲基-1，4-萘醌的衍生物。维生素K_1存在于绿叶蔬菜及动物肝脏中，维生素K_2由人和动物体肠道细菌合成。临床上，常用的维生素K_3和维生素K_4是人工合成的，能溶于水，可供口服或注射。

维生素K能促进凝血酶原的合成，并使凝血酶原转化为凝血酶，从而加速血液凝固。缺乏维生素K时，常有出血倾向。新生儿、长期服用抗生素或吸收障碍等均可引起维生素K缺乏。

3.6.2 水溶性维生素

1. 维生素B_1（硫胺素）

维生素B_1分子中含有一个含硫的噻唑环和嘧啶环，因此又称为硫胺素。硫胺素广泛存在于植物种子外皮及胚芽中，米糠、麦麸、油菜、猪肝、鱼、瘦肉等中含量丰富。但生鱼中含有破坏维生素B_1的酶，咖啡、可可、茶等饮料中也含有破坏维生素B_1的因子。

硫胺素在生物体内常与磷酸结合生成硫胺素焦磷酸（TPP^+），即脱羧辅酶。羧化辅酶作为酰基载体，是 α–酮酸脱羧酶的辅基，也是转酮醇酶的辅基，在糖代谢中起重要作用。缺乏硫胺素会导致糖代谢障碍，使血液中丙酮酸和乳酸含量增多，影响神经组织供能，产生脚气病。这可能是由于缺乏 TPP^+ 而影响了神经的能量来源与传导。

维生素 B_1 还可抑制胆碱酯酶的活性，减缓乙酰胆碱的水解速度。乙酰胆碱是神经介质，当维生素 B_1 缺乏时，胆碱酯酶的活性会增强，使乙酰胆碱的水解速度加快，造成胆碱能神经正常传导受到影响，可导致胃肠蠕动缓慢，消化液分泌减少，引起食欲不振、消化不良等消化功能障碍。

动物在一般情况下不易发生维生素缺乏症。维生素缺乏，可引起动物食欲不振、消化不良、发育受阻，雏鸡出现“观星状”，母鸡出现卵巢萎缩等症状。

2．维生素 B_2（核黄素）

核黄素是异咯嗪与核醇的缩合物，是黄素蛋白酶类的辅基。它广泛存在于谷类、黄豆、猪肝、肉、蛋、奶中，也可由肠道细菌合成。

维生素 B_2 有两种活性形式：一种是黄素单核苷酸（FMN）；另一种是黄素腺嘌呤二核苷酸（FAD）。FMN 和 FAD 是多种氧化还原酶的辅基，在氧化还原过程中传递氢原子和电子，参与生物氧化过程，促进物质代谢。凡以 FAD 和 FMN 为辅基的酶都叫黄素酶。

缺乏维生素 B_2 的症状，不同动物有所不同，主要表现在皮肤、黏膜、神经系统的变化。

3．维生素 B_3

维生素 B_3 包括烟酸（尼克酸）和烟酰胺（尼克酰胺），广泛存在于各种饲料中。

维生素 B_3 的活性形式有两种：烟酰胺腺嘌呤二核苷酸（NAD^+）和烟酰胺腺嘌呤二核苷酸磷酸（$NADP^+$）。NAD^+ 和 $NADP^+$ 分别称为辅酶Ⅰ和辅酶Ⅱ，是体内多种重要脱氢酶类的辅酶，在生物氧化过程中起传递氢原子的作用。

当动物体内缺少维生素 B_3 时，可妨碍这些辅酶的合成，进而使新陈代谢发生障碍。典型的缺乏症为癞皮病、角膜炎、神经和消化系统障碍。

4．维生素 B_5（泛酸、遍多酸）

维生素 B_5 广泛存在于动物和植物性饲料中，苜蓿干草、酵母、米糠、花生饼、青绿饲料、麦麸等是动物良好的泛酸来源。

泛酸可构成辅酶 A，是酰基转移酶的辅酶；也可构成酰基载体蛋白（ACP），是脂肪酸合成酶复合体的成分。

动物在一般情况下不易缺乏维生素 B_5，但饲料单一时可引起维生素 B_5 缺乏。在维生素 B_5 缺乏时，辅酶 A 的合成减少，影响糖、脂类、蛋白质的代谢。猪、鸡、犬等对其缺乏较为敏感。猪缺乏维生素 B_5，可表现为运动失调，严重时导致瘫痪。家禽缺乏维生素 B_5，表现为产蛋量、孵化率下降，喙部出现皮炎，趾外皮脱落，皮变厚、角质化等。

5. 维生素 B_6

维生素 B_6 是吡啶衍生物，其存在形式为磷酸吡哆醇、磷酸吡哆醛、磷酸吡哆胺 3 种，在生物体内可相互转化。动物性饲料、青绿饲料、谷物及加工副产物中含有丰富的维生素 B_6。

维生素 B_6 所形成的辅酶是转氨酶、氨基酸脱羧酶的辅酶，参与氨基的传递，在动物体内糖、脂肪、氨基酸、维生素、矿物质代谢中有重要作用。此外，它与神经系统的正常功能有关，能增强免疫力。

缺乏维生素 B_6 可引起周边神经病变及高铁红细胞贫血症，幼小动物生长缓慢或停止生长。

6. 维生素 B_7（生物素）

生物素广泛的来源是各种动、植物性饲料和产品。肝脏、肾、酵母及鸡蛋中生物素含量更为丰富。但在生鸡蛋清中有抗生物素蛋白，能与生物素紧密结合，使其失去活性。

生物素是多种羧化酶的辅酶，以辅酶的形式参与糖、脂肪、蛋白质代谢过程中的羧化反应，与二氧化碳结合，起着二氧化碳载体的作用。

由于生物素来源广泛，动物在一般饲养条件下不易出现缺乏症。

7. 维生素 B_{11}（叶酸）

叶酸由蝶酸与谷氨酸构成。由于其在植物的绿叶中含量丰富，故名叶酸。叶酸主要存在于新鲜的绿叶蔬菜、肝、肾和酵母中，其次是乳类、肉类和鱼类中，豆科植物、小麦胚芽中含量也较为丰富。但谷物中叶酸的含量较少。

叶酸在生物体内的活性形式是四氢叶酸（FH_4），四氢叶酸是多种一碳单位的载体，在嘌呤、嘧啶、胆碱和某些氨基酸（Met、Gly、Ser）的合成中起重要作用，是细胞形成和核苷酸生物合成所必需的营养物质，也是维持免疫系统正常功能的必需物质。

叶酸容易缺乏。缺乏叶酸时，会引起核酸合成障碍，快速分裂的细胞易受影响，可导致巨幼红细胞性贫血（巨大而极易破碎）；猪生长受阻、食欲减退，种猪繁殖及泌乳功能紊乱。在各种畜禽中，家禽对叶酸缺乏最为敏感。

8. 维生素 B_{12}（钴胺素）

维生素 B_{12} 是自然界中仅能靠微生物合成的维生素，也是唯一含有金属元素（钴）的维生素，故称为钴胺素。动物性饲料中含有少量维生素 B_{12}，植物性饲料中不含维生素 B_{12}。集约化养殖的猪、禽，尤其是饲喂全植物性饲料时，日粮中必须添加维生素 B_{12}。反刍动物瘤胃中的微生物能合成维生素 B_{12} 供机体利用，非反刍动物大肠中合成的一部分也可被动物利用。

维生素 B_{12} 主要以甲基钴胺素和 5- 脱氧腺苷钴胺素的形式作为甲基酶的辅酶，接受甲基四氢叶酸提供的甲基，用于合成甲硫氨酸。甲硫氨酸可作为通用甲基供体，参与多种分子的甲基化反应。因为甲基四氢叶酸只能通过这个反应放出甲基，所以维生素 B_{12} 能促进 DNA 及蛋白质的生物合成，同时也能促进氨基酸的合成。

缺乏维生素 B_{12}，红细胞的分裂与成熟会受影响，从而导致巨幼红细胞性贫血。

9. 维生素 C（抗坏血酸）

维生素 C 是含有 6 个碳的多羟基化合物，有较强的酸性，因能防治坏血病，又称为抗坏血酸。维生素 C 广泛存在于新鲜的青绿多汁饲料中，尤其以水果、蔬菜中含量最为丰富。

维生素 C 是维持羟化酶活化所必需的辅助因子之一，表现为促进胶原蛋白的合成、类固醇的合成与转变，促进芳香族氨基酸的羟化，促进有机药物或毒物的生物转化。当缺乏维生素 C 时，羟化酶活性降低，胶原蛋白合成发生障碍，会导致牙齿松动，皮下、黏膜出血，骨脆弱、易折断；轻微创伤或压力即可使毛细血管破裂出血，且伤口不易愈合等，即维生素 C 缺乏病。缺乏维生素 C，还会导致羟化反应下降，药物或毒物的代谢显著减慢。给予维生素 C 后，可增强解毒作用。

维生素 C 能可逆地加氢和脱氢，所以既可作为供氢体，又可作为受氢体。在物质代谢过程中，能促进体内物质的氧化还原反应，能将机体难以吸收的三价铁离子还原成易于吸收的二价铁离子，因而有利于铁的吸收；能促进红细胞中的高铁血红蛋白还原为血红蛋白，从而提高血红蛋白的运氧功能；能促进叶酸转化为具有生理活性的四氢叶酸；其氧化还原性质还能保护维生素 A、维生素 E 及某些 B 族维生素免遭氧化。

【思考与练习】

一、名词解释

1. 酶　2. 酶的活性中心　3. 酶原激活　4. 同工酶　5. 激活剂　6. 抑制剂　7. 竞争性抑制　8. 维生素

二、填空题

1. 酶是__________，多数酶的化学本质是__________，酶的特性有__________、__________、__________、__________和__________。

2. 酶的活性中心包括__________、__________两个功能部位，前者决定酶的__________，后者决定酶的__________。

3. 全酶包括__________和__________两部分，其作用分别为__________和__________。

4. 调节钙、磷代谢，维持正常钙、磷浓度的维生素是__________；促进肝脏合成凝血酶原，促进凝血的维生素是__________；维持上皮组织正常功能，与暗视觉有关的维生素是__________；与动物生殖功能有关的维生素是__________。

三、选择题

1. 关于酶的叙述错误的是（　　）。

A. 能够降低反应活化能，但不能改变平衡点

B. 催化反应前后没有质和量的变化

C. 催化反应过程中，酶能够和底物结合形成中间复合物

D. 酶是由生物体活细胞产生的，在体外不具有活性

2. 蛋白酶是一种（　　）。

A. 水解酶　　　　B. 合成酶

C. 裂解酶
D. 酶的蛋白质部分

3. 酶的活性中心是指（　　）。

A. 酶分子上含有必需基团的肽段
B. 酶分子与底物结合的部位
C. 酶分子与辅酶结合的部位
D. 酶分子发挥催化作用的关键性结构区

4. 酶促反应中决定酶专一性的部分是（　　）。

A. 酶蛋白
B. 底物
C. 辅酶或辅基
D. 催化基团

5. 下列关于酶的特性叙述错误的是（　　）。

A. 催化效率高
C. 作用条件温和
B. 专一性强
D. 都有辅助因子参与催化反应

6. 目前公认的酶与底物结合的学说是（　　）。

A. 活性中心学说
C. 锁钥学说
B. 诱导契合学说
D. 中间产物学说

四、简答题

1. 简述影响酶促反应速率的因素。
2. 简述有机磷农药的中毒机理。
3. 缺乏维生素 A 为什么会发生夜盲症？

【拓展与应用】

酶制剂在动物生产中的应用

1. 在反刍动物生产中的应用

由于反刍动物瘤胃的微生物环境复杂，关于酶制剂对其影响的研究较少，远没有在猪、鸡生产中应用广泛，但也正是因为反刍动物瘤胃复杂的微生物环境，有许多动物的瘤胃微生物区并不健康，同时通过瘤胃微生物产生的纤维素酶有限，使粗纤维的消化和吸收受到抑制。纤维素酶对反刍动物有营养和保健的双重功效。徐磊等通过在精料中添加不同水平（0.1%、0.2%）的复合酶制剂，观察对肉牛育肥效果、表观消化率和血液生化指标的影响。研究结果表明，添加 0.2% 组与添加 0.1% 组差异显著，添加 0.2% 的复合酶制剂效果更好。其肉牛的日增重较对照组增加了 36.5%，料重比降低了 30.6%，粗蛋白的表观消化率提高了 13.4%，其他物质的表观消化率均有提高。林静等通过研究发现，在泌乳奶牛日粮中添加 10 g/（头 · 天）复合酶制剂可显著提高其对中性洗涤纤维（NDF）、粗蛋白含量（CP）和干物质（DM）的表观消化率，从而显著提高奶牛的泌乳量，改善乳成分。冯文晓等通过喂给肉用绵羊用菌、酶青贮复合制剂和酶制剂发酵处理过的麦秸，研究其对肉羊生产性能的影响。结果显示，处理过的麦秸可显著改善肉羊的生长性能，对屠宰率和器官无显著影响，饲喂效果接近羊草。

2. 在猪生产中的应用

早期断奶仔猪消化和免疫系统尚未发育完善，消化酶和胃酸的分泌量不足，在断奶仔猪饲料中添加以消化酶为主的复合酶制剂可以补充仔猪内源酶分泌不足，提高对淀粉、蛋白质等的消化，有效提高其生长性能和饲料利用率。任建波等通过研究发现，在断奶猪日粮中添加复合酶制剂 B（α–淀粉酶、β–木聚糖酶、β–葡聚糖酶、酸性蛋白酶、中性蛋白酶和 β–甘露聚糖酶）可提高仔猪平均日增重 10.15%，降低料重比，并且明显改善仔猪腹泻，这可能是因为饲料中添加酶制剂降解了胃肠道中食糜的黏度，消除非淀粉多糖（NSP）等抗营养因子对消化吸收的不良影响，增强机体抵抗力，从而减少了腹泻的发生。杜德伟等研究发现，在仔猪日粮中添加植酸酶和复合非淀粉多糖酶协同作用，可显著提高饲料中植酸磷的利用率，从而减少日粮中碳酸氢钙的添加量，并且可有效减少养猪业粪便中氮和磷对环境造成的污染。赵丽丽的研究表明，在仔猪日粮中添加 0.02% 复合酶制剂可显著提高仔猪的平均日增重、显著降低仔猪的料重比和腹泻率，显著提高生产经济效益。

3. 在兔生产中的应用

仔兔及断奶后的小兔酶系统尚未发展完善，对饲料中的营养物质不能充分消化利用而排出体外，部分饲料被浪费。在生长獭兔（40 ～ 45 日龄）饲粮中加入酶制剂，可有效提高饲料利用率，并且可以促进獭兔生长。研究发现，在断奶獭兔日粮中添加 2 g/kg、4 g/kg、6 g/kg 复合酶，其中添加 4 g/kg 复合酶对提高断奶獭兔生长性能、营养物质表观消化率，降低腹泻率效果最佳。可提高日增重 14.49%，降低料重比和腹泻率分别为 15.47% 和 70.79%，提高营养物质表观消化率，其中粗蛋白、粗脂肪和粗纤维分别提高了 22.73%、23.00% 和 8.68%。武静龙研究发现，复合酶制剂在一定程度上提高了獭兔的日增重、屠宰率和抗病性能，在饲料中添加 130 g/t 复合酶制剂，幼龄獭兔效果极显著，但是随日龄（或体重）的增加，效果也逐渐降低。史钧通过在断奶布列塔尼亚兔饲粮中添加复合酶制剂发现，适当含量的复合酶制剂可有效提高消化利用率和经济效益，提高肉兔生产性能，并有效改善肉兔的免疫和内分泌。獭兔为小型草食性动物，其发达的盲肠有适宜微生物生存的环境，但是盲肠微生物中，能利用纤维素的少得多，且微生物分泌的纤维素酶活性较低，因此在獭兔日粮中添加纤维素酶可有效提高饲料利用率，提高獭兔生产性能。高振华等研究发现，在獭兔日粮中添加纤维素酶不仅可以弥补幼兔内源酶分泌的不足，还可能产生对一种生物有利而对另一种生物有害的寄生关系，刺激有益微生物群的优先繁殖，有利于机体的生长。

4. 在鸡生产中的应用

家禽日粮中存在抗营养因子影响体内营养物质的消化吸收，在家禽日粮中添加酶制剂，可有效消除抗营养因子，使饲料中营养物质充分消化吸收，从而提高饲料的利用率，并且可降低氮的排出量。武玉珺等研究发现，在高粱型饲粮中添加复合酶制剂（主要为高果胶酶和高蛋白酶），能显著提高肉仔鸡的平均体重，有效改善肉仔鸡成活率和料重比，进而有效提高肉仔鸡的生产性能。但是各组血液生化指标测定没有显著差异，复合酶制剂对高粱型日粮的作用机制需进一步研究。在高纤维低氮低磷日粮中添加 200 mg/kg 复合酶，可有效减少粪便中氮和磷的排放，分别减少 23.92%、23.62%，同时不会影响肉仔鸡的生产性能。于翔宇等研究发现，在低能日粮中添加 300 g/t 复合酶制剂，可显著提高产蛋率；并能提高其生化指标，提高白蛋白、血清总胆固醇和血清磷含量，弥补了日粮降低能量对蛋鸡的不利影响。同时，在肉仔鸡日粮中添加复合酶制剂可提高胸肌率和瘦肉率，改善肉质，其中滴水损失、蒸煮损失和剪切力显著降低 16.95%、15.14% 和 24.45 %。

（摘自中国知网李宇敏，吴峰洋，陈宝江，等：《酶制剂的功能及其在动物生产中的应用》，2017 年兔业发展大会论文集）

第 2 模块　动物体内的代谢

第 4 章　生物氧化

知识目标

- 了解生物氧化的概念、类型及特点。
- 掌握线粒体内两条主要呼吸链中氢和电子的传递方式、ATP 生成方式。
- 掌握呼吸链的组成、作用机理、阻断作用。

4.1　生物氧化概述

新陈代谢是生命活动最基本的特征之一，动物体在不停地进行着新陈代谢，整个过程伴随着物质的分解与合成以及能量的吸收与释放，这些都离不开生物氧化。

4.1.1　生物氧化的概念

生物氧化是指糖、蛋白质及脂肪等有机物在生物体细胞内氧化分解为二氧化碳和水，并释放能量的过程。由于生物氧化是在组织细胞内进行的，因此又称为细胞氧化或组织氧化。由于多数氧化过程需要氧参与，同时生成 CO_2，又称“细胞呼吸”或“组织呼吸”。

动物在生长、繁殖、发育、运动等生命活动过程中伴有能量的消耗，满足自身体温的维持、运动等的消耗，能量源于糖、蛋白质、脂肪等有机物的氧化分解。生物氧化在细胞的线粒体内及线粒体外（如微粒体、过氧化物酶体、内质网等）均可进行，但氧化过程不同。线粒体内的生物氧化伴有 ATP 的生成，而线粒体外的生物氧化不伴有 ATP 的生成，其与机体内代谢物、药物、毒物的清除和排泄（生物转化）有关。

4.1.2　生物氧化的特点

有机物在动物机体内的生物氧化与体外氧化燃烧在化学本质上是相同的，它们都是通过脱氢、加氧、失去电子等方式进行的，而且都能生成二氧化碳和水，并释放出能量。但在表现形式上有较大的差异，两者在表现形式和氧化条件上具有不同的特点：

（1）生物氧化在细胞内酶的催化下，反应条件温和，酸碱适中、常压、含水环境中即可进行，而体外燃烧需在高温、高压、干燥的环境下进行。

（2）生物氧化过程是逐步进行的，能量也是逐步释放的；否则，容易烧伤机体。所释放能量一部分以热能形式散发出来以维持体温，另一部分则使 ADP 磷酸化生成 ATP，储存在高能化合物中，供机体生理生化活动所需，从而既提高了能量的利用效率，又避免了由能量集中释放使体温骤然升高的危害。体外燃烧是一次完成的，并骤然放出大量能量。

（3）生物氧化是在活细胞内进行的。真核生物主要在线粒体内膜上进行，而无线粒体的原核生物在细胞膜上进行。

（4）生物氧化生成的 H_2O 是代谢物脱下的氢与氧的结合，H_2O 也直接参与生物氧化反应；CO_2 是由蛋白质或脂类等物质转变为含有羧基的化合物后，发生直接或间接脱羧或氧化脱羧产生的，而不是由氧气与碳直接结合生成的。

4.1.3 生物氧化的方式

物质在动物机体内的氧化方式与一般化学反应物氧化方式在化学本质上是相同的，主要有加氧、脱氢、加水脱氢和脱电子等多种方式。在化学反应中，物质脱氢、加氧、脱电子和加水脱氢都称氧化；反之，脱氧、得电子、加氢都称为还原。

（1）脱氢反应。底物分子在酶的作用下脱氢氧化的反应，是生物体内最常见的氧化方式。底物分子脱氢的同时常伴有电子的转移。

（2）加氧反应。底物分子直接加入氧分子或氧原子，使底物被氧化的反应。

（3）脱电子反应。在反应过程中失去电子，使被氧化物化合价升高的反应。

生物氧化反应中脱下的电子或氢原子不能游离存在，必须由另一物质接受，接受氢或电子的反应称为还原反应。所以，体内的氧化反应总是和还原反应偶联进行的，称为氧化还原反应。其中，失去电子或氢原子的物质称为供电子体或供氢体，接受电子或氢原子的物质称为受电子体或受氢体。

4.2 生物氧化中二氧化碳的生成

生物氧化中 CO_2 的生成并不是由碳原子直接与氧结合，而是糖、蛋白质、脂肪等有机物质在体内代谢过程中先形成含羧基的化合物，然后在脱羧酶的作用下，进行脱羧反应生成 CO_2。根据脱羧过程是否伴随着物质的氧化，脱羧反应分为单纯脱羧和氧化脱羧两种类型；按脱羧基的位置又分为 α- 脱羧和 β- 脱羧两种类型。

4.2.1 单纯脱羧

单纯脱羧指的是不伴随物质氧化脱去羧基的反应。α- 单纯脱羧是不伴随氧化脱去 α- 碳位上羧基的反应，如谷氨酸脱羧反应。β- 单纯脱羧是不伴随氧化反应脱去 β- 碳位上羧基的反应，如草酰乙酸的脱羧反应。

$$HOOC-(CH_2)_2-\underset{\substack{|\\NH_2}}{CH}-COOH \xrightarrow{\text{谷氨酸脱羧酶}} HOOC-(CH_2)_2-CH_2NH_2+CO_2$$

谷氨酸　　　　　　γ-氨基丁酸

$$\underset{\substack{|\\CH_2-COOH}}{O=C}-COOH \xrightarrow{\text{草酰乙酸脱羧酶}} CH_3-\overset{\substack{O\\||}}{C}-COOH+CO_2$$

草酰乙酸　　　　　　丙酮酸

4.2.2 氧化脱羧

氧化脱羧是指伴随着氧化而引起的脱羧反应。多数是伴随着如丙酮酸、2-羰基戊二酸那样的 α-羰基羧酸、苹果酸、异柠檬酸等的羟基羧酸的脱氢反应而引起的脱羧。

$$\underset{\text{丙酮酸}}{CH_3-\overset{\substack{O\\||}}{C}-COOH}+NAD^++CoA-SH \xrightarrow{\text{丙酮酸氧化脱羧酶系}} \underset{\text{乙酰CoA}}{CH_3-\overset{\substack{O\\||}}{C}\sim S-CoA}+CO_2+NADH+H^+$$

4.3 生物氧化中水的生成

在生物氧化中，水的生成方式主要有两种：一是代谢底物在烯醇化酶的作用下直接脱掉水生成；二是代谢物在脱氢酶催化下脱下的氢由相应的受氢体（NAD^+、$NADP^+$、FAD、EMN 等）接受，经过一系列受氢体和电子载体的传递，最后传递给 O_2 生成水，这是水生成的主要方式。

生物体内存在多种氧化体系，其中最重要的是存在于线粒体中的线粒体氧化体系。此外还有微粒体氧化体系、过氧化体氧化体系、细菌的生物氧化体系等。

4.3.1 底物脱水

营养物质在代谢过程中从底物直接脱水的只是少数。例如，在葡萄糖的无氧酵解中，烯醇化酶可催化 2-磷酸甘油酸脱水生成磷酸烯醇式丙酮酸；在脂肪酸的生物合成中，β-羟脂酰-ACP 脱水酶可以催化 β-羟脂酰-ACP 的脱水反应，直接脱去水。

$$R-\underset{OH}{\underset{|}{CH}}-CH_2-\overset{O}{\overset{\|}{C}}-S-ACP \longrightarrow R-CH=CH-\overset{O}{\overset{\|}{C}}-S-ACP+H_2O$$

β-羟脂酰-ACP　　　　α，β-烯脂酰-ACP

4.3.2 呼吸链生成水

生物体内存在多种氧化体系，其中最为重要的是存在于线粒体内的线粒体生物氧化体系，实际就是线粒体内的生物氧化过程，最终生成二氧化碳、水、能量，所释放的能量供给细胞利用，所以线粒体被称为细胞的“动力加工厂”。

1．呼吸链的概念

在生物氧化过程中，代谢底物脱下的氢原子通过线粒体内膜上一系列酶、辅酶或辅基所组成的传递体系的传递，最终与被激活的氧负离子结合生成水，这个传递体系称为电子传递链。由于此过程与细胞利用氧密切联系，所以又称呼吸链。呼吸链由供氢体、传递体、受氢体以及相应的酶催化系统组成，包括代谢物的脱氢、氢及电子的传递和受氢体的激活等一系列反应。

2．呼吸链的组成

呼吸链已发现由20多种成分组成，可分为以下5类：

（1）辅酶Ⅰ和辅酶Ⅱ。辅酶Ⅰ（NAD^+或CoⅠ）为烟酰胺腺嘌呤二核苷酸。辅酶Ⅱ（$NADP^+$或CoⅡ）为烟酰胺腺嘌呤二核苷酸磷酸。它们是不需氧脱氢酶的辅酶，分子中的烟酰胺部分，即维生素B_3能可逆地加氢还原或脱氢氧化，是递氢体。

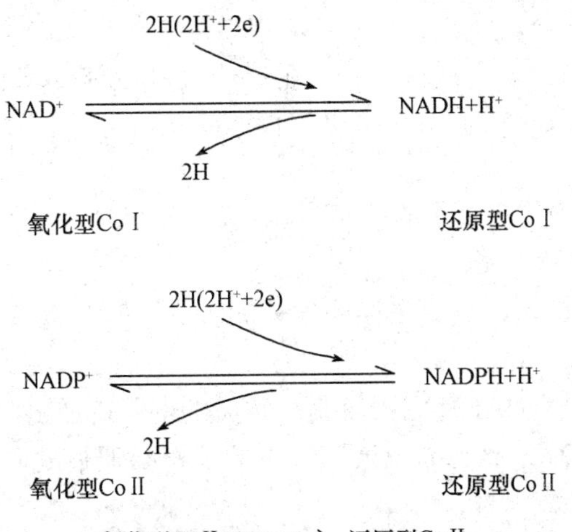

氧化型CoⅡ ⇌ 还原型CoⅡ

（2）黄素脱氢酶。黄素脱氢酶的种类很多，如琥珀酸脱氢酶、脂酰CoA脱氢酶等，其辅基只有两种，即FMN（黄素单核苷酸）和FAD（黄素腺嘌呤二核苷酸）。两者都是以核黄素为中心构成的，FAD、FMN都是递氢体，每次可接受两个氢原子，其传递氢原子的过程如下：

$$FMN \underset{-2H}{\overset{+2H}{\rightleftharpoons}} FMNH_2$$

氧化型　　　　还原型

$$FAD \underset{-2H}{\overset{+2H}{\rightleftharpoons}} FADH_2$$

氧化型　　　　还原型

（3）铁硫蛋白。分子中含有非血红素铁和对酸不稳定的硫，因而常简写为FeS形式。在线粒体内膜上，其特点是：含有铁原子和硫原子，铁与无机硫原子或是蛋白质分子上的半胱氨酸残基的硫相结合。铁硫蛋白是电子传递体，其中的铁能可逆地进行氧化还原反应，每次只能传递一个电子。

$$Fe^{3+} \underset{-e}{\overset{+e}{\rightleftharpoons}} Fe^{2+}$$

（4）泛醌（辅酶Q）。为一脂溶性醌类化合物，广泛存在于生物界，又称辅酶Q。分子中的苯醌为接受和传递氢的核心，其C_6上带有异戊二烯为单位构成的侧链，在哺乳动物体内，这个长链为10个单位，故常以Q_{10}表示。

（5）细胞色素。细胞色素（Cytochrome，Cyt）是一类以铁卟啉为辅基的结合蛋白质，存在于生物细胞内，因有颜色而得名。已发现的有30多种，按吸收光谱分为a、b、c三类：Cyta、Cytb、Cytc。其辅基分别是血红素A、血红素B、血红素C。根据所含辅基的差异，可将细胞色素分为很多种，细胞色素作为电子传递体，其中铁卟啉中的铁离子能进行可逆的氧化还原反应，传递电子的方式为

$$2Cyt \cdot Fe^{3+} + 2e^- \rightleftharpoons 2Cyt \cdot Fe^{2+}$$

细胞色素a和细胞色素a3很难分开，组成一复合体称为细胞色素aa3，它是呼吸链中最后一个递氢体，接受电子后直接将电子传递给氧，将氧激活为氧离子（O^{2-}），故又称为细胞色素氧化酶。

细胞色素在呼吸链中传递电子的顺序为b → c → c → aa3 → O_2。

3．动物体内重要的呼吸链

动物细胞的线粒体中，根据其最初受氢体的种类，呼吸链有两条，即NADH呼吸链和$FADH_2$呼吸链。

（1）NADH呼吸链。NADH呼吸链是最常见的电子传递链。在糖、脂肪、蛋白质许多代谢反应中，以NAD^+为辅酶的脱氢酶脱下的氢都要通过此呼吸链的递氢、递电子过程，最终把氢交给氧生成水。

在NAD^+呼吸链中，代谢物脱下的2H交给NAD+生成NADH+H+，后者又在NADH脱氢酶复合体作用下脱氢，经FMN传递给辅酶Q，生成CoQH2。之后，CoQH2脱下2H，其中2H+游离于介质中，2e则首先由2Cytb的Fe3+接受还原成2Fe2+，并沿着Cytb—Cytc1—Cytc—Cytaa3—O2的顺序逐步传递给氧，生成O2-。O2-比较活泼，可与游离于介质中的2H+结合生成水，每两个氢原子通过此呼吸链传递、氧化生成水的同

时，释放出的能量可产生 3 分子 ATP，如图 4.1 所示。

（2）$FADH_2$ 呼吸链。$FADH_2$ 呼吸链又称琥珀酸氧化呼吸链，琥珀酸在琥珀酸脱氢酶作用下脱氢生成延胡索酸，FAD 接受两个氢原子生成 $FADH_2$，经复合体Ⅱ，再将氢传递给 CoQ，生成 $CoQH_2$，此后的传递和 NADH 呼吸链相同。$FADH_2$ 呼吸链每传递两个氢原子氧化生成水时，所放出的能量只能生成 2 分子 ATP。

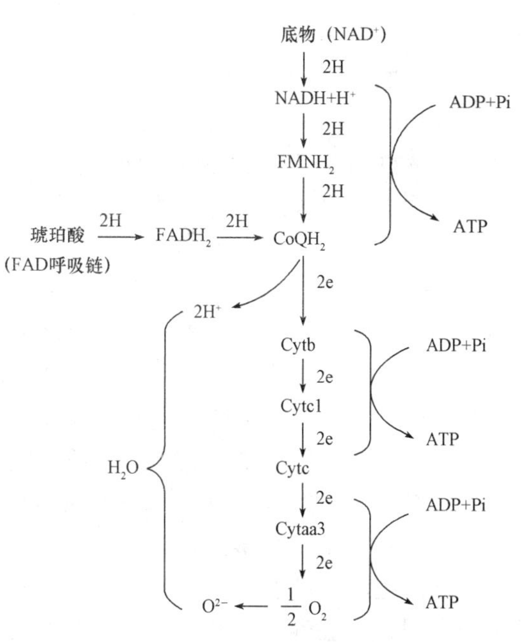

图 4.1　生物体内两条重要氧化呼吸链

4．呼吸链的阻断

呼吸链是一个完整的连续反应体系，它的任何一个部位受到抑制，都会造成细胞呼吸的中断。我们把能够抑制呼吸链某一部位电子流的物质，称为电子传递体抑制剂。由肺部吸入的氧约 99% 用于氧化呼吸链过程，当机体缺氧时，如吸入氧量减少、血红蛋白运输氧的能力下降或血液循环障碍等，均会引起生物氧化障碍；或者在氧供应并不缺乏，只是呼吸链中的环节受抑制，如氰化物、CO、H_2S 等可抑制细胞色素氧化酶，也能使人畜机体氧化发生障碍，造成细胞内窒息，引起死亡。

4.4　生物氧化中能量的生成与利用

动物通过采食，从食物中获得的糖、蛋白质、脂肪等养分在体内通过氧化分解，释放出能量，除部分通过体表散发到环境中，大部分能量以化学能的形式转移至高能化合物中，机体生命活动所需要的能量就以高能化合物作为能量来源。

4.4.1　高能化合物与 ATP

1．高能化合物

有机物经生物氧化所释放的自由能要转换为高能化合物分子中活跃的化学能，才能被生物利用。ATP 是生命活动中直接供能的重要能量载体，是最重要的高能化合物。

不同的化学键所储存的能量不同，化学键水解时，释放能量低于 21 kJ/mol 的化学键称为低能键；释放能量高于 21 kJ/mol 的化学键称为高能键，通常用符号“～”表示。

例如：三磷酸腺苷（ATP）→二磷酸腺苷（ADP）＋ Pi ＋ 30.5 kJ/mol

体内最主要的高能键是高能磷酸键。含有高能键的化合物称为高能化合物，体内最重要的高能化合物是 ATP，在机体能量的释放、储存、利用及生物合成方面也起着重要作用。

2. ATP 的生成

动物体内各种养分氧化分解，释放的能量都必须转化为 ATP 才能被机体利用，生物体内的 ATP 主要由 ADP 磷酸化生成。

动物机体内 ATP 的生成方式主要有底物水平磷酸化和氧化磷酸化途径，其中氧化磷酸化是动物机体生成 ATP 的主要形式。

（1）底物水平磷酸化。在物质代谢过程中，没有氧参与反应物的脱氢或脱水氧化，分子内部所含能量重新分布，生成含高能磷酸键的化合物，在酶的催化下将高能键转移给 ADP（GDP）磷酸化生成 ATP（GTP），此过程称底物水平磷酸化，或称代谢物水平的无氧磷酸化。与呼吸链的电子传递无关，也无水生成，它是机体通过无氧氧化取得能量的唯一方式，此方式生成的 ATP 数量较少。

（2）氧化磷酸化。氧化磷酸化又称电子传递磷酸化，是指代谢物在氧化过程中脱氢经呼吸链传递给氧生成水的过程与 ADP 磷酸化过程相偶联的反应。整个过程包含了氧化和磷酸化两个过程。氧化是底物脱氢或失电子的过程，而磷酸化是指 ADP 磷酸化生成 ATP 的过程。在通常条件下，在完整的线粒体内膜上，氧化与磷酸化这两个过程是紧密地偶联在一起的，即氧化释放的能量用于 ATP 合成（图 4.2）。

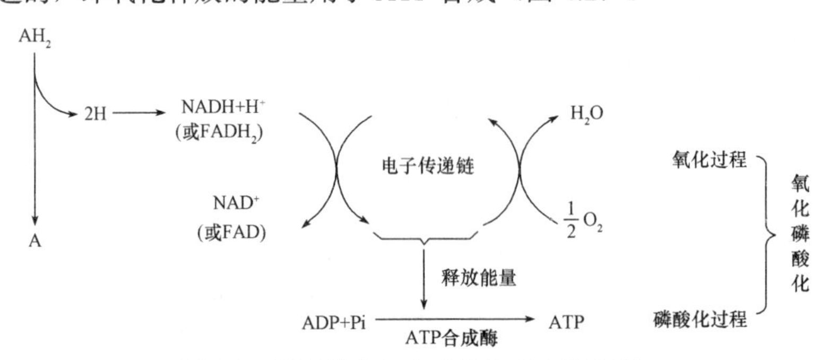

图 4.2 氧化磷酸化 ADP 转化成 ATP 过程

机体代谢过程中能量的主要来源是线粒体，即氧化磷酸化。胞液中底物水平磷酸化也能获得部分能量，实际上这是酵解过程的能量来源，它对于酵解组织、红细胞和组织相对缺氧时的能量来源是十分重要的。

①氧化磷酸化偶联部位。在呼吸链传递过程中，利用氧生成水的同时伴随无机磷酸的消耗生成 ATP，氧的消耗与 ATP 的生成量具有特殊定量关系，通过这种特殊定量关系可求得磷酸化过程中消耗分子氧所形成的 ATP 摩尔数。常将无机酸消耗的分子数与氧原子消耗的数之比叫作磷氧（P/O）比。

在呼吸链上氧化释放较高的能量，足以使 ADP 磷酸化生成 ATP 的部位称为氧化磷酸化偶联部位。

实验表明，NADH 在呼吸链被氧化为水时的 P/O 比值约等于 3，即消耗 1 mol 氧原子可生成 3 mol ATP；$FADH_2$ 氧化的 P/O 比值约等于 2，即消耗 1 mol 氧原子可以生成 2 mol ATP。

②氧化磷酸化的偶联机制。目前在氧化的磷酸化的偶联机制假说方面，化学渗透假

说得到较多人支持，该假说是1961年，英国学者Peter Mitchell提出的化学渗透假说（1978年获诺贝尔化学奖），说明了电子传递释出的能量用于形成一种跨线粒体内膜的质子梯度（H^+梯度），这种梯度驱动ATP的合成。这一过程概括如下：

电子沿呼吸链传递，电子传递链不断把H^+由线粒体基质泵到内膜外面膜间腔中，H^+泵出，在膜间隙产生一个高的H^+浓度，这不仅使膜外侧的pH值较内侧低（形成pH值梯度），而且使原有的外正内负的跨膜电位增高，由此形成的电化学质子梯度成为质子动力，是H^+的化学梯度和膜电势的总和。H^+通过ATP合酶流回到线粒体基质，质子动力驱动ATP合酶合成ATP。

3．影响氧化磷酸化的化学制剂

氧化磷酸化过程可受到许多化学制剂的作用。不同化学制剂对氧化磷酸化过程的影响方式不同，根据它们的不同影响方式，化学制剂可分为解偶联剂和氧化磷酸化抑制剂。

（1）解偶联剂。某些物质的存在能使呼吸链的电子继续传递，而使氧化磷酸化作用被抑制，从而阻断了ATP的产生，这个过程称为解偶联作用。

人工的或天然的解偶联剂主要有下列3种类型：

①化学解偶联剂。2，4-二硝基苯酚（DNP）是最早发现的，也是最典型的化学解偶联剂。

②离子载体。能与某些阳离子结合，插入线粒体内膜脂双层，作为阳离子的载体，使这些阳离子能穿过线粒体内膜的一类脂溶性物质离子载体。它和解偶联剂的区别在于：它作为H^+以外的其他一价阳离子的载体，如缬氨霉素（由链霉菌产生的抗生素）、短杆菌肽。这类离子载体由于增加了线粒体内膜对一价阳离子的通透性，消除了跨膜的电位梯度，消耗了电子传递过程中产生的自由能，从而破坏了ADP的磷酸化过程。

③解偶联蛋白。解偶联蛋白是存在于某些生物细胞线粒体内膜上的蛋白质，为天然的解偶联剂。如动物的褐色脂肪组织的线粒体内膜上分布有解偶联蛋白，这种蛋白构成质子通道，让膜外质子经其通道返回膜内以消除跨膜的质子浓度梯度，这样就抑制了ATP合成，从而产生热量使体温增加。

解偶联剂不抑制呼吸链的电子传递，甚至可加速电子传递，促进燃料分子（糖、脂肪、蛋白质）的消耗和刺激线粒体对分子氧的需要，但不形成ATP，电子传递过程中释放的自由能以热量的形式散失。如动物患病时，体温升高，就是因为病毒或细菌产生的毒素使氧化磷酸化解偶联，氧化产生的能量全部变为热量使体温升高。又如在某些环境条件或生长发育阶段，生物体内也发生解偶联作用。像冬眠动物、耐寒的哺乳动物和新出生的温血动物等就是通过氧化磷酸化的解偶联作用维持呼吸作用照常进行，但磷酸化受阻，不产生ATP，也不需要ATP，产生的热量以维持体温。

（2）氧化磷酸化抑制剂。这类抑制剂直接抑制了ATP的生成过程，使膜外质子不能返回膜内，膜内质子继续泵出膜外就会越来越困难，最后不得不停止。所以，这类抑制剂间接抑制了电子传递和分子氧的消耗，如寡霉素、二环已基碳二亚胺。

总之，氧化磷酸化抑制剂不同于解偶联剂，也不同于电子传递抑制剂。氧化磷酸化抑制剂抑制电子传递，进而抑制 ATP 的形成，同时抑制氧的吸收利用；解偶联剂不抑制电子传递，只抑制 ADP 磷酸化，因而抑制能量 ATP 的生成，氧消耗量不但不减而且增加；电子传递抑制剂直接抑制了电子传递链上载体的电子传递和分子氧的消耗，因为代谢物的氧化受阻，偶联磷酸化就无法进行，ATP 的生成随之减少。例如，当剧毒的氰化物进入体内过多时，可以因 CN －与细胞色素氧化酶的 Fe3+ 结合成氰化高铁细胞色素氧化酶，使细胞色素失去传递电子的能力，结果呼吸链中断，磷酸化过程也随之中断，细胞死亡。

4.4.2 ATP 的利用

在生物体内，物质分解代谢过程中，经底物水平磷酸化、氧化磷酸化释放的能量，一部分以热的形式散失于周围环境，其余部分直接生成 ATP，以高能磷酸键的形式存在。一切生物体内能量释放、储存与利用都以 ATP 为中心，ATP 在生物体能量代谢中起着非常重要的作用，是生命活动利用能量的、主要的直接供给形式。

1．高能磷酸的转移

ATP 是细胞内的主要磷酸载体，ATP 作为细胞的主要供能物质参与体内的许多代谢反应，还有一些反应需要 UTP 或 CTP 作供能物质，如 UTP 参与糖原合成和糖醛酸代谢，GTP 参与糖异生和蛋白质合成，CTP 参与磷脂合成过程，核酸合成中需要 ATP、CTP、UTP 和 GTP 作原料合成 RNA，或以 dATP、dCTP、dGTP 和 dTTP 作原料合成 DNA。作为供能物质所需要的 UTP、CTP 和 GTP 可发生下述反应：

$$\mathrm{UDP} + \mathrm{ATP} \rightarrow \mathrm{UTP} + \mathrm{ADP}$$
$$\mathrm{GDP} + \mathrm{ATP} \rightarrow \mathrm{GTP} + \mathrm{ADP}$$
$$\mathrm{CDP} + \mathrm{ATP} \rightarrow \mathrm{CTP} + \mathrm{ADP}$$

dNTP 由 dNDP 的生成过程也需要 ATP 供能（dNDP ＋ ATP → dNTP ＋ ADP），所以 ATP 把高能磷酸键转给 GDP、UPP、CDP 等，生成相应的三磷酸核苷化合物，参与体内的代谢过程。

2．储存与利用

当动物体内产生的能量增多，形成的 ATP 增多时，ATP 并不在动物体内储存，此时 ATP 将高能磷酸基团转移给肌酸，形成磷酸肌酸，将高能磷酸键储存起来；当机体需要能量供给时，磷酸肌酸可迅速分解成肌酸，同时将高能磷酸基团转移给 ADP，生成 ATP，供给动物体生命活动的需要。肌酸主要存在于肌肉组织中，骨骼肌中含量多于平滑肌，脑组织中含量也较多，肝、肾等其他组织中含量很少。

磷酸肌酸的生成反应如下：

$$\text{肌酸+ATP} \xrightleftharpoons{\text{肌酸磷酸激酶}} \text{磷酸肌酸+ADP}$$

肌肉中磷酸肌酸的浓度为 ATP 浓度的 5 倍，可储存肌肉几分钟收缩所急需的化学能，可见肌酸的分布与组织耗能有密切关系。

ATP 的转移、储存和利用可用图 4.3 表示。

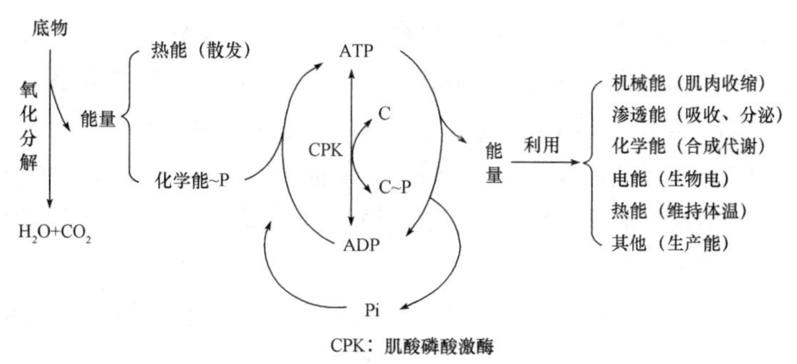

图 4.3　ATP 的转移、储存和利用

4.4.3　胞液中 NADH 的氧化

线粒体具有双层膜的结构，外膜的通透性较大，内膜却有着较严格的通透选择性，通常通过外膜与细胞液进行物质交换。在真核生物胞液中产生的 NADH 不能通过正常的线粒体内膜，因此脱水生成 ATP 和水。据了解，线粒体外的 NADH 可将其所带的氢转交给某种能透过线粒体内膜的化合物，进入线粒体内后再氧化。即 NADH 上的氢与电子可以通过一个所谓穿梭系统的间接途径进入电子传递链。在动物细胞内有两个穿梭系统：一是磷酸甘油穿梭系统，主要存在于动物骨骼肌、脑等组织细胞中；二是苹果酸穿梭系统，主要存在于动物的肝、肾和心肌细胞的线粒体中。

1. 磷酸甘油穿梭系统

α－磷酸甘油穿梭系统存在于肌肉和大脑组织中，胞液中产生的 $NADH+H^+$，在以 NAD^+ 为辅酶的 α- 磷酸甘油脱氢酶的催化下，生成 α-磷酸甘油，α-磷酸甘油可扩散到线粒体内，再由线粒体内膜上的以 FAD 为辅基的 α-磷酸甘油脱氢酶（一种黄素脱氢酶）催化，重新生成磷酸二羟丙酮和 $FADH_2$，前者穿出线粒体返回胞液，后者将 2H 传递给 CoQ，进入呼吸链，最后传递给分子氧生成水并形成 2 mol 的 ATP，而磷酸二羟丙酮又穿出线粒体预备完成下一次氢的转运（图 4.4）。

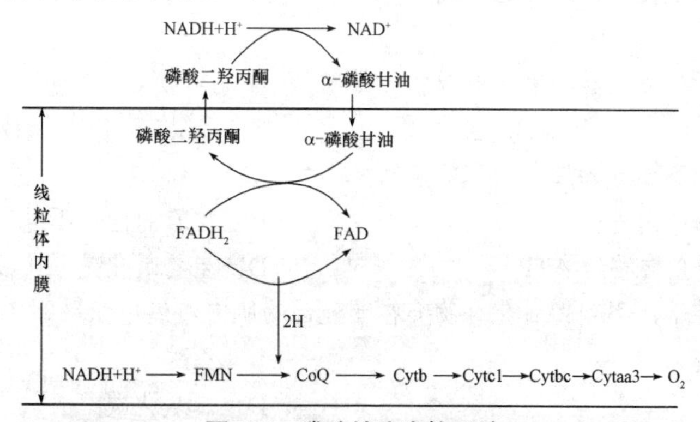

图 4.4　磷酸甘油穿梭系统

2. 苹果酸穿梭系统

苹果酸穿梭系统需要两种谷－草转氨酶、两种苹果酸脱氢酶和一系列专一的透性酶共同作用。首先，$NADH+H^+$ 在胞液苹果酸脱氢酶（辅酶为 NAD^+）的催化下将草酰乙酸还原成苹果酸，然后苹果酸穿过线粒体内膜进入线粒体，经线粒体中苹果酸脱氢酶（辅酶也为 NAD^+）催化脱氢，重新生成草酰乙酸和 $NADH+H^+$；$NADH+H^+$ 随即进入呼吸链进行氧化磷酸化，草酰乙酸经线粒体中谷－草转氨酶催化形成天冬氨酸，同时将谷氨酸变为 α–酮戊二酸，天冬氨酸和 α–酮戊二酸通过线粒体内膜返回胞液，再由胞液谷－草转氨酶催化变成草酰乙酸，参与下一轮穿梭运输，由 α–酮戊二酸生成的谷氨酸又回到线粒体中（图 4.5）。上述代谢物均需经专一的膜载体通过线粒体内膜。线粒体外的 $NADH+H^+$ 通过这种穿梭作用而进入呼吸链被氧化，仍能产生 3 分子 ATP。

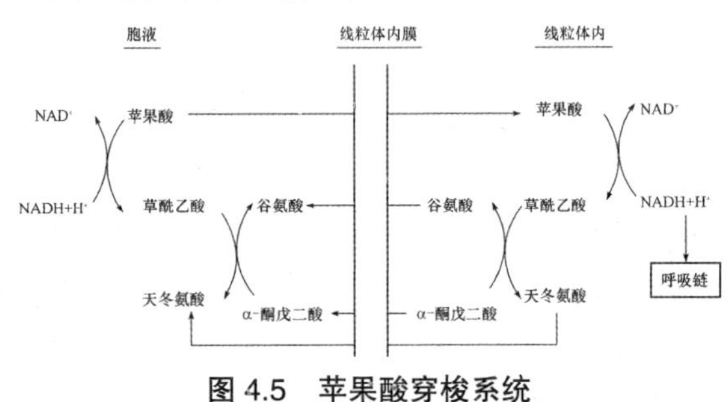

图 4.5　苹果酸穿梭系统

【思考与练习】

一、名词解释

1. 生物氧化　2. 呼吸链　3. 高能化合物　4. 氧化碳酸化　5. 磷氧比（P/O）

二、填空题

1. 体内产生 ATP 的方式有__________、__________两种，其中以__________为能量的主要生成方式。

2. 呼吸链的主要成分包括__________、__________、__________、__________、__________五大类。

3. 线粒体外 $NADH+H^+$ 的转运方式有__________和__________两种穿梭系统。

三、选择题

1. 生物体进行生命活动的直接能源物质是（　　）。

A. 糖类　　B. 蛋白质　　C. 脂肪　　D. ATP

2. 下列叙述中不属生物氧化特点的是（　　）。

A. 在活细胞内进行　　B. 在酶的催化下进行，反应条件温和
C. 全部能量转移给 ATP　　D. 生物氧化是分阶段进行的

3. 在厌氧条件下，下列哪种化合物会在哺乳动物肌肉组织中积累？（　　）

A. 丙酮酸　　B. 乙醇
C. 乳酸　　D. 二氧化碳

4. 体内 CO_2 来自（　　）。

A. 碳原子被氧原子氧化　　B. 呼吸链的氧化还原反应过程
C. 有机酸的脱羧　　D. 糖原分解

5. 与体外燃烧相比，生物体内氧化的特点不包括（　　）。
   A. 一次性放能　　B. 有酶催化
   C. 产物为 CO_2 和 H_2O　　D. 常温常压下进行

四、简答题

1. 什么是生物氧化？生物氧化有哪些特点？
2. 什么是高能化合物？请举例说明。
3. 什么是呼吸链？氢和电子在呼吸链中是如何传递的？
4. 比较 NADH 呼吸链与 $FADH_2$ 呼吸链的异同点，请举例说明。
5. 什么是底物水平磷酸化作用与氧化磷酸化作用？
6. 氧化作用与磷酸化作用是怎样偶联的？
7. 胞液中产生的 NADH 如何进一步彻底氧化？

【拓展与应用】

呼吸链的认知历史

人们对形成质子梯度氧化呼吸链的认识经历了一个漫长的过程，大致可以分为三个重要历史阶段。

第一阶段：科学家相继发现了多种氧化还原酶类和进行电子传递的辅基。1900 年，美国科学家 Michaelis 发现健那绿可以将线粒体染成蓝绿色，而在细胞消耗氧气之后线粒体所染的蓝绿色逐渐消失。健那绿颜色的变化与染料的氧化还原状态有关，这就说明线粒体是细胞内氧化还原反应发生的场所。

1912 年，Warburg 从豚鼠肝细胞中提取出线粒体，并从中分离出一些与氧化还原反应相关的酶，命名为呼吸酶。随后人们逐渐认识到，参与氧化反应的并不是单一的酶类，而是由一系列功能相关的呼吸酶组成的氧化还原反应链。

到 20 世纪 60 年代，科学家鉴定出线粒体呼吸链上所有进行电子传递的辅基，并且确定了这些辅基在呼吸链上的排列顺序，它们包括 NADH、FAD、FMN、铁—硫中心（Fe—S 中心）、泛醌、铜中心以及细胞色素 a、a3、bH、bL、c、c1。相应的酶类和辅基并非单独发挥作用，而是相互结合在一起，形成 4 种功能相对独立的呼吸链蛋白复合物，即呼吸链复合物Ⅰ（CⅠ，NADH 脱氢酶）、呼吸链复合物Ⅱ（CⅡ，琥珀酸脱氢酶）、呼吸链复合物Ⅲ（CⅢ，细胞色素 c 还原酶）和呼吸链复合物Ⅳ（CⅣ，细胞色素 c 氧化酶）。

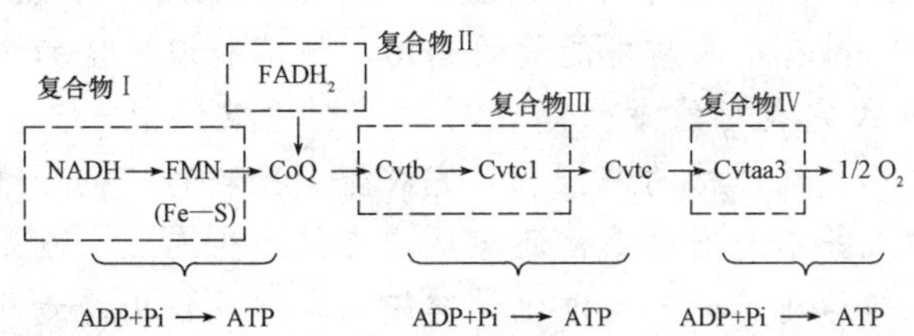

第二阶段：伴随着结构生物学尤其是 X 射线晶体学的发展，科学家对呼吸链的研究进入第二阶段，即解析呼吸链复合物Ⅰ～Ⅳ的晶体结构。

从 1995 年到 2003 年，从原核生物到哺乳动物 CⅣ的完整结构被逐步确定，CⅣ的功能机理也逐渐清晰。

从 1997 年到 2002 年，单独的 CⅢ与结合了各类抑制剂的 CⅢ的晶体结构相继被解析，多种关于 CⅢ功能机理的模型也相继出现。

2003 年，Yankovskaya 等从大肠杆菌中获得了原核生物 CⅡ的晶体结构。2005 年，我国著名结构生物学家饶子和研究组从猪心中获得了首个哺乳动物线粒体中 CⅡ的高分辨率晶体结构。呼吸链复合物 CⅠ是线粒体呼吸链的起点，也是细胞内结构最为复杂的蛋白复合物之一。

从 2006 年到 2013 年，Sazanov 等逐步解析了原核生物中 CⅠ的完整晶体结构，揭示了 CⅠ传递电子和转运质子的核心功能。但是，与功能相对简单、只有 14 个核心蛋白亚基的原核生物 CⅠ相比，哺乳动物的 CⅠ含有 45 个亚基，其复杂程度使统的 X 射线晶体学方法对解析其晶体结构显得无能为力。

2014 年，Hirst 等通过冷冻电镜的方法解析了哺乳动物牛心中 CⅠ的中等分辨率结构。而在我们研究组最近发表的工作中，则以猪心为实验原材料，成功获得了目前为止哺乳动物 CⅠ分辨率最高的完整电镜结构。

第三阶段：2000 年呼吸链超级复合物的发现，标志着科学家对呼吸链的研究进入第三阶段。在正常生理条件下，线粒体呼吸链上各个蛋白复合物并不是独立存在的，它们互相结合形成更高级的组织形式——超级复合物。这种超级复合物中的复合物单体，可以通过不同的形式结合在一起，产生多种超级复合物的组合形式，而其中具有完整呼吸活性的呼吸链超级复合物又被称为呼吸体。由于物种来源的不同，超级复合物的组成形式差异也很大，比如，酵母中主要的形式为Ⅲ2Ⅳ1，土豆微管组织中的主要形式为Ⅰ1Ⅲ2，牛心中主要是Ⅰ1Ⅲ2Ⅳ1，而小鼠肝脏中则是Ⅰ1Ⅱ1Ⅲ2Ⅳ1。甚至在同一个物种中，在正常的生理条件下也同样存在不同组成形式的超级复合物。

组合形式不同的超级复合物，其所适应的代谢通路也不尽相同。根据最新的理论，不同组成形式的超级复合物在线粒体上的存在比例会随着细胞状态的变化而不断调整，以满足细胞不同生长状态下特定的能量需求。哺乳动物最为常见的呼吸体形式为Ⅰ1Ⅲ2Ⅳ1。研究组通过单颗粒冷冻电镜的方法首次获得了哺乳动物中呼吸体Ⅰ1Ⅲ2Ⅳ1 的高分辨结构，为呼吸体高效地进行能量转换提供了有力的证据。

现在人们认识到，进行呼吸作用的载体呼吸体是一个庞大的分子机器，由数量惊人的蛋白亚基和各类辅基，以极其复杂而有序的方式层层组装而成。每一个小的分子都是一个精巧的零件，在各自的位置上发挥自身独特的功能。同时，这些零件相互协调，形成更高级的结构，以功能单元或更高级的复合物的形式有效地发挥作用。化学燃料的燃烧通常是一个不可控的、剧烈的能量释放过程，而作为生物体能量来源的有机物质，本质上也是化学燃料。

显而易见，生物体对有机物质中能量的利用，绝不能以燃烧的方式进行，而需要以一个可控、温和的方式完成对能量的高效利用。在呼吸体中，CⅠ～CⅣ作为功能相对独立的单元，各自都受到严格的调控，只完成能量释放的一部分过程。同时，由于呼吸体中能量转换的方式并不是通过氧化还原反应直接产生内能，而是通过电子传递引起蛋白质的构象变化来转运质子以产生电化学势能。在呼吸作用能量转换的过程中，只有很少部分的能量逸散成了内能。作为一个整体，呼吸体内各个单元以特定的方式相互结合、相互稳定，以保证底物的高效利用与流通。正是由于呼吸体这一复杂而精妙的结构，才使得生物体对有机物中的能量进行温和而高效的利用成为可能。

（摘自清华大学杨茂君：《同呼吸共命运：揭开线粒体呼吸超级复合物的面纱》）

第 5 章　糖代谢

知识目标

- 了解血糖的来源与去路。
- 熟悉糖分解代谢的三大途径：糖酵解、糖的有氧分解、磷酸戊糖途径。
- 掌握糖原的合成与分解、糖异生作用。

5.1　糖概述

5.1.1　糖的概念与分类

糖类是广泛存在于动物体内的有机化合物，几乎所有的动物、植物和微生物体内都含有糖类。它既是生物体内重要的组成成分之一，又是生物体重要的能源和碳源。

1．糖的概念

糖是一类化学本质为多羟醛或多羟酮及其衍生物的有机化合物。糖由碳、氢、氧 3 种元素组成，用 $C_m(H_2O)_n$ 表示。由此式可以看出：其所含的氢和氧之比往往是 2 ∶ 1，与水的组成比例相同，故过去将糖类物质称为碳水化合物。

2．糖的分类

（1）根据糖类能否水解和水解以后生成物的多少，可将其分为三类：

①单糖。是指凡不能被水解为更小单位的多羟醛或多羟酮。常见的单糖有阿拉伯糖、核糖、脱氧核糖、葡萄糖、果糖等。

根据单糖所含的碳原子数目，单糖可分为丙糖、丁糖、戊糖、己糖和庚糖，自然界中存在最多的是戊糖和已糖，其中最重要的是葡萄糖。

②寡糖。又称低聚糖，由 2 ～ 6 个单糖分子缩合而成，能水解成少数（2 ～ 6 个）单糖分子的糖类物质。按照水解后生产的单糖数目，低聚糖又可分为二糖、三糖、四糖等，其中最重要的是二糖，如蔗糖、乳糖、麦芽糖等。

③多糖。由许多单糖分子缩合、失水而成，能水解为多个单糖分子的糖类物质，如淀粉、纤维素、半纤维素、果胶、糖原等。若构成多糖的单糖分子都相同，就称为同聚多糖或均一多糖；由几种不同的单糖分子构成的多糖，则称为杂多糖或不均一多糖。

（2）根据糖类是否含有非糖基团，可将其分为两类：

①单纯多糖。不含有非糖基团的多糖，也就是一般意义上的多糖。

②结合多糖。含有非糖基团的多糖，如糖蛋白、糖脂、蛋白聚糖等。

5.1.2 糖的生理功能

糖类广泛存在于动物体内，动物体从自然界摄取的物质中，除水以外，糖是生理功能多的物质。糖具有多种重要的生理功能。

1. 氧化分解，供应生命活动需要能量

动物体获得能量的方式是氧化。糖是动物体最主要的供能物质，动物机体所需要的能量50%～80%来自氧化分解，每克糖彻底氧化可释放16.7 kJ的能量，这些能量一部分以热能的形式散发出体外，用于维持体温；一部分转变为高能化合物（如ATP）用于维持动物机体的正常生命活动。

2. 构成组织细胞的成分

糖存在于动物各组织中，是构成机体的重要物质。糖是神经和细胞的重要物质，所有神经组织和细胞粒中都含有糖，作为控制和代替遗传物质的基础——脱氧核糖核酸和核糖核酸都含有核糖。黏多糖是结缔组织基本组成成分；杂多糖和结合糖是构成细胞膜、神经组织、结缔组织、细胞间质的主要成分。

3. 其他功能

（1）糖可以参与构成体内一些具有生理功能的物质，如免疫球蛋白、血型物质部分激素及绝大部分凝血因子均属于糖蛋白，这些糖蛋白的生物学功能与其分子中的寡糖基密切相关。

（2）糖在体内还可以转变成脂肪而储存，转变为某些氨基酸供动物机体合成蛋白质；转变为糖醛酸参与生物转化反应。

5.1.3 糖在动物体内的存在

1. 糖在动物体内的存在形式

糖类是动物机体能量最主要的来源物质，在动物日粮中占一半以上，在动物体内，糖占体重的1%以下，主要的存在形式有血液中的葡萄糖、肝脏和肌肉中储存的糖原及乳中的乳糖。动物体内糖的来源主要有两种方式：一是消化道吸收，主要是饲料中的淀粉及少量蔗糖、乳糖和麦芽糖等，在消化道转化为葡萄糖等单糖被吸收；另一种是在动物体内由非糖物质转化为葡萄糖进入血液，称为糖异生作用。

2. 血糖

血糖主要指动物血液中所含的葡萄糖。血液中除葡萄糖外，还含有微量的半乳糖、果糖及其磷酸酯、葡萄糖磷脂酸。血糖主要分布于红细胞和血浆中。

（1）血糖的浓度。动物的血糖含量相对恒定，在一定范围内变动，但各种动物的血糖浓度各异。血糖浓度的变动，是由生理状况的变动引起的，如动物采食后血糖浓度就会偏高些，运动后血糖浓度就会偏低些。每种动物的血糖浓度各不相同，血糖浓度是通过神经、激素调节血糖的来源和去路而达到相对恒定的。

（2）血糖的来源与去路。

①血糖的来源。主要是饲料中的糖类，经过消化道的消化吸收进入血液；其次利用肝糖原分解产生单糖以及通过糖的异生作用来补充血糖的不足。

②血糖的去路：一是在组织中氧化分解以供应机体能量；二是在肌肉和肝组织中合成糖原；三是转变成脂类、非必需氨基酸或其他糖类物质；四是患病状态下从尿液中排出。在正常生理情况下，血糖虽流经肾脏，通过肾小球的过滤，但可在肾小管中绝大部分被吸收进入血液。当尿液中有血糖排出时，表明初尿中的糖不能全部被肾小管重吸收，即形成了糖尿。从上述可知，血液中的血糖在正常的生理状态下通过各种来源和排出途径保持着动态平衡。动物体内血糖的来源与去路如图 5.1 所示。

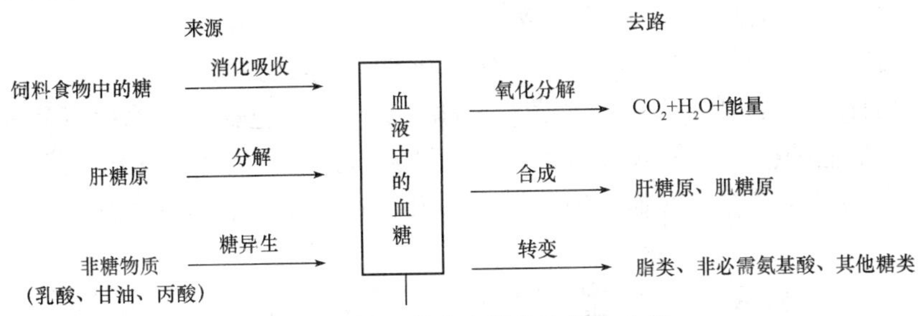

图 5.1　动物体内血糖的来源与去路

（3）血糖浓度的调节。动物体内分泌的激素在神经系统的控制下，调节血糖的浓度。主要的激素有胰岛素、肾上腺素和肾上腺糖皮质激素。除胰岛素可使血糖浓度降低外，其余激素都可使血糖含量升高。它们的协调作用，使不断变化的血糖浓度维持相对恒定。

动物体内血糖浓度的相对恒定具有重要的生理意义。体内各组织细胞活动所需的能量大部分来自葡萄糖，血糖必须保持一定的水平才能维持动物体内各器官和组织的需要。如果血糖含量过低，各组织得不到足够的葡萄糖供应能量，就会发生机能障碍，这一点对脑组织特别重要。因为脑组织不含糖原，其活动所需的能量除一部分来自酮体外，必须有一部分来自血糖；如果血糖浓度过高，不能被组织利用，则会由尿排出，形成糖尿。血糖浓度受神经、激素等多种因素调节，动物体内调节血糖浓度的激素有两类：胰岛素是降糖激素；肾上腺素、肾上腺糖皮质激素、生长素等都是升糖激素。在正常生理情况下，这两类激素在体内相互制约，共同调节糖的合成与分解，以维持血糖浓度的稳定。

5.2　糖的分解代谢

糖进入动物体内经消化降解以单糖的形式被吸收后，由血液运送到机体各组织，并在各组织的细胞内通过一系列酶的催化，发生分解代谢，供给机体能量或转化为其他物质。糖在动物体内发生分解代谢的途径有三条：糖的无氧分解、有氧分解以及磷酸戊糖途径。在三条途径中，有氧分解是主要的分解供能途径。

5.2.1 糖的无氧分解

糖的无氧分解是指在动物细胞中，葡萄糖或糖原在无氧条件或缺氧条件下分解生成乳酸并释放出少量能量的过程，又称糖的酵解。一分子葡萄糖经无氧酵解可净生成两分子 ATP。阐明糖酵解途径过程是在 1940 年由 G.Embden、O.Meyerhof、J.K.Parnas 等人完成的，因此此过程又称为 EMP 途径，参与糖酵解反应的一系列酶存在细胞质中，因此糖酵解的全部反应过程均在细胞质中进行。

1. 糖酵解的过程

糖的无氧分解是在细胞液中由葡萄糖或糖原开始，整个反应可分为四个阶段。

第一阶段：由葡萄糖或糖原转化形成 1，6- 二磷酸果糖。此阶段需要消耗能量（ATP），由葡萄糖开始，消耗一分子的 ATP；若由糖原开始，不消耗 ATP。

（1）葡萄糖进入细胞后首先在葡萄糖激酶（肝内）或己糖激酶作用下磷酸化生成 6- 磷酸葡萄糖，反应消耗一分子 ATP，不可逆；糖原则先在磷酸化酶作用下转化为 1- 磷酸葡萄糖，1- 磷酸葡萄糖在磷酸葡萄糖变位酶作用下转变为 6- 磷酸葡萄糖。

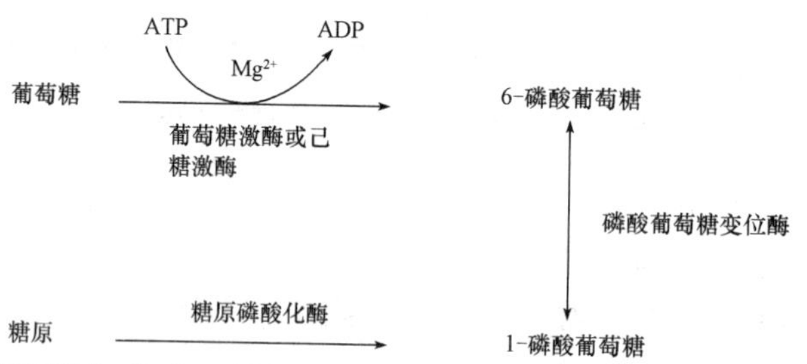

（2）6- 磷酸葡萄糖在磷酸己糖异构酶作用下生成 6- 磷酸果糖，此反应可逆，6- 磷酸葡萄糖与 6- 磷酸果糖互为同分异构体。

碳酸己糖异构酶

6-磷酸葡萄糖 ⟷ 6-磷酸果糖

（3）6- 磷酸果糖在 6- 磷酸果糖激酶作用下又一次磷酸化，生成 1，6- 二磷酸果糖，反应不可逆。

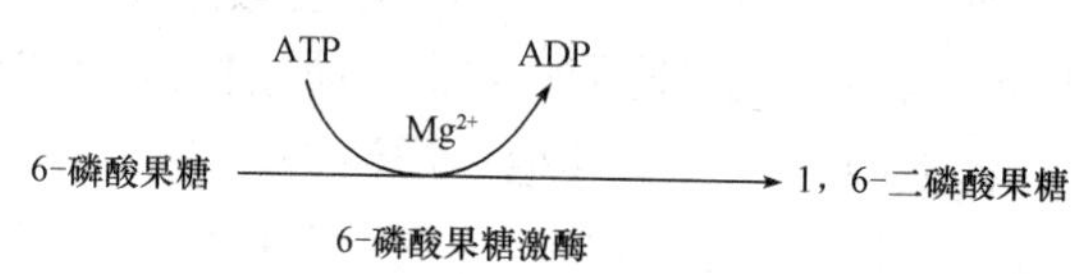

第二阶段：由 1，6- 二磷酸果糖转化为两分子的 3- 磷酸甘油醛（三碳糖）。此阶段是糖的裂解，经裂解反应和异构化反应后生成了两分子 3- 磷酸甘油醛。

（4）裂解反应。1，6- 二磷酸果糖在醛缩酶的催化下裂解为一分子的 3- 磷酸甘油醛和一分子的磷酸二羟丙酮，此反应可逆。

醛缩酶

1，6-二磷酸果糖 ⟷ 3-磷酸甘油醛+磷酸二羟丙酮

（5）异构化反应。磷酸二羟丙酮和 3- 磷酸甘油醛互为异构体，磷酸二羟丙酮在磷酸丙糖异构酶作用下转变成 3- 磷酸甘油醛，此反应可逆。

磷酸丙糖异构酶

磷酸二羟丙酮 ⟷ 3-磷酸甘油醛

上述两步反应都可逆，但整个反应伴随着细胞内3-磷酸甘油醛的不断被消耗，所以反应总是向着生成3-磷酸甘油醛的方向进行。

第三阶段：丙酮酸的生成阶段。此阶段是无氧氧化途径释放能量的过程。经历以下反应后形成丙酮酸，同时产生了2 mol的ATP。

（6）3-磷酸甘油醛在脱氢和磷酸化生成1，3-二磷酸甘油酸，催化反应的酶是3-磷酸甘油醛脱氢酶，反应脱下的氢由NAD^+接受形成$NADH+H^+$。$NADH+H^+$在无氧时参与丙酮酸的还原反应，在有氧时进入呼吸链，最终与氧结合成水，同时产生ATP。

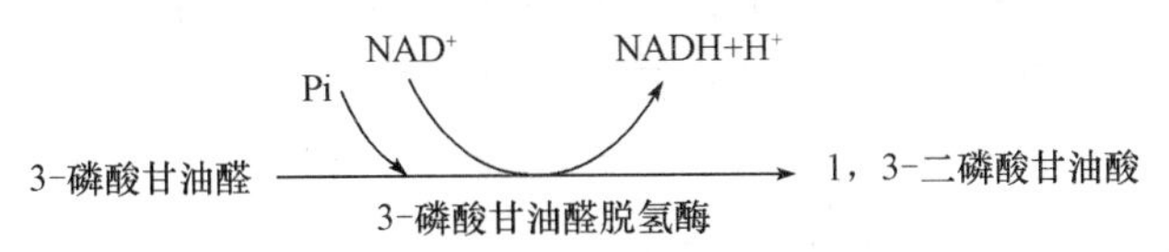

此反应伴有能量产生，并吸收了1 mol无机磷酸，生成了一个高能磷酸键。

（7）上一步反应形成的1，3-二磷酸甘油酸经“底物水平磷酸化反应”，在磷酸甘油酸激酶的催化下将形成的高能磷酸基转移给ADP，形成ATP，本身转化形成3-磷酸甘油酸。此反应可逆，是糖酵解作用中第一个产生ATP的反应。反应式如下：

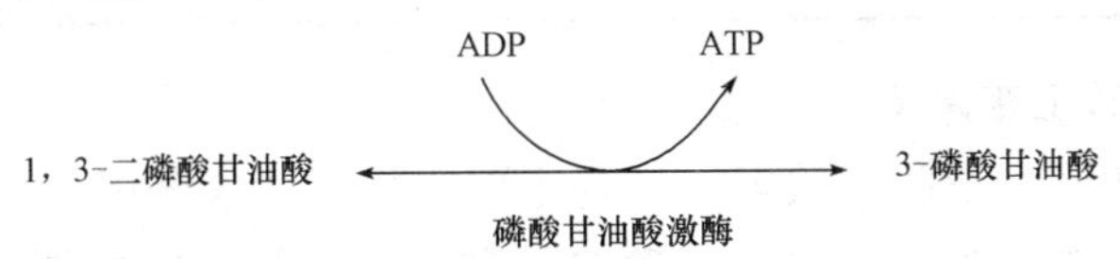

（8）3-磷酸甘油酸在磷酸甘油酸变位酶的作用下，通过变位反应生成2—磷酸甘油酸。

3-磷酸甘油酸 ⇌（磷酸甘油酸变位酶）2-磷酸甘油酸

（9）2-磷酸甘油酸在烯醇化酶的催化下，通过脱水反应形成磷酸烯醇式丙酮酸，在脱水反应过程中形成了一个高能磷酸键。

2-磷酸甘油酸 ⇌（烯醇化酶）磷酸烯醇式丙酮酸 + H_2O

（10）丙酮酸的形成。在丙酮酸激酶的催化下，通过底物水平磷酸化反应，将磷酸烯醇式丙酮酸上的高能磷酸基转移到ADP上，形成了ATP，同时生成了丙酮酸。此反应不可逆，是产生第二个ATP的反应。

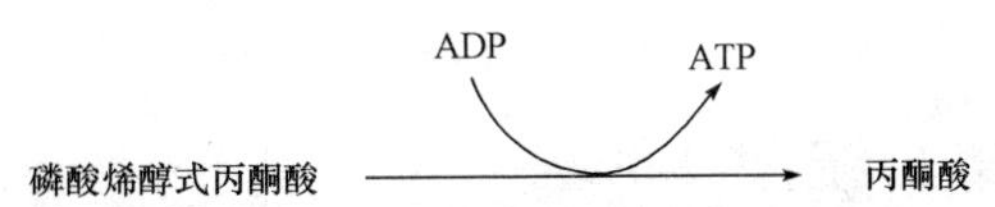

至此，糖酵解的前三个阶段完成，生成了丙酮酸。在此过程中，1 mol葡萄糖共生成了2 mol的3-磷酸甘油醛，而1 mol的3-磷酸甘油醛在反应过程中又产生了2 mol ATP，所以共产生4 mol ATP。但在此过程中有两步反应分别消耗了1 mol ATP，因此，还净生成2 mol ATP。

第四阶段：丙酮酸还原为乳酸。丙酮酸在无氧时，由乳酸脱氢酶催化还原成乳酸，其中的 NADH+H^+ 由 3- 磷酸甘油醛脱氢而来。

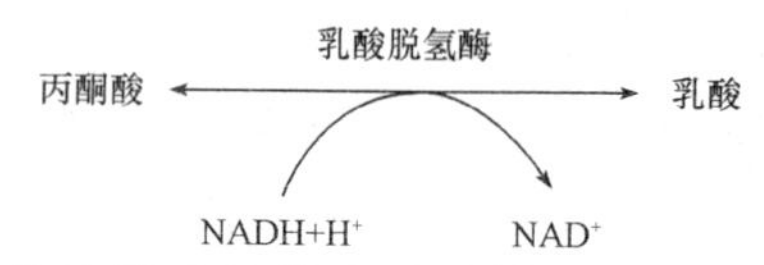

此反应可逆，所生成的乳酸是动物体内糖酵解的最终产物。当氧充足时，乳酸又可脱氢氧化为丙酮酸，丙酮酸进入有氧氧化途径。

葡萄糖酵解 ATP 的产生或消耗见表 5.1。

表 5.1　1 mol 葡萄糖酵解产生或消耗的 ATP

反应	ATP 的增减 /mol
葡萄糖→ 6- 磷酸葡萄糖	-1
6- 磷酸果糖→ 1，6- 二磷酸果糖	-1
2×（1，3- 二磷酸甘油酸）→ 2×（3- 磷酸甘油酸）	2×1
2× 磷酸烯醇式丙酮酸→ 2× 丙酮酸	2×1
每摩尔葡萄糖净增 ATP 的量	2

2．糖无氧分解的生理意义

在生物繁衍的初期，地球上缺氧，生物主要靠糖的无氧分解产生能量以维持生命。经过漫长的进化后，对人和动物而言，糖的无氧分解已不再是主要的代谢供能途径，但在生物界仍然存在，具有重要的生理意义。

（1）在无氧和缺氧条件下，作为糖分解供能的补充途径，为动物体提供能量。动物剧烈运动或过度使役，骨骼肌在剧烈运动时相对缺氧，物质的有氧分解受阻，此时无氧分解为动物肌体提供了能量。人从平原进入高原初期、严重贫血、大量失血、呼吸障碍、肺及心血管疾患所致缺氧，也通过无氧分解来供给能量，所生成的乳酸可进入肝脏通过糖异生作用转化为糖，但如果缺氧时间过长，则产生的乳酸过多而出现代谢性酸中毒。

（2）有些组织器官在有氧的条件下仍以无氧分解为主要的供能方式。视网膜、睾丸、肾髓质等组织即使在有氧的条件下也主要靠糖的无氧分解供能，红细胞中因无线粒体，不能进行有氧分解供能，只能通过糖的无氧分解供能。

（3）糖酵解是糖有氧氧化的前段过程，其一些中间代谢物是脂类、氨基酸等合成的前体。

5.2.2　糖的有氧分解

葡萄糖或糖原在有氧条件下，彻底氧化成 H_2O 和 CO_2，同时释放大量能量的过程，称糖的有氧氧化。它是动物机体内葡萄糖分解代谢的主要途径。绝大多数组织细胞通过糖的有氧氧化途径获得能量。此代谢过程在细胞液和线粒体内进行。

1．糖的有氧分解的过程

糖的有氧氧化分解过程分三个阶段进行，第一阶段是由葡萄糖生成丙酮酸，在细胞液中进行；第二阶段是丙酮酸在有氧状态下，进入线粒体，丙酮酸氧化脱羧生成乙酰CoA；第三阶段是乙酰 CoA 进入三羧酸循环（TCA 循环），进而氧化生成 H_2O 和 CO_2，同时生成的 $NADH+H^+$ 等可将氢原子经呼吸链传递，伴随氧化磷酸化过程生成 H_2O 和 ATP。

第一阶段：葡萄糖（或糖原）氧化形成丙酮酸。这一阶段的反应过程与糖酵解生成丙酮酸的过程基本相同。只是，3- 磷酸甘油醛脱氢反应生成的 $NADH+H^+$ 不用于还原丙酮酸，而是经穿梭作用进入线粒体，经呼吸链氧化在生成水的过程中释放能量生成 ATP。

第二阶段：丙酮酸氧化脱羧生成乙酰 CoA。丙酮酸在有氧条件下进入线粒体，在丙酮酸脱氢酶复合体的催化下，经氧化脱羧和脱氢反应，并与辅酶 A 结合生成乙酰 CoA。

$$H_3C—CO—COOH+HS—CoA \xrightarrow[NAD^+ \to NADH+H^+]{\text{丙酮酸脱氢酶复合体}} H_3C—CO\sim SCoA+CO_2$$

丙酮酸脱氢酶复合体，也叫丙酮酸脱氢酶系，由丙酮酸脱氢酶、二氢硫辛酸转乙酰基酶、二氢硫辛酸脱氢酶三种酶组成。丙酮酸脱氢酶系中包含 6 种辅酶或辅基，即硫胺素焦磷酸（TPP）、硫辛酸、NAD^+、FAD、HSCoA 和 Mg^{2+}，其中 5 种成分为维生素。因此，当维生素缺乏时，这一代谢过程将受影响。如 B 族维生素缺乏时，丙酮酸脱羧受阻，神经组织能量供应不足，再加之丙酮酸乳酸堆积，易产生神经炎。

第三阶段：三羧酸循环阶段。三羧酸循环又称为 TCA 循环。该过程是由克雷布斯（Krebs）于 20 世纪 30 年代最先提出。由糖酵解产生的丙酮酸在有氧条件下，经特定的载体转运进入线粒体，在线粒体中继续氧化分解，并逐步释放出所含能量。由于此过程首先由乙酰 CoA 与草酰乙酸缩合生成含有 3 个羧基的柠檬酸，再经 4 次脱氢和 2 次脱羧过程，最后回到草酰乙酸，形成一个循环，因此，将该过程称为三羧酸循环。三羧酸循环的反应过程如下：

第一步：柠檬酸的合成。这是三羧酸循环的起始反应，在柠檬酸合成酶的催化下，由草酰乙酸和乙酰 CoA 加水缩合成柠檬酸。此反应是一个耗能的不可逆反应，所需能量由乙酰 CoA 水解提供。

$$\text{草酰乙酸}+\text{乙酰CoA}+H_2O \xrightarrow{\text{柠檬酸合成酶}} \text{柠檬酸}+HS—CoA$$

第二步：异柠檬酸的生成。柠檬酸在顺乌头酸酶催化下经脱水、加水两步生成异柠檬酸，此反应可逆。

$$\text{柠檬酸} \xleftrightarrow[\to H_2O]{\text{顺乌头酸酶}} \text{顺乌头酸} \xleftrightarrow[H_2O \to]{\text{顺乌头酸酶}} \text{异柠檬酸}$$

第三步：α – 酮戊二酸的生成。在异柠檬酸脱氢酶作用下，异柠檬酸经脱羧、脱氢反应，生成草酰琥珀酸的中间产物，快速脱羧生成 α – 酮戊二酸、$NADH+H^+$ 和 CO_2。此反应为 β – 氧化脱羧，需有 Mn^{2+} 参与，异柠檬酸脱氢酶需要 Mn^{2+} 作为激活剂。

$$\text{异柠檬酸} \xrightarrow[\text{异柠檬酸脱氢酶}]{NAD^+ \to NADH+H^+,\ Mn^{2+}} \alpha\text{-酮戊二酸}+CO_2$$

异柠檬酸脱氢酶属限速酶，此反应是三羧酸循环中的限速步骤，是不可逆的，是第一步脱羧反应。ADP 是异柠檬酸脱氢酶的激活剂，而 ATP、NADH 是此酶的抑制剂。其反应特点是：第一次产生二氧化碳，同时产生 ATP。

第四步：琥珀酰 CoA 的生成。α－酮戊二酸在 α－酮戊二酸脱氢酶系作用下被氧化脱羧形成了含有高能硫酯键的琥珀酰 CoA。α－酮戊二酸脱氢酶也由 3 个酶（α－酮戊二酸脱羧酶、硫辛酸琥珀酰基转移酶、二氢硫辛酸脱氢酶）和 5 个辅酶（TPP、硫辛酸、HSCoA、NAD^+，FAD）组成。

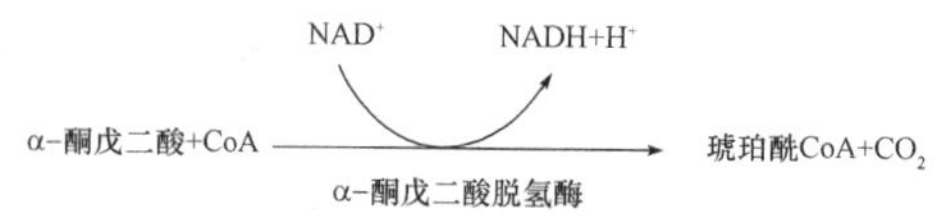

此反应也是不可逆的，是第二次脱羧、脱氢反应，α－酮戊二酸脱氢酶复合体受 ATP、GTP、NAPH 值和琥珀酰 CoA 抑制。其反应特点是：三羧酸循环中第二次脱羧生成二氧化碳，脱下 2H 由 NAD^+ 传递，生成 2×3ATP。

第五步：琥珀酸的生成。经底物水平磷酸化反应，琥珀酰 CoA 在琥珀酸硫激酶的作用下，琥珀酰 CoA 的硫酯键水解，释放的能量使 GDP 磷酸化后生成 GTP，同时生成琥珀酸。在哺乳动物中，先生成 GTP，GTP 中的能量可直接被利用，也可转给 ADP 生成 ATP。琥珀酰 CoA 生成琥珀酸和辅酶 A。

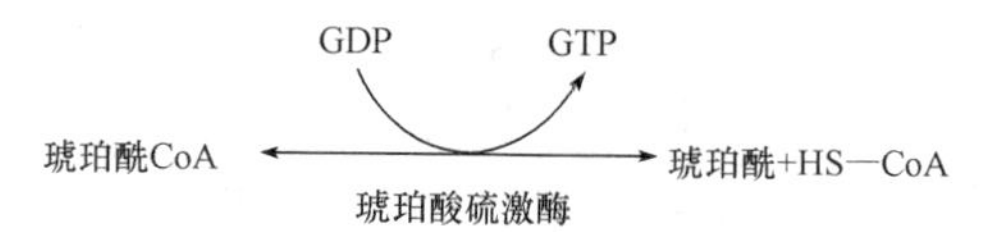

该反应的特点是：这是三羧酸循环中唯一进行底物磷酸化的反应，生成的 GTP 可直接利用，也可将其高能磷酸基团转给 ADP，生成 ATP。

第六步：琥珀酸脱氢生成延胡索酸。琥珀酸脱氢酶催化琥珀酸氧化成为延胡索酸。该酶结合在线粒体内膜上，而其他三羧酸循环的酶都是存在于线粒体基质中的，这种酶含有铁硫中心和共价结合的 FAD，FAD 是该酶的辅基，来自琥珀酸的电子通过 FAD 和铁硫中心，然后进入呼吸链到 O_2，丙二酸是琥珀酸的类似物，是琥珀酸脱氢酶强有力的竞争性抑制物，所以可以阻断三羧酸循环。

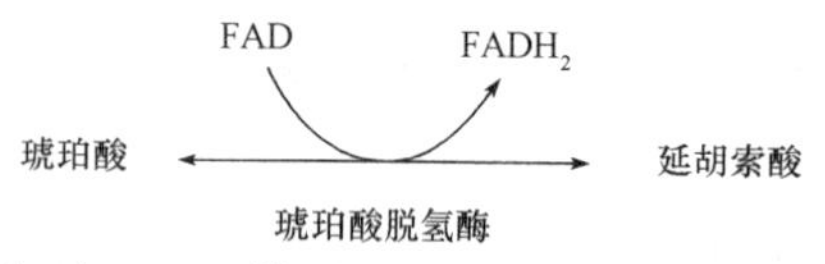

该反应特点是：脱下的氢由 FAD 传递，生成 2×2ATP

第七步：苹果酸的生成。延胡索酸在延胡索酸酶的催化下加水生成苹果酸。

$$\text{延胡索酸} + H_2O \xrightleftharpoons{\text{延胡索酸酶}} \text{苹果酸}$$

第八步：草酰乙酸再生。在苹果酸脱氢酶作用下，苹果酸仲醇基脱氢氧化成羰基，生成草酰乙酸，NAD^+ 是脱氢酶的辅酶，接受氢成为 $NADH+H^+$。

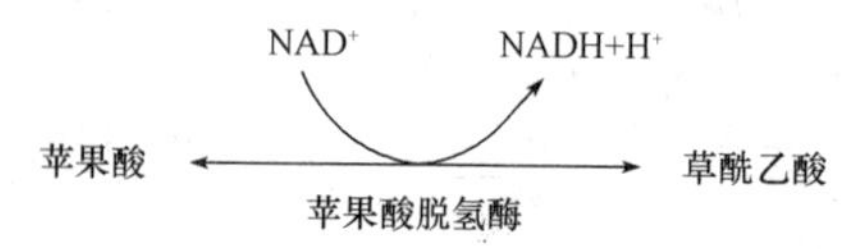

该反应特点是：它是三羧酸循环的第三次脱氢，生产的草酰乙酸参与下一轮的三羧酸循环。

三羧酸循环的反应过程如图 5.2 所示。

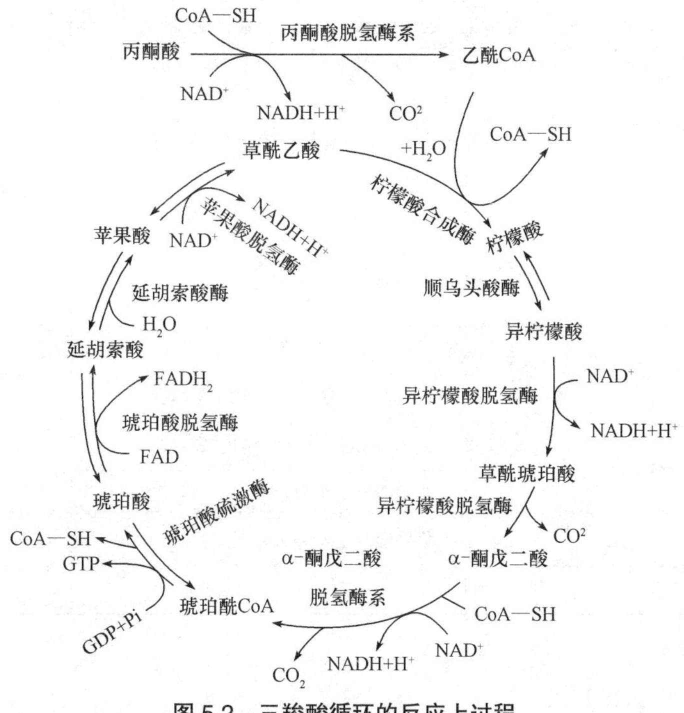

图 5.2　三羧酸循环的反应上过程

2．有氧分解的特点

（1）糖有氧分解的第一阶段即丙酮酸的生成阶段，是在胞液中进行的，反应过程与糖的无氧分解过程相似。丙酮酸生成乙酰 CoA 的过程及进入三羧酸循环过程是在线粒体中进行。

（2）CO_2 的生成，循环中有两次脱羧基反应（反应第三步、第四步），都同时有脱氢作用，但作用的机理不同。

（3）三羧酸循环的四次脱氢，其中三对氢原子以 NAD^+ 为受氢体，一对氢原子以 FAD 为受氢体，分别还原生成 $NADH+H^+$ 和 $FADH_2$。它们又经线粒体呼吸链传递，最终与氧结合生成水，在此过程中释放出来的能量使 ADP 和磷酸结合生成 ATP，此过程即氧化磷酸化过程。

（4）一分子葡萄糖经有氧分解产生 CO_2 和 H_2O，并产生 36 或 38 个 ATP（取决于穿梭途径的不同，胞液中脱下的氢经 α－磷酸甘油穿梭）。葡萄糖酵解产生 2 个 ATP，与之相比，有氧分解是动物体内氧化供能的主要方式。

（5）三羧酸循环的中间产物，从理论上讲，可以循环不消耗，但是由于循环中的某些组成成分还可参与合成其他物质，而其他物质也可不断通过多种途径而生成中间产物，所以说三羧酸循环组成成分处于不断更新之中。

（6）1 mol 葡萄糖经有氧分解，净生成 38 mol 或 36 mol ATP，见表 5.2。

表 5.2　1 mol 葡萄糖有氧分解中产生和消耗的 ATP

反应阶段	反应	ATP
第一阶段 葡萄糖→丙酮酸	葡萄糖→ 6- 磷酸葡萄糖 6—磷酸果糖→ 1，6- 二磷酸果糖 2×3- 磷酸甘油醛→ 2×1，3- 二磷 酸甘油酸 2×1，3- 二磷酸甘油酸→ 2×3- 磷 酸甘油酸 2× 磷酸烯醇式丙酮酸→ 2× 丙酮酸	 −1 −1 6 或 4 2 2
第二阶段 丙酮酸氧化阶段	2× 丙酮酸 2× 乙酰 CoA	2×3
第三阶段 三羧酸循环	2× 异柠檬酸→ 2× α – 酮戊二酸	2×3
	2× α – 酮戊二酸→ 2× 琥珀酰 CoA	2×3
	2× 琥珀酰 CoA → 2× 琥珀酸	1×2
	2× 琥珀酸→ 2× 延胡索酸	2×2
	2× 苹果酸→ 2× 草酰乙酸	2×3
合计		38 或 36

注：2× 表示两分子。

3．有氧分解的生理意义

（1）糖的有氧分解产生的能量多，是生物机体获得能量的最有效方式，生物体 95% 的能量源于糖的有氧氧化。

（2）三羧酸循环是体内糖、脂肪、蛋白质等营养物质彻底氧化分解共同的代谢途径，是各类有机物相互转化的枢纽。

（3）糖的有氧分解中间产物可以为其他物质（如氨基酸、脂肪）等的合成提供碳架。

5.2.3　磷酸戊糖途径

糖的无氧分解和有氧分解是生物体内糖分解代谢的主要途径，但不是仅有的途径。磷酸戊糖途径在细胞液中进行。此途径是由 6- 磷酸葡萄糖开始，经脱氢脱羧一系列代谢反应生成磷酸戊糖等中间代谢物，重新进入糖氧化分解代谢途径的一条旁路代谢途径。其重要的中间代谢产物是 5- 磷酸核糖和 $NADPH+H^+$。全过程中无 ATP 生成，因此该过程不是机体产能的方式，也称磷酸戊糖支路或旁路。

1．磷酸戊糖途径的反应过程

磷酸戊糖途径在细胞液中进行，全过程分为不可逆的氧化阶段和可逆的非氧化阶段。在氧化阶段，3 分子 6- 磷酸葡萄糖在 6- 磷酸葡萄糖脱氢酶和 6- 磷酸葡萄糖酸脱氢酶等催化下经氧化脱羧生成 6 分子 $NADPH+H^+$ 以及 3 分子 CO_2 和 3 分子 5- 磷酸核酮糖；在非氧化阶段，5- 磷酸核酮糖在转酮基酶（TPP 为辅酶）和转硫基酶催化下使部分碳链进行相互转换，经三碳、四碳、七碳和磷酸酯等，最终生成 2 分子 6- 磷酸果糖和 1 分子 3- 磷酸甘油，它们可转变为 6-- 磷酸葡萄糖继续进入磷酸戊糖途径，也可以进入糖的有氧氧化或糖酵解途径。

磷酸戊糖途径与无氧分解、有氧分解是相互联系的（图 5.3），磷酸戊糖途径生成的 6- 磷酸果糖和 3- 磷酸甘油醛都可进入无氧分解和有氧分解途径进行代谢。

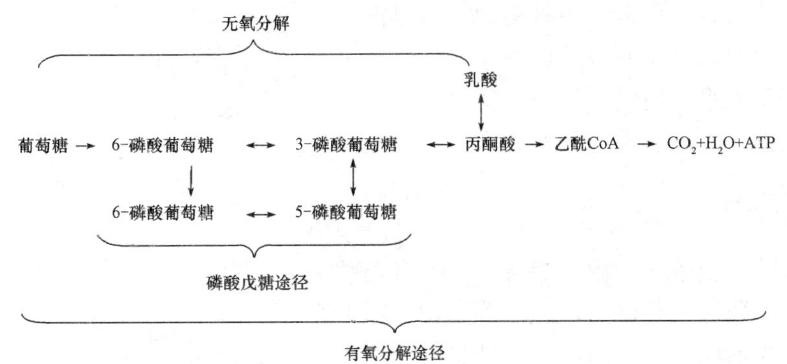

图 5.3　糖分解代谢的 3 条途径的相互关系

2．磷酸戊糖途径的生理意义

（1）磷酸戊糖途径生成 5- 磷酸核酮糖，作为核苷酸、核酸合成的原料。磷酸戊糖途径是体内生成 5- 磷酸核酮糖的唯一代谢途径，体内合成核苷酸和核酸所需的核糖或脱氧核糖均以 5- 磷酸核酮糖的形式提供。

（2）磷酸戊糖途径是体内生成 NADPH+H^+ 的主要代谢途径。NADPH+H^+ 携带的氢不是通过呼吸链氧化磷酸化生成 ATP，而是作为供氢体参与许多代谢反应，具有多种不同的生理意义。

作为供氢体，参与体内多种生物合成反应，如脂肪酸、胆固醇和类固醇激素的生物合成，都需要大量的 NADPH。因此，磷酸戊糖通路在合成脂肪及固醇类化合物的肝、肾上腺、性腺等组织中特别旺盛。

NADPH+H^+ 是谷胱甘肽还原酶的辅酶，对维持还原型谷胱甘肽（GSH）的正常含量有很重要的作用。GSH 能保护某些蛋白质中的巯基，如红细胞膜和血红蛋白上的 SH 基，因此，缺乏 6- 磷酸葡萄糖脱氢酶的人，因 NADPH+H^+ 缺乏，GSH 含量过低，红细胞易于破坏而发生溶血性贫血。

NADPH+H^+ 参与肝脏生物转化反应，肝细胞内质网含有以 NADPH+H^+ 为供氢体的加单氧酶体系，参与激素、药物、毒物的生物转化过程。

NADPH+H^+ 参与体内嗜中性粒细胞和巨噬细胞产生离子态氧的反应，因而有杀菌作用。

5.3　糖原的合成与分解

糖原是动物体内糖的储存形式之一，是机体能迅速动用的能量储备。糖原是由多个葡萄糖分子通过 α -1，4 糖苷键和 α -1，6 糖苷键连接而成的多分支多糖，支链上的葡

萄糖分子间由 α-1，4 糖苷键连接，分支出的葡萄糖分子由 α-1，6 糖苷键连接。

5.3.1 糖原的合成

由单糖（葡萄糖、果糖、半乳糖等）合成糖原的过程称为糖原的合成。单糖在多种糖原合成酶的作用下，可以合成糖原储存于肝脏和肌纤维间，当血液中血糖浓度低于正常水平值时，组织中的糖原就可以分解释放出葡萄糖，补充血液中的血糖，以保证正常的血糖浓度；当血液中血糖浓度过高时，血液中的葡萄糖可以合成糖原储存于组织中，从而降低血液中血糖，维持正常的血糖浓度。糖原的合成主要有两种类型：一种是以葡萄糖或果糖、半乳糖等单糖为原料合成，此过程称为糖原生成作用；另一种是以非糖物质（如乳酸、甘油等）为原料合成糖原或葡萄糖，此过程称为糖异生作用。糖原的合成与分解代谢主要是在肝、肾和肌肉组织细胞的胞液中进行的。

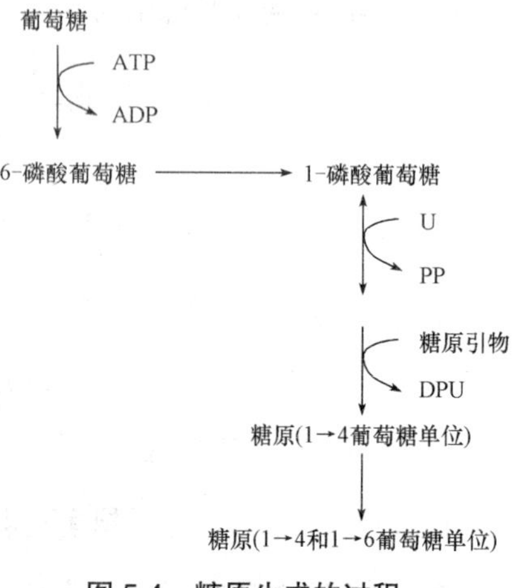

图 5.4 糖原生成的过程

糖原生成的过程如图 5.4 所示。

5.3.2 糖原的分解

糖原的分解代谢可分为以下几步，整个过程不需要消耗能量。

第一步：细胞内糖原在糖原磷酸化酶的作用下水解为 1- 磷酸葡萄糖。此阶段的关键酶是糖原磷酸化酶，并需脱支酶协助。

$$\text{糖原} \xrightarrow[H_3PO_4]{\text{糖原磷酸化酶}} \text{1-磷酸葡萄糖+糖原}$$

第二步：1- 磷酸葡萄糖在磷酸葡萄糖变位酶的作用下转变为 6- 磷酸葡萄糖，此反应是可逆的。

$$\text{1-磷酸葡萄糖} \underset{Mg^{2+}}{\overset{\text{磷酸葡萄糖变位酶}}{\rightleftharpoons}} \text{6-磷酸葡萄糖}$$

第三步：所形成的 6- 磷酸葡萄糖可以通过有氧氧化、糖酵解或磷酸戊糖等多种途径继续分解。由于肝和肾中存在着 6- 磷酸葡萄糖酶，此酶可以将所形成的 6- 磷酸葡萄糖水解生成葡萄糖进入血液，以补充血糖，维持血糖浓度的稳定。

$$\text{6-磷酸葡萄糖}+H_2O \xrightarrow{\text{6-磷酸葡萄糖酶}} \text{葡萄糖+Pi}$$

由于骨骼肌中不存在6-磷酸葡萄糖酶，因此肌糖原不能分解为葡萄糖。肌糖原分解为6-磷酸葡萄糖后，可通过有氧氧化、糖酵解等途径分解供能，以满足骨骼肌活动能量的消耗。

糖原合成与分解的意义如下：

（1）对维持血糖浓度的相对恒定和肌肉组织对能量的需要起重要作用。

（2）通过两条不同的代谢途径，说明生化的一个重要原理。

（3）激素的调节在生物体内具有普遍的意义。

5.4　糖异生作用

动物体内糖的合成是保证其体内血糖的稳定和获得能量的重要途径。当动物处于饥饿状态或激烈运动时，体内血糖浓度会下降，此时可通过糖原分解来补充血糖，供给能量。此外，可通过糖的吸收来补充血糖。糖异生作用是补充糖原或血糖的一条重要途径，可以产生糖原或单糖。

糖异生作用是指由非糖物质转变为葡萄糖或糖原的过程。糖异生的非糖物质原料有甘油、有机酸（乳酸、丙酮酸等）、一些低级脂肪酸和一些生糖氨基酸。该代谢途径的代谢部位主要存在于肝脏，占 90%；其次是肾脏，占 10%；脑、脊髓、心肌中极少发生。当动物处于饥饿状态时，糖异生作用加强。糖异生作用对反刍动物特别重要，瘤胃中消化降解产生的挥发性脂肪酸可以通过糖异生作用转变为葡萄糖。反刍动物体内的血糖主要源于糖异生作用。

5.4.1　糖异生作用的途径

在动物体内，糖酵解过程是将葡萄糖分解为乳酸和能量；而糖异生作用以乳酸为原料，转化形成糖原或葡萄糖。但是，糖异生作用的过程并非糖酵解过程的逆过程，因为在糖酵解过程中，虽大多数反应可逆，但仍有三步反应是不可逆的。这三步反应是由己糖激酶、磷酸果糖激酶和丙酮酸激酶催化的反应，即 6- 磷酸葡萄糖、1，6- 二磷酸果糖、丙酮酸的生成反应不可逆。糖异生作用就必须通过别的酶催化或者另外的途径绕过，才能实现糖异生作用。其他的反应过程则同糖酵解反应。

（1）丙酮酸转变成磷酸烯醇式丙酮酸。丙酮酸转变成磷酸烯醇式丙酮酸的过程是由丙酮酸激酶催化的逆反应，是由两步反应来完成的。首先，由丙酮酸羧化酶催化，辅酶是生物素，反应消耗一分子 ATP，将丙酮酸转变为草酰乙酸；再在磷酸烯醇式丙酮酸羧化酶催化下，草酰乙酸生成磷酸烯醇式丙酮酸。

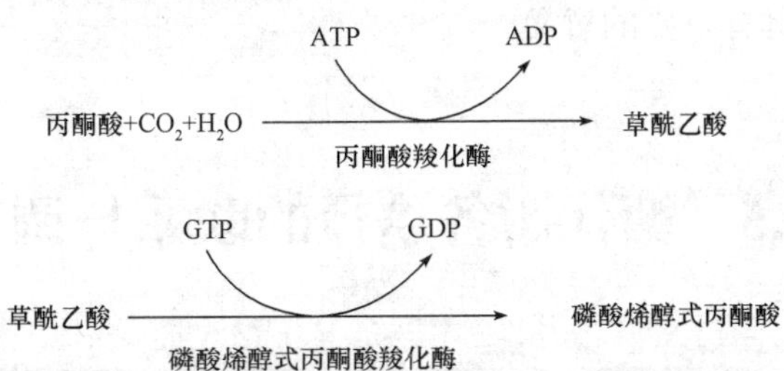

催化第一个反应的酶是丙酮酸羧化酶，它存在于线粒体内，而糖异生作用的其他酶则存在于细胞液中，所以细胞液中的丙酮酸必须先进入线粒体，在消耗 ATP 情况下，被羧化成草酰乙酸，生成的草酰乙酸不能直接通过线粒体膜，需要被苹果酸脱氢酶还原为

苹果酸，苹果酸被载体运过线粒体膜进入胞液。苹果酸在胞液中经苹果酸脱氢酶催化再生成草酰乙酸进行上述第二个反应。

（2）1，6-二磷酸果糖水解成6-磷酸果糖。

$$1，6\text{-二磷酸果糖}+H_2O \xrightarrow{\text{果糖二磷酸酶}} 6\text{-磷酸果糖}$$

（3）6-磷酸葡萄糖水解成葡萄糖。催化此反应的酶是6-磷酸葡萄糖酶。

$$6\text{-磷酸葡萄糖}+H_2O \xrightarrow{6\text{-磷酸葡萄糖酶}} \text{葡萄糖}$$

5.4.2 糖异生的生理意义

（1）维持血糖浓度的相对恒定。当人或动物处于饥饿等状态时，体内的糖来源不足，通过糖异生作用，利用体内代谢产生的非糖物质转化形成糖，满足糖的需要，维持血糖的稳定。动物在轻度饥饿初期，血糖可以稍低于正常值，在短期内不进食而血糖趋于降低时，肝糖原分解作用加强，血糖也可恢复并维持在正常水平。但当动物长期饥饿时，则肝脏糖异生作用增强，因而血糖仍能继续维持在正常水平，这对保证某些主要依赖葡萄糖供能组织的功能具有重要意义。例如，停食一夜（8～10 h）处于安静状态的正常人每日体内葡萄糖消耗量，脑大约125 g，肌肉（休息状态）约50 g，血细胞等约50 g，仅这几种组织消耗糖量即达225 g，而体内储存可供利用的糖仅约150 g，储糖量最多的肌糖原只能供本身氧化供能，若只用肝糖原的储存量来维持血糖浓度则不超过12 h，由此可见糖异生的重要性。

（2）有利于清除动物肌体在缺氧条件下产生的乳酸，避免乳酸大量聚集而导致的酸中毒。在激烈运动时，肌肉糖酵解生成大量乳酸，后者经血液运到肝脏可再合成肝糖原和葡萄糖，因而使不能直接产生葡萄糖的肌糖原间接变成血糖，并且有利于回收乳酸分子中的能量，更新肌糖原，防止乳酸酸中毒的发生。

（3）调节酸碱平衡。长期饥饿可造成代谢性酸中毒，血液pH值降低，促进肾小管中磷酸烯醇式丙酮酸羧激酶的合成，从而使糖异生作用加强；另外，当肾中α-酮戊二酸因糖异生作用而减少时，可促进谷氨酰胺脱氢生成谷氨酸以及谷氨酸的脱氨反应，肾小管将NH_3分泌入管腔，与原尿中的H^+中和，有利于排氢保钠，对防止酸中毒有重要作用。

（4）对反刍动物体内糖代谢具有重要作用。糖类在瘤胃中消化降解产生的挥发性脂肪酸可以通过糖异生作用转变为葡萄糖。反刍动物体内的血糖主要源于糖异生作用，对维持血糖浓度的稳定具有重要的意义。

5.5 糖代谢各途径的联系与调节

5.5.1 糖代谢各途径的联系

糖在动物体内的主要代谢途径有糖原的分解与合成、糖的无氧分解、糖的有氧分解、糖异生作用、磷酸戊糖途径等。其中有释放能量（产生 ATP）的分解代谢，也有消耗能量（利用 ATP）的合成代谢。这些代谢途径的生理功能不同，但又通过共同的代谢中间产物互相联系和互相影响，构成一个整体。现将糖代谢各个途径总结如图 5.5 所示。图中①、②、③、④是糖异生的关键反应酶。

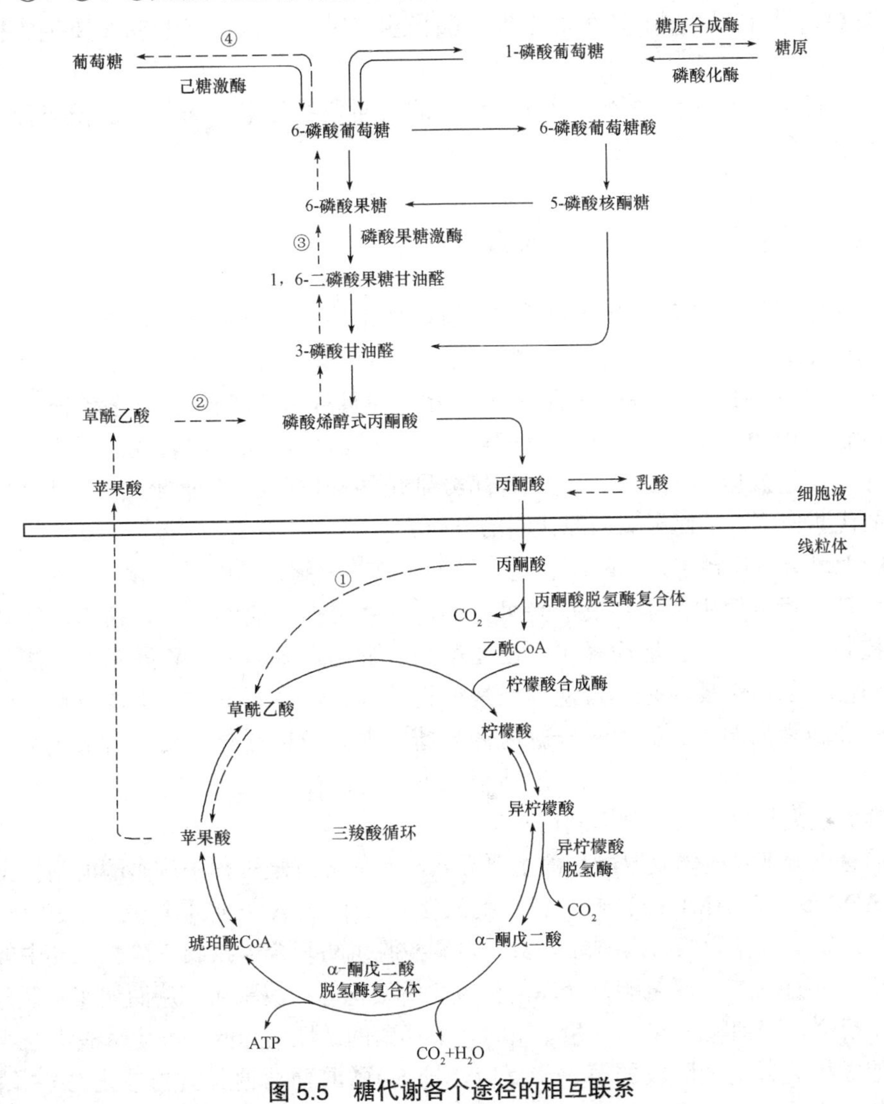

图 5.5　糖代谢各个途径的相互联系

①丙酮酸羧化酶；②磷酸烯醇式丙酮酸羧激酶；③果糖二磷酸酶；④磷酸葡萄糖脱氢酶

从图 5.5 中可见，糖代谢的第一个交汇点是 6- 磷酸葡萄糖，它把所有糖代谢途径都联系在一起。通过它，葡萄糖可转变为糖原，糖原亦可转变为葡萄糖。而且由各种非糖物质异生成糖时都要经过它再转变为葡萄糖或糖原。在糖的分解代谢中，葡萄糖或糖原也是先转变为 6- 磷酸葡萄糖，然后经无氧分解途径或有氧分解途径进行代谢，或经磷酸戊糖途径进行转化分解。

第二个交汇点是 3- 磷酸甘油醛，它是糖的无氧分解和有氧分解的中间产物，也是磷酸戊糖途径的中间产物。

第三个交汇点是丙酮酸。当葡萄糖或糖原分解至丙酮酸时，在无氧条件下，它接受甘油醛 -3- 磷酸脱下的氢还原为乳酸；在有氧条件下，甘油醛 -3- 磷酸脱下的氢经呼吸链与氧结合生成水，而丙酮酸脱羧氧化为乙酰 CoA，通过三羧酸循环彻底氧化为 CO_2 和 H_2O。另外，丙酮酸还可经草酰乙酸异生成糖，它是许多非糖物质生成糖的必经途径。

此外，通过磷酸戊糖途径使戊糖与己糖的代谢联系起来，而各种己糖与葡萄糖的互变，又沟通了各种己糖的代谢。

5.5.2 糖代谢各途径的调节

糖原的分解与合成不是简单的可逆反应，而是分别通过两条途径进行的，这样更便于进行精细的调节。当糖原合成途径活跃时，分解途径则被抑制，才能有效地合成糖原，否则，分解活跃，合成被抑制。这种分解与合成分别通过两条途径独立进行的现象，是生物体内的普遍规律。糖原分解途径中的磷酸化酶和糖原合成途径中的糖原合酶都是催化不可逆反应的关键酶。这两种酶分别是两条代谢途径的调节酶，其活性决定不同途径的代谢速率，从而影响糖原代谢的方向。

糖的无氧分解途径中，丙酮酸转化为乳酸时称为酵解；丙酮酸转化为乙醇、乙酸时称为发酵。糖无氧分解中大多数反应是可逆的，这些可逆反应的方向、速率由底物和产物的浓度控制。在糖无氧分解途径中，己糖激酶（葡萄糖激酶）、磷酸果糖激酶和丙酮酸激酶分别催化的三个反应是不可逆的，是糖无氧分解途径流量的三个调节点，分别受别构效应剂和激素的调节。糖无氧分解途径与糖异生途径是方向相反的两条代谢途径。如从丙酮酸进行有效的糖异生，就必须抑制无氧分解途径，以防止葡萄糖重新分解成丙酮酸，否则促进无氧分解的同时抑制糖异生。

糖的有氧分解是机体获取能量的主要方式，有氧分解全过程中许多酶的活性都受细胞内 ATP/ADP 或 ATP/AMP 的影响。当细胞消耗 ATP 以致 ATP 水平降低，ADP 和 AMP 浓度升高时，磷酸果糖激酶、丙酮酸激酶、丙酮酸脱氢酶复合体以及三羧酸循环中的异柠檬酸脱氢酶、α–酮戊二酸脱氢酶复合体甚至氧化磷酸化等均被激活，从而加速有氧分解，补充 ATP。反之，当细胞内 ATP 含量丰富时，上述酶的活性均降低，氧化磷酸化也减弱。

磷酸戊糖途径氧化阶段的第一步反应，即 6- 磷酸葡萄糖脱氢酶催化的 6- 磷酸葡萄糖的脱氢反应，实质上是不可逆的。磷酸戊糖途径中 6- 磷酸葡萄糖的去路，最重要的调控因子是 $NADP^+$ 的水平，因为 $NADP^+$ 在 6- 磷酸葡萄糖氧化形成 6- 磷酸葡萄糖酸 -δ- 内酯的反应中起电子受体的作用。形成的 $NADPH+H^+$ 与 $NADP^+$ 竞争性与 6- 磷酸葡萄糖脱氢酶的活性部位结合从而引起酶的活性降低，所以 $NADP^+/NADPH+H^+$ 直接影响 6- 磷酸葡萄糖脱氢酶的活性。$NADP^+$ 水平对磷酸戊糖途径在氧化阶段产生 $NADPH+H^+$ 的速率和机体在生物合成时对 $NADPH+H^+$ 的利用形成偶联关系。转酮基酶和转醛基酶催化的反应都是可逆反应。因此根据细胞代谢的需要，磷酸戊糖途径和糖无氧分解途径可灵活地相互联系。

【思考与练习】

一、名词解释

1. 血糖　2. 糖酵解途径　3. 糖的有氧氧化　4. 糖原合成　5. 糖异生　6. 三羧酸循环

二、填空题

1. 动物血糖的主要成分是__________，它在动物体内主要以__________形式存储。脑组织所需要的能量一少部分来自__________，其余大部分来自__________。

2. 糖酵解在细胞内的__________中进行，该途径是将__________转变为__________。

3. 丙酮酸氧化脱羧形成__________，然后和__________结合才能进入三羧酸循环，形成的第一个产物为__________。

4. 三羧酸循环有__________次脱氢反应和__________次脱羧过程。

5. 动物剧烈运动时，机体内氧气供应不足，会因无氧氧化产生大量的__________，它经过血液循环运至肝脏，通过__________作用转化为糖。

三、选择题

1. 生物体进行生命活动的直接能源物质是（　　）。
   A. 糖类　　B. 蛋白质　　C. 脂肪　　D. ATP

2. 糖的无氧分解和有氧分解的相同点是（　　）。
   A. 都能将糖彻底分解
   B. 都在线粒体中进行
   C. 都需要氧参加
   D. 都有丙酮酸这个中间产物

3. 1 mol 葡萄糖在体内完全氧化时可净生成（　　）mol ATP。
   A. 40 或 42　　B. 36 或 38
   C. 12 或 14　　D. 2 或 4

4. 反刍动物体内的血糖主要来自（　　）
   A. 糖原降解　　C. 糖的异生作用
   B. 淀粉降解　　D. 纤维素降解

5. 葡萄糖经有氧氧化后生成的最终产物是（　　）。
   A. 乳酸　　B. 乙醇　　C. 二氧化碳和水　　D. 丙酮酸

6. 动物在特殊的生理或病理情况下能量的主要补充方式是（　　）。
   A. 三羧酸循环　　B. 糖酵解　　C. 糖异生　　D. 磷酸戊糖途径

7. 动物饥饿后进食，其肝细胞主要糖代谢途径为（　　）。
   A. 糖异生　　B. 糖有氧氧化　　C. 糖酵解　　D. 糖原分解

四、简答题

1. 简述糖酵解及糖有氧氧化的生理意义。
2. 简述三羧酸循环的特点及生理意义。
3. 在糖代谢过程中生成的丙酮酸可进入哪些代谢途径？

【拓展与应用】

肝脏在糖代谢中的作用

糖是体内重要的能源物质，也可以作为组成细胞的结构成分。食物中的糖类主要是淀粉，经消化作用水解为葡萄糖后被吸收。吸收后主要经门静脉入肝，一部分在肝细胞中合成糖原或转化为其他物质，其余则以血糖形式进入大循环供各组织利用。

肝脏是动物体内最重要的代谢器官，在物质的代谢、分泌、排泄以及生物转化过程中起重要作用，被称为有机体的“物质代谢枢纽”“综合性化工厂”。

肝脏的糖代谢不仅为自身的生理活动提供能量，还为其他器官的能量需要提供葡萄糖。肝通过糖原的合成与分解、糖异生作用来维持血糖浓度的稳定，保障全身各组织，尤其是大脑和红细胞的能量供应。

饱食状态下，肝脏很少将所摄取的葡萄糖转化为二氧化碳和水，大量的葡萄糖被合成为糖原储存起来。在空腹状态下，肝糖原分解释放出血糖，供中枢神经系统和红细胞等利用。在饥饿状态下，肝糖原几乎被耗竭，糖异生便成为肝供应血糖的主要途径。一些非糖物质如甘油、乳酸、丙氨酸等在肝内经糖异生途径转化为糖。空腹 24 ～ 48 h 后，糖异生可达最大速度。其主要原料氨基酸来自肌肉蛋白质的分解。此时，肝还将脂肪动员所释放的脂肪酸氧化成酮体，供大脑利用，以节省葡萄糖。

肝脏是调节血糖浓度的主要器官。动物采食后血糖浓度升高时，肝脏利用血糖合成糖原。过多的糖则可在肝脏转变为脂肪以及加速磷酸戊糖循环等，从而降低血糖，维持血糖浓度的恒定；相反，当血糖浓度降低时，肝糖原分解及糖异生作用加强，生成葡萄糖送入血中，调节血糖浓度，使之不致过低。因此，严重肝病时，易出现空腹血糖降低，这主要是肝糖原储存减少以及糖异生作用障碍造成的。

肝脏和脂肪组织是动物机体内糖转变成脂肪的两个主要场所。肝脏内糖氧化分解主要不是供给肝脏能量，而是由糖转变为脂肪的重要途径。所合成脂肪不在肝内储存，而是与肝细胞内磷脂、胆固醇及蛋白质等形成脂蛋白，并以脂蛋白形式送入血中，送到其他组织中利用或储存。

肝脏也是糖异生的主要器官，可将甘油、乳糖及生糖氨基酸等转化为葡萄糖或糖原。在剧烈运动及饥饿时尤为显著，肝脏还能将果糖及半乳糖转化为葡萄糖，也可作为血糖的补充来源。糖在肝脏内的生理功能，主要是保证肝细胞内核酸和蛋白质代谢，促进肝细胞的再生及肝功能的恢复。

肝细胞中葡萄糖经磷酸戊糖通路，还为脂肪酸及胆固醇合成提供必需的 NADPH。通过糖醛酸代谢生成 UDP- 葡萄糖醛酸，参与肝脏生物转化作用。

（摘自姜光丽：《动物生物化学》）

第 6 章　脂类代谢

知识目标

- 了解脂类的概念，熟悉脂类的生理功能。
- 了解脂肪的水解、甘油的代谢。
- 掌握脂肪酸 β－氧化过程。
- 熟悉酮体的生成、利用及生理意义。
- 掌握脂肪合成的原料、基本过程。

6.1　脂类概述

6.1.1　脂类的概念

脂类是油脂和类脂的总称，是生物体内重要的有机分子。油脂由 1 分子甘油和 3 分子高级脂肪酸缩合而成，也称甘油三酯、真脂或中性脂肪。类脂主要包括磷脂、糖脂、胆固醇及其酯和脂肪酸。脂类在化学组成和结构上虽然可以有很大差异，但都难溶于水，而易溶于乙醚、氯仿、苯等非极性有机溶剂。

脂类广泛存在于动物体内。脂类根据在体内的分布，可分为贮存脂和组织脂两种类型。贮存脂主要是中性脂肪，分布在动物的皮下结缔组织、肠系膜、大网膜及肾周围等组织中，这些贮存脂肪的组织为脂库。脂库占动物体重的 10%~20%，并随机体的营养状况而变动。组织脂主要由类脂组成，生物体所有的组织细胞内都有分布，是构成细胞膜系统（质膜和细胞器膜）的成分，其含量一般不受营养条件的影响，比较稳定。

6.1.2　脂类的生理功能

1．氧化供能和储存能量

脂肪和糖一样是能量物质，氧化 1 g 脂肪释放出 38.9 kJ 的能量，而氧化 1 g 葡萄糖只释放出 16.7 kJ 的能量，同等质量的脂肪所能产生的能量是糖的 2 倍多。另外，脂肪是疏水物质，储存时不伴有水的储存，而糖是亲水物质，储存糖同时也储存了水，1 g 脂肪只占有 1.2 mL 的体积，为糖原所占用体积的 1/4，即机体储存脂肪的效率为储存糖原的 9 倍多。因此，脂肪是动物机体用以储存能量的主要形式。当动物摄入的能源物质超过机体所需的消耗量时，就以脂肪的形式储存起来；而当摄入的能源物质不能满足生理活动需要时，则动用体内储存的脂肪氧化供能。因而，动物体贮存脂的含量会随营养状况的改变而变化。

2. 构成组织细胞的必要成分

类脂是细胞膜系统的基本原料。细胞的膜系统包括细胞膜和细胞器膜，主要由磷脂、胆固醇与蛋白质结合而成的脂蛋白构成。膜系统能维持细胞的完整性，把细胞内部空间分隔成不同的区域，提高了生化反应的效率。因此，细胞膜系统的完整性是细胞进行正常生理活动的重要保证。类脂和胆固醇还是神经髓鞘的重要成分，有绝缘作用，对神经兴奋的定向传导有重要意义。

此外，类脂还可以转变为多种生理活性物质，如性激素、肾上腺皮质激素、维生素 D_3 和促进脂类消化吸收的胆汁酸都可以由胆固醇衍生而来，磷脂代谢的某些中间产物则可作为信号分子参与细胞代谢的调节过程。

3. 供给不饱和脂肪酸

脂类具有多方面的功能，是动物体不可缺乏的物质。动物机体可以用糖和氨基酸合成绝大部分的脂类分子，但是动物机体有几种不饱和脂肪酸不能合成，必须由饲料供给，称为必需脂肪酸，主要有亚油酸（十八碳二烯酸）、亚麻油酸（十八碳三烯酸）和花生四烯酸（二十碳四烯酸）等。必需脂肪酸是维持机体生长发育和皮肤正常代谢所必需的，食物营养中如果缺乏必需脂肪酸，动物会出现生长缓慢，皮肤鳞屑多、变薄，毛发稀疏等症状。反刍动物（如牛、羊）瘤胃中的微生物能合成这些必需脂肪酸，因此无须由饲料专门供给。植物种子中的脂肪主要含不饱和脂肪酸，因此呈液态；动物组织脂肪含饱和脂肪酸较多，呈固态。必需脂肪酸是组成细胞膜磷脂、胆固醇酯和血浆脂蛋白的重要成分，二十碳多烯酸（如花生四烯酸）可以衍生出前列腺素、血栓素和白三烯等多种生物活性物质。这些生物活性物质参与细胞绝大部分的代谢调节活动，与炎症、过敏反应、免疫、心血管疾病等病理过程有关。

4. 保护机体组织

内脏周围的脂肪组织具有固定内脏器官、减少摩擦和缓冲外部冲击的作用，皮下脂肪能有效防止机体机械损伤与热量散失，能抵御振动、低温等对动物的伤害。

5. 协助脂溶性维生素吸收

脂溶性维生素 A、维生素 D、维生素 E、维生素 K 和胡萝卜素可溶于食物中的脂肪，并同脂肪一起被吸收。因此，食物中长期缺乏脂肪会导致脂溶性维生素的吸收障碍，引起脂溶性维生素不足或缺乏。

6.2 脂肪的分解代谢

6.2.1 脂肪的水解

脂肪是动物机体内的重要贮能物质，不断地自我更新。当机体需要能量时，贮存在脂肪细胞中的脂肪被水解为游离脂肪酸和甘油并释放入血液，被其他组织氧化利用，这一过程称为脂肪的动员。体内除成熟的红细胞外，都能氧化分解脂肪。

$$\text{脂肪}+3H_2O \xrightarrow{\text{脂肪酶}} \text{甘油}+\text{脂肪酸}$$

动物的脂肪酶存在于脂肪细胞中，活性受多种激素的调控。例如，在禁食、饥饿或交感神经兴奋时，肾上腺激素、去甲肾上腺素、胰高血糖素等分泌增加，促进脂肪分解，这些激素称为脂解激素。相反，胰岛素等则抑制脂肪酶的活性，促进脂肪的贮存。正常情况下，机体在胰岛素和胰高血糖素等的作用下，脂肪的贮存与动员是动态平衡的，并且贮存和动员是处于不断地更新状态中。在人和动物消化道内也存在着脂肪酶，水解食物中的脂肪，这个过程称为脂肪的消化。

6.2.2　甘油的代谢

甘油溶于水，可直接经血液运送到肝、肾、肠等组织利用，主要在肝脏中甘油激酶的作用下，消耗 ATP，生成 α－磷酸甘油，然后脱氢生成磷酸二羟丙酮，可进一步沿糖的分解途径生成 CO_2 和 H_2O 或沿糖异生途径转变成葡萄糖或糖原。

甘油的代谢途径如图 6.1 所示。可见，甘油和糖的代谢关系非常密切，糖和甘油可以互相转变。

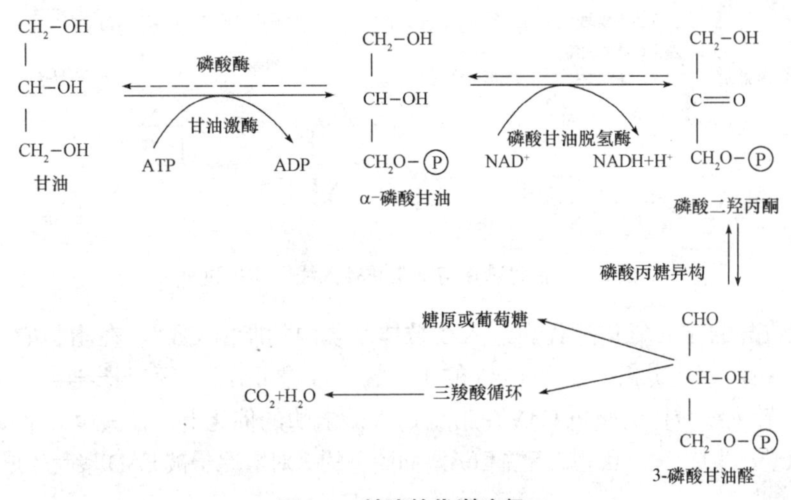

图 6.1　甘油的代谢途径

注：实线为甘油分解途径，虚线为甘油合成途径。

6.2.3　脂肪酸的分解代谢

1. 脂肪酸的 β－氧化

除脑组织和成熟红细胞外，机体的许多组织均能氧化分解脂肪酸，但在肝及肌肉组织中氧化分解最活跃。组织细胞既可从血液中摄取脂肪酸，也可通过自身水解脂肪而得到，在供氧充足的条件下脂肪酸可氧化分解生成 CO_2 和 H_2O，同时释放出大量能量供机体利用。脂肪酸的氧化有多种形式，其中最主要的氧化方式是 β－氧化。β－氧化是从脂肪酸的羧基端 β－碳原子开始，碳链逐次断裂，每次产生 1 个 CO_2，即乙酰 CoA，所以称 β－氧化。

（1）脂肪酸的活化。脂肪酸是常态分子，化学性质比较稳定，脂肪酸在氧化分解之前，必须先在胞液中活化为脂酰 CoA。脂肪酸在脂酰 CoA 合成酶的催化下，消耗 ATP，并需辅酶 A 参与，生成活化的脂酰 CoA。

$$\underset{\text{脂肪酸}}{RCOOH}+\underset{\text{CoA}}{HS\sim CoA}+ATP \xrightarrow[Mg^{2+}]{\text{脂酰CoA合成酶}} \underset{\text{脂酰CoA}}{RCO\sim SCoA}+AMP+\underset{\text{焦磷酸}}{PPi}$$

（2）脂酰 CoA 进入线粒体。催化脂酰 CoA 氧化分解的酶存在于线粒体基质内，因此脂酰 CoA 必须进入线粒体内才能进行氧化分解。但是长链脂肪酸或脂酰 CoA 都不能透过线粒体内膜而进入线粒体，必须由肉碱携带才能进入线粒体。

肉碱通过其羟基与脂酰基连接成酯，生成脂酰基肉碱而透过线粒体内膜。由于线粒体内膜两侧存在肉碱脂酰转移酶（外侧为酶 I，内侧为酶Ⅱ），两者是一种同工酶，能催化脂酰基在脂酰 CoA 和肉碱之间转移，最后在膜内侧形成脂酰 CoA，完成了脂酰 CoA 进入线粒体的过程。其过程如图 6.2 所示。

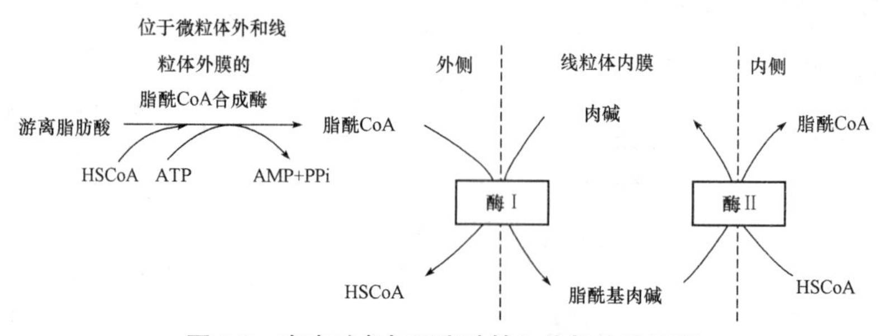

图 6.2　在肉碱参与下脂肪转入线粒体的过程

（3）脂肪酸的 β－氧化过程。进入线粒体基质内的脂酰 CoA，在脂肪酸 β－氧化酶系的催化下，逐步氧化分解。脂酰 CoA 的 β－氧化过程可分为下列四步连续的酶促反应：

①脱氢。转入线粒体的脂酰 CoA 在脂酰 CoA 脱氢酶的催化下，在其 α，β 碳原子上各脱去 1 个氢原子，生成 α，β－烯脂酰 CoA，而脱下的一对氢原子被 FAD 接受生成 $FADH_2$。

$$\underset{\text{脂酰CoA}}{R-CH_2-CH_2CH_2-CO\sim SCoA} \xrightarrow[FAD \rightarrow FADH_2]{\text{脂酰CoA脱氢酶}} \underset{\alpha,\ \beta\text{-烯脂酰CoA}}{R-CH_2-CH=OH-CO\sim SCoA}$$

②加水。α，β－烯脂酰 CoA 在 α，β－烯脂酰 CoA 水合酶催化下，消耗 1 分子水，生成 β－羟脂酰 CoA，此反应为可逆反应。

$$\underset{\beta\text{-羟脂酰CoA}}{R-CH_2-CH=CH-CO\sim SCoA+H_2O} \xrightleftharpoons{\alpha,\ \beta\text{-烯脂酰CoA水合酶}} \underset{\beta\text{-羟脂酰CoA}}{R-\overset{OH}{\overset{|}{C}H}-CH_2-\overset{O}{\overset{\|}{C}}\sim SCoA}$$

③再脱氢。β－羟脂酰 CoA 在 β－羟脂酰 CoA 脱氢酶的催化下脱去 2 个氢原子而生成 β－酮脂酰 CoA，脱下的 2 个氢原子由辅酶 NAD^+ 接受生成 $NADH+H^+$。

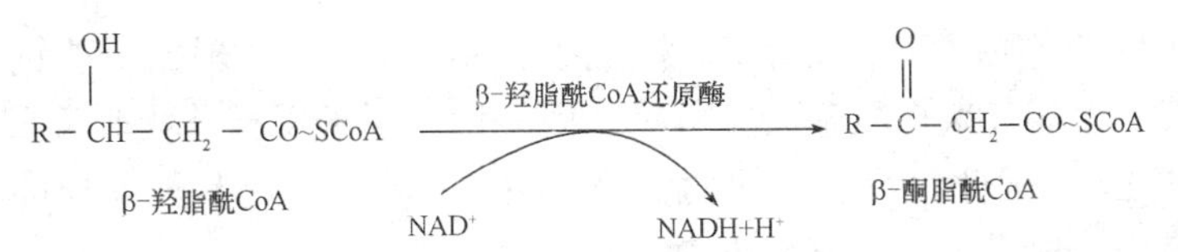

④硫解。β－酮脂酰 CoA 在 β－酮脂酰 CoA 硫解酶的催化下，与 1 分子 HS~CoA 作用，生成 1 比原来少 2 个碳原子的脂酰 CoA 和分子乙酰 CoA。

$$R-\overset{O}{\overset{\|}{C}}-CH_2-CO\sim SCoA+HSCoA \xrightarrow{\text{硫解酶}} R-CO\sim SCoA+CH_3-CO\sim SCoA$$

β-酮脂酰CoA　　　　少2个碳原子的脂酰CoA

脂酰 CoA，经过脱氢、加水、再脱氢和硫解四步反应，生成少 2 个碳原子的脂酰 CoA 和 1 分子乙酰 CoA。如此反复进行，就可将 1 个偶数碳原子的饱和脂肪酸最终全部分解为乙酰 CoA。由第四步反应生成的乙酰 CoA 可进入三羧酸循环，进行彻底氧化分解，生成 CO_2 和 H_2O，或经其他途径代谢。脂肪酸的 β－氧化过程如图 6.3 所示。

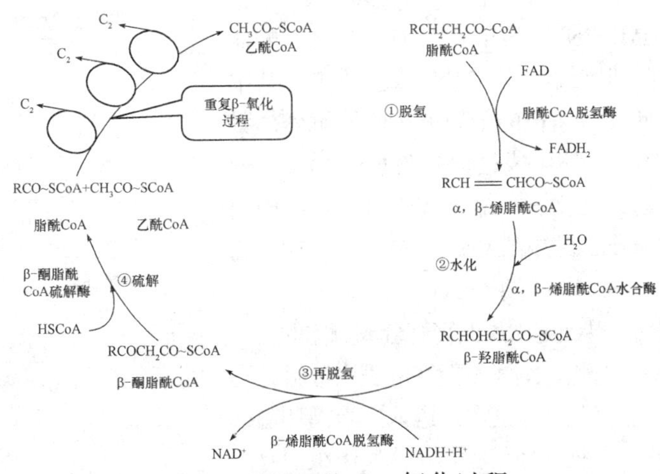

图 6.3　脂肪酸的 β－氧化过程

2．丙酸的代谢

动物体内的脂肪酸绝大多数含有偶数碳原子，但也有含奇数碳原子脂肪酸。例如，纤维素在反刍动物瘤胃中发酵产生低挥发性级脂肪酸，主要是乙酸（70%）、丙酸（20%）和丁酸（10%）。其中，丙酸是奇数碳原子脂肪酸。此外，许多氨基酸脱氨基后也产生奇数碳原子脂肪酸。长链奇数碳原子脂肪酸经 β－氧化，最后生成丙酰CoA时，就不再进行 β－氧化，而是被羧化生成甲基丙二酸单酰 CoA，继续进行代谢。丙酸的代谢如图 6.4 所示。

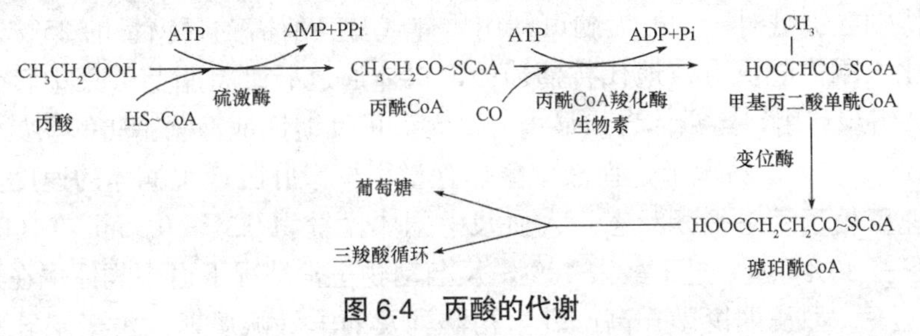

图 6.4　丙酸的代谢

反刍动物体内的葡萄糖，约有 50% 来自丙酸的异生作用（根据所喂饲料不同，比例也不相同），其余大部分来自氨基酸。可见，丙酸代谢对于反刍动物非常重要。丙酸代谢中还需要维生素 B_{12}，因此，反刍动物对维生素 B_{12} 的需要量比其他动物高，不过瘤胃中的微生物能够合成并提供足量的维生素 B_{12}。

3．酮体的生成和利用

在正常情况下，脂肪酸在肝外组织（如心肌、骨骼肌和肾脏等）中能彻底氧化生成 CO_2 和 H_2O。但在肝细胞中氧化则不完全，因肝细胞中具有活性较强的合成酮体的酶系，能使 β－氧化反应经常出现一些脂肪酸氧化的中间产物，包括乙酰乙酸、β－羟丁酸和丙酮，统称为酮体。

（1）酮体的生成。酮体主要在肝细胞线粒体内由 β－氧化生成的乙酰 CoA 缩合而成，并以 β－羟基－β－甲基戊二酸单酰 CoA（HMGCoA）为重要的中间产物。酮体生成的全套酶位于肝细胞线粒体的内膜或基质中，其中 HMGCoA 合成酶是此反应途径的限速酶。除肝脏外，肾脏也能生成少量酮体。酮体生成过程如图 6.5 所示。2 分子乙酰 CoA 在硫解酶的催化下，缩合成乙酰 CoA，中间经 β－羟基－β－甲基戊二酸单酰 CoA 生成乙酰乙酸，乙酰乙酸在肝线粒体中生成 β－羟丁酸或丙酮。

（2）酮体的利用。肝细胞中虽然富有合成酮体的酶，但缺少分解酮体的酶。因此，酮体不能在肝脏中分解。酮体在肝内线粒体基质生成后可迅速渗透进入血液循环输送到肝外组织，如大脑、心肌、骨骼肌等。这些组织中有活性很强的利用酮体的酶，能够氧化酮体供能。

（3）酮体产生和利用的生理意义。酮体是脂肪酸在肝脏不完全氧化分解时产生的正常中间产物，是肝脏输出能源的一种形式，具有重要的生理作用。

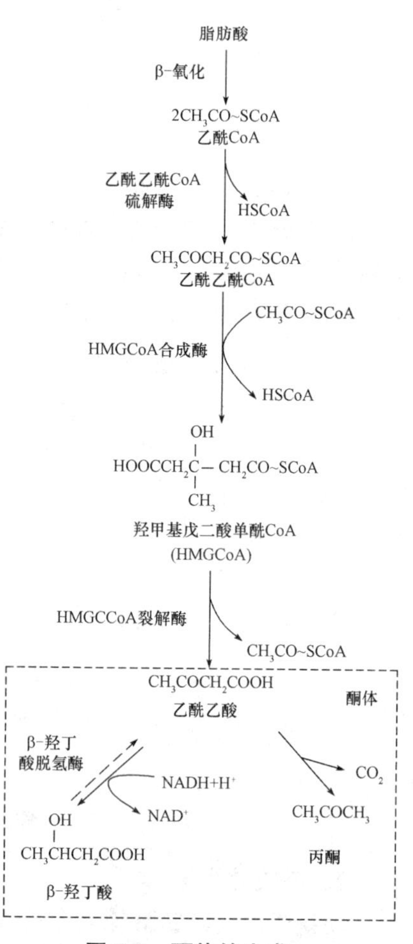

图 6.5　酮体的生成

当机体缺少葡萄糖时，需要动用脂肪供应能量。肝脏分解脂肪酸生成的酮体，因分子较小、易溶于水、便于运输，而能快速供肝外组织利用。而且肌肉组织对脂肪酸的利用能力有限，因此可优先利用酮体以节约葡萄糖。大脑不能利用脂肪酸，却能利用一定量的酮体。特别在饥饿时，人的大脑可利用酮体代替其所需葡萄糖量的 25% 左右，与其他脂肪酸相比，酮体能更有效地代替葡萄糖，机体通过肝脏将脂肪酸集中转化成酮体，以利于肝脏外组织利用。当酮体含量显著升高时，可反馈性地抑制脂肪的动员作用。

（4）酮病。在正常情况下，血液中酮体含量很少，肝脏产生酮体的速度和肝外组织利用酮体的速度处于动态平衡状态。人血浆中酮体含量为 0.3 ～ 0.5 mg/（100 mL），其中，乙酰乙酸占 30%，β－羟丁酸占 70%，反刍动物正常情况下血中酮体也在这个水平。但在有些情况下，如长期饥饿、高产乳牛初泌乳及绵羊妊娠后期，由于泌乳和胎儿的需要，其体内葡萄糖的消耗量很大，造成体内糖与脂类代谢的紊乱。肝中产生的酮体多于肝外组织的消耗量，易造成酮体在体内积存，形成酮病。患酮病时，不仅血中酮体含量升高，酮体还可随乳、尿排出体外，分别称为酮血症、酮乳症和酮尿症。由于酮体的主要成分是酸性物质，因此，酮体大量积存时常导致动物体内酸碱平衡失调，引起酸中毒。

6.3　脂肪的合成代谢

动物体内的脂肪在分解供能的同时也在不断地合成，特别是家畜的育肥阶段，体内脂肪的合成代谢比较旺盛。动物的许多组织都能合成脂肪，最主要的合成部位是肝脏和脂肪组织。高等动物合成脂肪所需要的前体是 α–磷酸甘油和脂酰 CoA。它们主要由糖分解的中间产物乙酰 CoA 和磷酸二羟丙酮转化而来，所以糖能转化为脂肪。同时蛋白质中的大多数氨基酸也可以转化为脂肪。

6.3.1　α – 磷酸甘油的来源

α – 磷酸甘油有两个来源：一是由糖分解途径的中间产物磷酸二羟丙酮还原生成；二是肠道消化吸收的甘油以及脂肪组织分解产生的甘油，在甘油激酶（肝脏）的催化下，消耗 ATP。

6.3.2　脂肪酸的合成

合成脂肪时的脂肪酸有两个来源：一是来自饲料中的脂类；二是在体内合成。

1. 合成场所

脂肪酸合成酶系存在于肝、肾、脑、肺、乳腺和脂肪组织中。肝细胞和脂肪组织细胞的胞液是动物合成脂肪的主要场所。脂肪组织除了能够以自身葡萄糖为原料合成脂肪酸和脂肪外，还主要摄取来自小肠和肝合成的脂肪酸，然后合成脂肪，成为储存脂肪的仓库。

2. 合成原料

所有的高等动物都是以乙酰 CoA 为原料合成长链脂肪酸的，但乙酰 CoA 的来源不相同。非反刍动物的乙酰 CoA 主要来自糖代谢（葡萄糖分解代谢产生丙酮酸，在线粒体中氧化脱羧生成乙酰 CoA），也有很少一部分来自消化道吸收的乙酸。反刍动物主要利用吸收来的乙酸和少量丁酸，使其分别转变为乙酰 CoA 及丁酰 CoA，用于脂肪酸的合成。

脂肪酸的合成是在细胞液中进行的，反刍动物吸收的乙酸可以直接进入细胞液转变成乙酰 CoA，而非反刍动物的乙酰 CoA 需要通过线粒体内膜从线粒体内转移到线粒体外的细胞液中才能被利用。线粒体膜并不允许 CoA 的衍生物自由通过，必须借助于柠檬酸 – 丙酮酸循环的转运途径实现乙酰 CoA 的上述转移。即乙酰 CoA 首先与线粒体中的草酰乙酸缩合成柠檬酸，然后柠檬酸穿过线粒体膜进入细胞液，在柠檬酸裂解酶的催化作用下，裂解为乙酰 CoA 和草酰乙酸。乙酰 CoA 即可进行脂肪酸的合成，而草酰乙酸可还原为苹果酸后脱氢、脱羧，重新生成丙酮酸。

3．丙二酸单酰 CoA 的合成

以乙酰 CoA 为原料合成脂肪酸时，并不是这些二碳单位的简单缩合。除了 1 分子乙酰 CoA 外，其他的乙酰 CoA 首先要羧化成丙二酸单酰 CoA，丙二酸单酰 CoA 相当于乙酰 CoA 的活化形式。

$$\underset{\text{乙酰CoA}}{CH_3CO{\sim}SCoA+CO_2} \xrightarrow[\text{ATP}\ \to\ \text{ADP+Pi}]{\text{乙酰CoA羧化酶}} \underset{\text{丙二酸单酰CoA}}{HOC-CH_2-CO{\sim}SCoA}$$

此反应不可逆，乙酰 CoA 羧化酶是脂肪酸合成的限速酶，存在于细胞液中，生物素是其辅基，柠檬酸是其激活剂。

4．脂肪酸的生物合成过程

动物体内许多组织的细胞液中有合成脂肪酸的酶系，它们是一组多酶复合体，含有 7 种酶和酰基载体蛋白（ACP）。ACP 牢固地结合了脂肪酸合成酶系，成为合成脂肪酸“装配线”的主要部分。

乙酰 CoA 在乙酰转移酶作用下，其乙酰基与 ACP 巯基相连，生成乙酰基载体蛋白。但乙酰基并不停留在 ACP 巯基上，而是很快转移到另一个酶——β－酮脂酰 -ACP 合成酶的活性中心的半胱氨酸巯基上，成为乙酰缩合酶，ACP 的巯基则空出来。

在 ACP- 丙二酸单酰酶 ACP 转移酶的催化下，丙二酸单酰基脱离 CoA 转移到前面反应中已空出来的 ACP 巯基上结合，形成丙二酸单酰 ACP。

乙酰基载体蛋白与丙二酸单载体蛋白在 ACP 上一系列酶的作用下发生缩合、还原、脱水和再还原反应生成丁酰载体蛋白，使乙酰载体蛋白多了 2 个碳原子。至此，脂肪酸的合成在乙酰基的基础上延长了两个碳原子，完成了脂肪酸合成的第一轮反应。若合成 16 个碳原子的软脂酸（棕榈酸），须经过上述 7 次循环反应，最终形成软脂酰 ACP。最后生成的软脂酰 ACP 可以在硫酯酶的作用下水解释放出软脂酸，或者由硫解酶催化把软脂酰基从 ACP 上转移到 CoA 上。反应过程如图 6.6 所示。

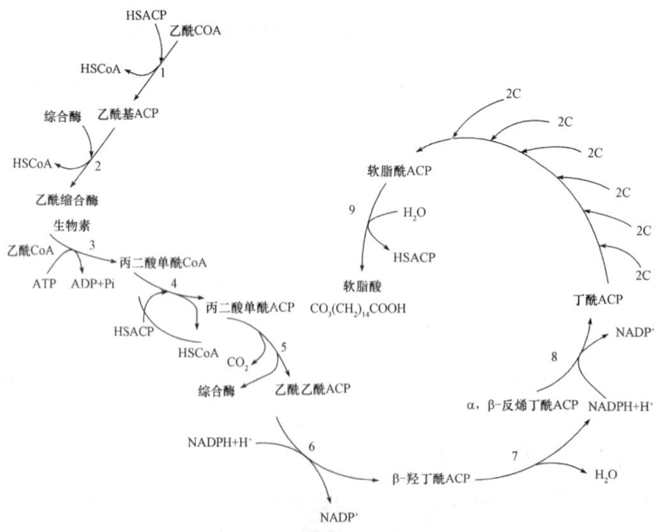

图 6.6　软脂酸的合成过程

1. 乙酰 CoA-ACP 酰基转移酶；2.ACP- 丙二单酰 ACP 转移酶；3. 乙酰 CoA 羧化酶；4. ACP- 丙二单酰 CoA 转移酶；5. β－酮脂酰 ACP 缩合酶；6. β－酮脂酰 ACP 还原酶；7. 羟脂酰 -ACP 脱水酶；8. 烯脂酰 ACP 还原酶；9. 硫酯酶

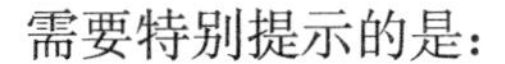
需要特别提示的是：

（1）脂肪酸合成所需要的氢原子必须由还原型辅酶 II（NADPH）供给。在上述的乙酰 CoA 转运中，可产生一部分 $NADPH+H^+$，不足部分由磷酸戊糖途径提供。

（2）机体脂肪酸合成酶系合成的终产物主要是软脂酸（十六碳饱和脂肪酸），碳链要进一步延长和添加双键（只能合成带一个双键的脂肪酸），则由存在于线粒体和微粒体内的合成酶系催化完成。

（3）亚油酸、亚麻油酸是单胃动物体内不能合成的脂肪酸，因为这些动物体内没有催化 C9 以后碳原子上引入双键的酶，必须从食物中获得，所以将其称为必需脂肪酸。

6.3.3　脂肪的合成

哺乳动物的脂肪合成场所是以肝脏、脂肪组织及小肠黏膜上皮为主，因在这些组织细胞中的内质网、线粒体及胞液处有合成甘油三酯的酶。动物体内脂肪的合成有两条途径：一条途径是甘油磷酸二酯途径；另一条途径是甘油一酯途径。

1．甘油磷酸二酯（α－磷酸甘油）途径

肝细胞和脂肪细胞主要按甘油磷酸二酯途径合成甘油三酯，过程如图 6.7 所示。

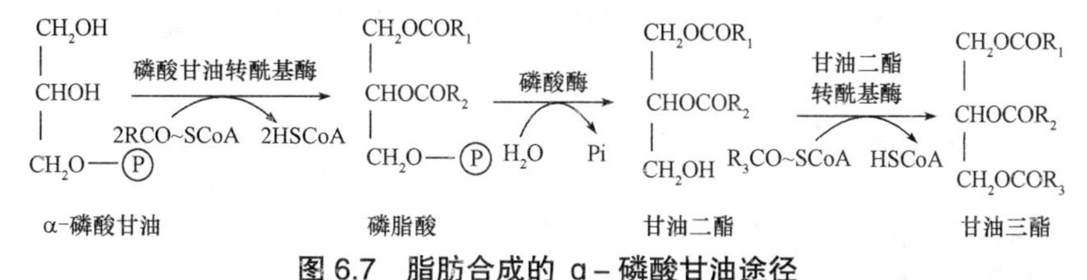

图 6.7　脂肪合成的 α－磷酸甘油途径

动物体内的转酰基酶对十六碳和十八碳的脂酰 CoA 的催化能力最强，所以脂肪中十六碳和十八碳脂肪酸的含量最多。

2．甘油一酯途径

在小肠黏膜上皮细胞内，消化吸收的甘油一酯可作为合成甘油三酯的前体，再与 2 分子脂酰 CoA 经转酰基酶催化反应生成甘油三酯。其过程如图 6.8 所示。

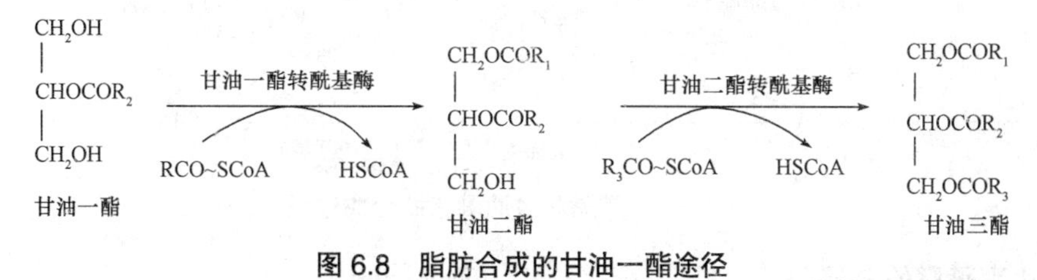

图 6.8　脂肪合成的甘油一酯途径

6.4　类脂的代谢

类脂的种类很多，其代谢情况也各不相同。本节主要讨论有代表性的磷脂和胆固醇的代谢。

6.4.1 磷脂代谢

含磷酸的脂类称为磷脂，广泛分布于机体各组织细胞，是细胞结构的重要成分。磷脂可分为两类：甘油磷脂和鞘磷脂。由甘油构成的磷脂称为甘油磷脂；由神经鞘氨醇构成的磷脂，称为鞘磷脂。体内甘油磷脂含量最多，特别是其中的卵磷脂（磷脂酰胆碱）和脑磷脂（磷脂酰乙醇胺）。

1．甘油磷脂的合成

动物机体各组织细胞的内质网均含合成磷脂的酶，都能合成磷脂，在肝、肾及小肠等组织中磷脂的合成最为活跃。

合成甘油磷脂需甘油、脂肪酸、磷酸盐、胆碱或胆胺等为原料，同时需要 ATP 和 GTP 提供能量。甘油、脂肪酸主要由糖经代谢转变而来，但分子中与甘油第二位羟基成酯的一般多为不饱和脂肪酸，主要是必需脂肪酸，需靠饲料供给。胆碱可由丝氨酸脱羧生成乙醇胺，再由甲硫氨酸提供甲基转变而成，胆碱和胆胺也可直接从饲料中摄取。

卵磷脂和脑磷脂的合成过程如图 6.9 所示。卵磷脂是构成血浆脂蛋白的重要原料，卵磷脂合成受阻，会导致血浆脂蛋白的合成障碍，影响肝脏内脂肪的运出，使脂肪在肝脏中堆积，出现脂肪肝。根据其发病的生化机制，临床上常用甲硫氨酸、胆碱、必需脂肪酸、叶酸及维生素 B_{12}（叶酸及维生素 B_{12} 促进胆碱的合成）作为预防和治疗此类脂肪肝的药物。

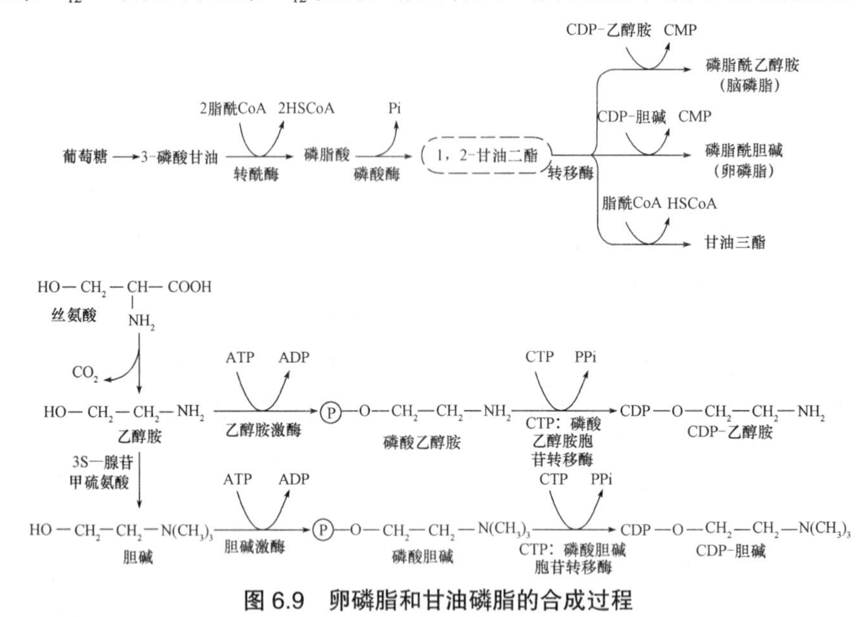

图 6.9　卵磷脂和甘油磷脂的合成过程

2．甘油磷脂的分解

甘油磷脂的分解代谢主要是由体内存在的磷脂酶催化的水解过程。磷脂酶根据作用的特异性不同，分为磷脂酶 A_1、磷脂酶 A_2、磷脂酶 B、磷脂酶 C 及磷脂酶 D 等。它们分别作用于磷脂分子中不同的酯键。

磷脂酶 A_1 和磷脂酶 A_2 分别作用于甘油磷脂的第一位和第二位酯键，产生溶血磷脂 2 和溶血磷脂 1。溶血磷脂是各种甘油磷脂经水解脱去一个脂酰基后的产物，是一类具有较强表面活性的物质，能使红细胞及其他细胞膜破裂，引起溶血或细胞坏死。在蛇毒中，磷脂酶 A_2 的活性相当高，故被蛇咬后会发生溶血作用。

溶血磷脂 2 和溶血磷脂 1 又可分别在磷脂酶 B_2（溶血磷脂酶 2）和磷脂酶 B_1（溶血磷脂酶 1）的作用下，水解脱去酰基生成不具有溶血性的甘油磷酸胆碱和脂肪酸，从而失去溶血作用。生成的甘油磷酸胆碱通过胆碱磷酸酶的作用，水解生成磷酸甘油和胆碱。磷酸甘油经甘油磷酸酶水解生成甘油和磷酸。某些组织中的磷脂酶 C 可以特异的水解甘油磷酸胆碱中甘油的 3 位磷酸酯键，产物是甘油二酯和磷酸胆碱（或磷酸胆胺）。而磷脂酶 D 可以水解磷酸与胆碱之间的酯键，生成磷脂酸及胆碱。甘油磷脂的分解代谢过程如图 6.10 所示。

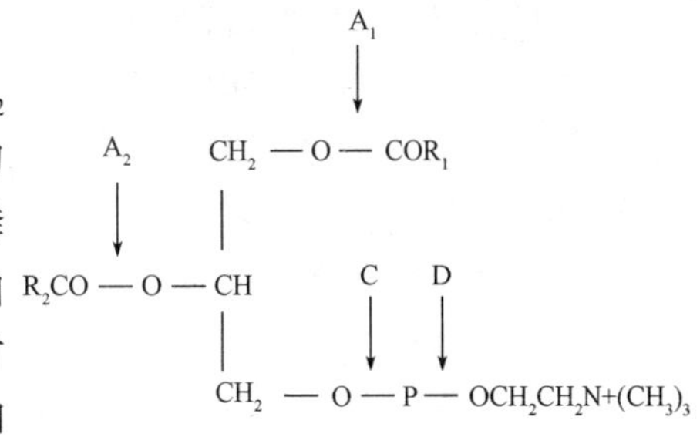

图 6.10　甘油磷脂的分解

A_1- 磷酸酶 A_1；A_2- 磷酸酶 A_2

C- 磷酸酶 C；D- 磷酸酶 D

6.4.2　胆固醇的代谢与转化

胆固醇是人及动物机体中最重要的一种以环戊烷多氢菲为母核的固醇类化合物，最早是从动物胆石中分离得到，故得此名。胆固醇既是细胞膜及血浆脂蛋白的重要成分，又是类固醇激素、胆汁酸及维生素 D_3 等生物活性物质的前体。

胆固醇广泛存在于动物机体各组织中，它们可以源于饲料，也可由组织合成。植物性饲料不含胆固醇，而含植物固醇如谷固醇、麦角固醇等，它们不易被吸收，摄入过多还可抑制胆固醇的吸收。

1．胆固醇的合成代谢

动物机体各组织都能合成胆固醇，其中肝是最主要的合成场所，其次为小肠、肾上腺皮质、卵巢、睾丸等组织。胆固醇合成的部位在胞液的内质网膜，乙酰 CoA 是其合成原料，NADPH 提供还原氢，ATP 提供能量。胆固醇的生物合成途径比较复杂，包括近 30 步酶促反应，可概括为以下三个阶段：第一阶段为甲羟戊酸（β，δ－二羟基－β－甲基戊酸，MVA）的合成；第二阶段为鲨烯的合成；第三阶段为胆固醇的合成。具体过程如图 6.11 所示。

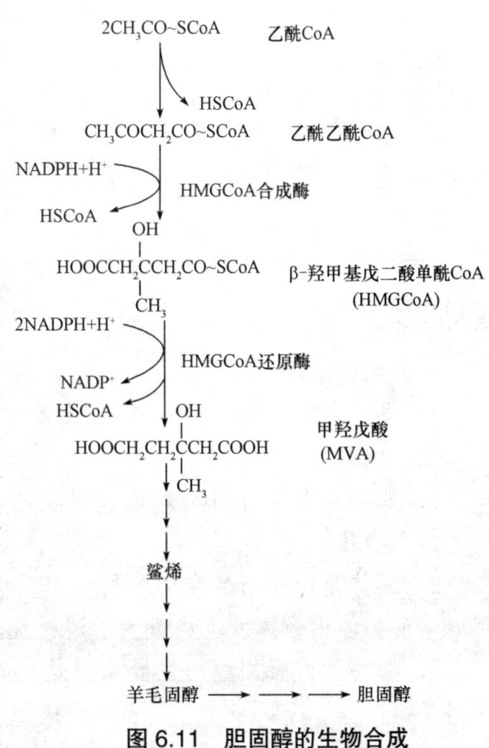

图 6.11　胆固醇的生物合成

2．胆固醇的转变与排泄

血浆中的胆固醇大部分来自肝脏的合成，少部分来自饲料与食物，并有两种存在形式，即游离型和酯型，其中以酯型为主。胆固醇在体内并不被彻底氧化分解为二氧化碳和水，而是经氧化、还原转变为其他含环戊烷多氢菲母核的化合物，其中大部分进一步参与体内代谢，或被排出体外。

（1）血液中一部分胆固醇被运送到组织，是构成细胞膜的组成成分。

（2）胆固醇可以转化成维生素 D_3。胆固醇经修饰后转化为 7- 脱氢胆固醇，后者在人及动物皮下经紫外光照射转变为维生素 D_3。

（3）转化为类固醇激素。胆固醇在肾上腺皮质细胞中，可转变成肾上腺皮质激素；在睾丸中，可转变为睾酮等雄性激素；在卵巢中，可转变为黄体酮等雌性激素。

（4）胆固醇在肝细胞中经羟化酶作用可被氧化为胆酸，胆酸再与甘氨酸、牛磺酸等结合成甘氨胆酸、牛磺胆酸等并以胆酸盐的形式随胆汁由胆道排入小肠。由于其分子结构的特点，胆汁酸盐是一种强表面活性剂，可促进脂类和脂溶性维生素在消化道中的吸收。

胆固醇在体内的转运见表 6.1。

表 6.1　胆固醇在体内的转运

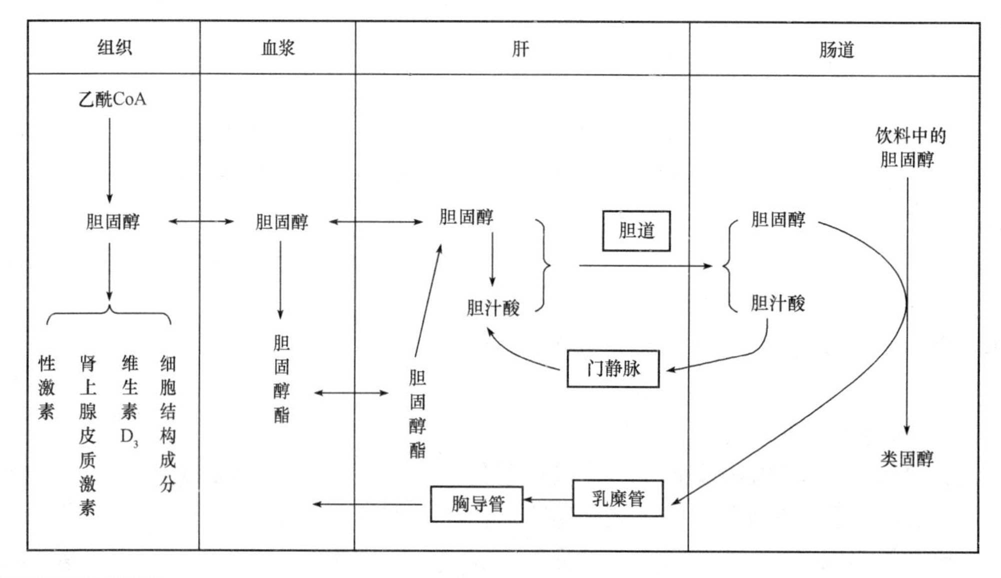

【思考与练习】

一、名词解释

1. 类脂　2. 脂解激素　3. β- 氧化　4. 酮体　5. 酮病　6. 胆固醇

二、填空题

1. 脂肪酸的一个 β- 氧化过程包括________、________、________、________四个步骤。

2. 酮体是由脂肪酸在动物的________中发生不彻底氧化生成的，供________利用。当动物体内酮体的生成量大于消耗量时，会产生________病。

3. 动物体内胆固醇的主要来源是________和________，机体合成胆固醇的主要原料是________。________是合成胆固醇的主要场所，体内大部分胆固醇在肝脏内形成__________随胆汁排出体外。

三、选择题

1．脂肪大量动员在肝脏内生成乙酰 CoA 主要转变为（　　）。

A．葡萄糖　　B．酮体　　C．胆固醇　　D．草酰乙酸

2．脂肪酸合成需要的 $NADPH+H^+$ 主要来源为（　　）。

A．TCA　　B．ATP　　C．磷酸戊糖途径　　D．以上都不是

3．脂肪酸 β－氧化的酶促反应顺序为（　　）。

A．脱氢、脱水、加水、破解　　B．脱氢、加水、再脱氢、巯解

C．脱氢、脱水、再脱氢、巯解　　D．加水、脱氢、硫解、再脱氢

4．等重的蛋白质、脂肪、碳水化合物在机体内完全氧化分解释放的能量(　　)最多。

A．蛋白质　　B．脂肪

C．碳水化合物　　D．脂肪和碳水化合物相同

四、简答题

1．酮体是如何产生和利用的？酮体有哪些生理意义？

2．试说明丙酸代谢对反刍动物的重大意义。

【拓展与应用】

奶牛酮病

奶牛酮病是由于奶牛体内碳水化合物及挥发性脂肪酸代谢紊乱所引起的一种全身性功能失调的代谢性疾病，其特征是血液、尿、乳中的酮体含量增高，血糖浓度下降，消化机能紊乱，体重减轻，产奶量下降，间有神经症状。

分类：

根据发生原因，奶牛酮病可分为原发性酮病和继发性酮病。前者是因能量代谢紊乱，体内酮生成增多。后者是因其他疾病，如真胃变位、创伤性网胃炎、子宫炎、乳腺炎等引起食欲下降、血糖浓度降低，导致脂代谢紊乱，酮体产生增多。

根据有无明显的临床症状奶牛酮病可分为临床酮病和亚临床酮病。健康牛血清中的酮体含量一般在 17.2 mmol/L（100 mg/L）以下。亚临床酮病母牛血清中的酮体含量为 17.2 ～ 34.4 mmol/L（100 ～ 200 mg/L）。临床酮病母牛血清中的酮体含量一般都在 34.4 mmol/L（200 mg/L）以上。

发病特点：

临床酮病的发病率一般占产后母牛的 2%～ 20%。亚临床酮病的发病率一般占产后母牛的 10%～ 30%。据调查，某地奶牛群亚临床酮病的发病率高达 34%。亚临床酮病虽无明显的临床症状，但由于会引起母牛泌乳量下降，乳质量降低，体重减轻，生殖系统疾病和其他疾病发病率增高，而造成严重的经济损失。

奶牛酮病有以下五大特征：①急性低血糖；②血浆游离性脂肪酸升高酸中毒（酸中毒）；③严重的弛缓；④酮体增高；⑤低血钙。

流行病学：

本病多发生于产犊后的第一个泌乳月内，尤其在产后 3 周内。各胎龄母牛均可发病，

但以 3 ～ 6 胎母牛发病最多，第一次产犊的青年母牛也常见发生。产乳量高的母牛、产乳量高的品种发病较多。无明显的季节性，一年四季都可发生，冬春发病较多。

病因：

1．由高产引起

由于奶牛的产奶高峰大多于分娩后 4 ～ 6 周开始出现，但此时奶牛的食欲和采食量尚未恢复，摄入的能量不能满足奶牛高产的需要进而导致酮病的发生。

2．日粮因素

（1）饲料供应过少，品质低劣、单纯。即奶牛饲以低蛋白、低能量水平的日粮时易发生本病，此时发生的酮病也称为消耗性或饥饿性酮病。

（2）饲喂高蛋白、高能量水平日粮，而此时处于高产阶段的奶牛易发生酮病。常常发生于分娩后 1 ～ 6 周的奶牛，开始为亚临床型的酮病，之后逐渐转变为临床型。

这种酮病的发生可能与体内碳水化合物代谢障碍有关，即不能将充足的碳水化合物转化成为葡萄糖。

（3）日粮中含有过多的丁酸（生酮物质）。通常干草所含的生酮物质比青贮饲料要少，而且多汁饲料制成的青贮饲料所含的生酮物质比其他多，所含乙酸也可转化成丙酮，造成奶牛酮病的发生。

（4）饲料中的钴、碘、磷等矿物质缺乏也可以使奶牛酮病的发病率升高。

3．产前过度肥胖

干奶期供应的饲料能量水平过高，使奶牛过度肥胖，严重影响产后采食量的恢复。

4．应激因素

寒冷、饥饿和过度的挤奶等因素均会促进奶牛发病。

5．继发于其他疾病

前胃迟缓、瘤胃鼓气、创伤性网胃炎、真胃变位、真胃炎、子宫内膜炎等疾病，引起奶牛食欲减退，机体得不到必需的营养物质。

（摘自吴心华教授：《奶牛酮血病》）

第 7 章　蛋白质的降解和氨基酸代谢

知识目标

- 了解蛋白质的降解过程，熟悉蛋白质的消化与吸收。
- 了解动物体内氨的来源及去路。
- 掌握氨基酸的一般分解代谢过程，掌握氨基酸的脱羧基作用。
- 掌握鸟氨酸循环。

7.1　蛋白质的酶促降解

动物从饲料中摄取的蛋白质以及动植物组织中已经老化的蛋白质，在蛋白质更新过程中必须先降解为氨基酸才能被重新利用。蛋白质的酶促降解是指蛋白质在酶的作用下，使多肽链的肽键水解断开，最后生成 α-氨基酸的过程。

7.1.1　蛋白质水解酶

能催化蛋白质分子肽键水解的酶，称为蛋白质水解酶。根据酶所作用底物的特性及其作用方式不同，蛋白质水解酶可分为蛋白酶和肽酶两大类。

1. 蛋白酶

蛋白酶是指作用于多肽链内部的肽键，将蛋白质或高级多肽水解为小分子多肽的酶，又称肽键内切酶或内肽酶，例如动物消化道中的胃蛋白酶、胰蛋白酶、弹性蛋白酶等。这些酶对蛋白质的类型没有专一性，所有蛋白质都可以被种类不多的肽链内切酶水解，而生成大小不等的多肽片段。但是它们都不能水解分子末端的肽键。

2. 肽酶

肽酶是指能从多肽链的一端水解肽键，每次切下一片氨基酸或一个二肽的酶，又称肽链端切酶。根据酶作用的专一性不同，这类酶又分为不同类型，其中只能从多肽链的游离氨基末端（N 端）连续地切下单个氨基酸或二肽的酶称氨肽酶；只能从多肽链的游离羧基末端（C 端）连续地切下单个氨基酸或二肽的酶称为羧肽酶；只能把二肽水解为氨基酸的酶称为二肽酶。

上述蛋白质水解酶相互协调、反复作用，最终将蛋白质或多肽水解为各种氨基酸的混合物。

7.1.2 蛋白质的消化和吸收

饲料中蛋白质的消化和吸收是动物机体氨基酸的主要来源。蛋白质未经消化不易吸收。不能利用无机氮源的动物，必须每天从饲料中获得一定数量的蛋白质，以满足机体对氮素的需要。这些饲料蛋白质在消化道中逐步消化转变成氨基酸才能被吸收利用。蛋白质在胃中首先在蛋白酶作用下，初步水解为多肽和少量氨基酸，这些多肽和未被水解的蛋白质进入小肠，在胰液中的肽链内切酶（胰蛋白酶、糜蛋白酶、弹性蛋白酶等）和肽链端切酶（羧肽酶 A、羧肽酶 B 等）的作用下，被逐步水解为氨基酸和寡肽，寡肽的水解是在小肠黏膜的细胞内，在氨肽酶和羧肽酶的作用下分解为氨基酸和二肽，二肽在肠黏膜细胞中被二肽酶最终分解为氨基酸，氨基酸的吸收主要在小肠中进行，氨基酸的吸收是主动转运过程，需要消耗能量，能量源于 ATP，属于逆浓度梯度转运，需要氨基酸载体和钠泵参与。吸收后的氨基酸经门静脉进入肝脏，再通过血液循环运送到全身进行代谢。

另外，在消化过程中，总有一小部分蛋白质和多肽未被消化。这些物质在大肠内被腐败菌分解，产生胺、酚、吲哚、硫化氢等有毒物质及产生一些低级脂肪酸、维生素等有用的物质。通常情况下，腐败产物大部分随粪便排出，少量被肠黏膜吸收后经肝脏解毒。当动物患有严重胃肠疾病时，如肠梗阻，由于肠腔阻塞，肠内容物在肠道停留时间过长，产生腐败产物增多，大量的腐败产物被吸收，在肝内解毒不完全，则引起自体中毒。

7.2 氨基酸的降解与转化

组成蛋白质的氨基酸有 20 种，氨基酸的化学结构不同，其代谢途径也有所差异。但它们都含有 α-氨基和羧基，因此在代谢上有共同点。氨基酸的一般分解代谢是指这种共同性的分解代谢途径，其中主要为脱氨基作用，其次为脱羧基作用。

7.2.1 氨基酸的脱氨基作用

脱氨基作用是指在酶的催化下，氨基酸脱掉氨基生成氨和 α-酮酸的过程，动物的脱氨基作用主要在肝和肾中进行。20 种氨基酸因结构各不同，其脱氨基的方式也不同，其主要方式有氧化脱氨基作用、转氨基作用和联合脱氨基作用等。大多数氨基酸以联合脱氨基作用脱去氨基。

1. 氧化脱氨基作用

氨基酸在酶的作用下，先脱氢形成亚氨基酸，进而与水作用生成 α-酮酸和氨的过程，称为氧化脱氨基作用。其反应过程如下：

$$\underset{\text{氨基酸}}{\mathrm{R-\underset{\underset{NH_2}{|}}{CH}-COOH}} \xrightarrow[\text{酶}]{-2H} \underset{\text{亚氨基酸}}{\mathrm{R-\underset{\underset{NH}{\|}}{C}-COOH}} \xrightarrow{+H_2O} \underset{\alpha\text{-酮酸}}{\mathrm{R-\underset{\underset{O}{\|}}{C}-COOH}}+NH_3$$

已知在动物体内催化氨基酸氧化脱氨基作用的酶有 D– 氨基酸氧化酶、L– 氨基酸氧化酶和 L– 谷氨酸脱氢酶。D– 氨基酸氧化酶以 FAD 为辅基，催化 D– 氨基酸的氧化脱氨基作用。它在哺乳动物体内分布很广，活性很强，但动物体内绝大多数的氨基酸都是 L 型的，故此酶作用不大。L– 氨基酸氧化酶以 FMN 为辅基，它催化许多 L– 氨基酸的氧化脱氨基作用。但在动物体内分布不广、活性不强，作用也不大，不是大多数氨基酸脱氨基的主要方式。

L– 谷氨酸脱氢酶催化 L– 谷氨酸发生氧化脱氨基作用，其辅酶是 NAD^+。此酶在动物体内分布很广，活性也很强，它催化 L– 谷氨酸脱去氨基生成 α–酮戊二酸和氨，其反应式如下：

$$\underset{\text{L-谷氨酸}}{HOOC-(CH_2)_2-CH(NH_2)-COOH} \xrightleftharpoons[\text{L-谷氨酸脱氢酶}]{NAD^+ \quad NADH+H^+} \underset{\text{α-氨基戊二酸}}{HOOC-(CH_2)_2-C(=NH)-COOH} \xrightleftharpoons{H_2O} \underset{\text{α-亚酮戊二酸}}{HOOC-(CH_2)_2-C(=O)-COOH} + NH_3$$

2．转氨基作用

转氨基作用是指在酶的催化下，一个氨基酸分子上的 α–氨基，转移到一个 α–酮酸分子上，生成相应的 α–酮酸和一种新的 α–氨基酸的过程。催化此种反应的酶，称为转氨酶。转氨基作用的通式如下：

$$\underset{\text{氨基酸1}}{H-C(R_1)(NH_2)-COOH} + \underset{\text{α-酮酸2}}{R_2-C(=O)-COOH} \xrightarrow{\text{转氨酶}} \underset{\text{α-酮酸1}}{R_1-C(=O)-COOH} + \underset{\text{氨基酸2}}{H-C(R_2)(NH_2)-COOH}$$

催化转氨基作用的转氨酶种类很多，在动物体内分布广泛。在各组织器官中，以心脏和肝脏中的含量为最高。转氨酶大多数是以 α–酮戊二酸作为氨基的受体，而对作为氨基供体的氨基酸要求并不严格。下面举两个重要的转氨酶，即谷草转氨酶（GOT）和谷丙转氨酶（GPT）催化的氨基酸的转氨基反应：

$$\text{α-酮戊二酸+天冬氨酸} \xrightleftharpoons{GOT} \text{谷氨酸+草酰乙酸}$$

$$\text{α-酮戊二酸+丙氨酸} \xrightleftharpoons{GPT} \text{谷氨酸+丙酮酸}$$

转氨酶所催化的转氨基反应是可逆的。在正常情况下，转氨酶主要存在于细胞内，而血清中活性很低，在各组织器官中，心脏和肝脏中的活性为最高。当因某种原因使细胞膜的通透性增高或组织坏死、细胞破裂时，就会有大量的转氨酶释放入血液，造成血清中转氨酶活性明显升高。例如，急性肝炎时，血清中谷丙转氨酶活性显著升高；心肌梗死时，血清中谷草转氨酶明显上升。因此，临床根据血清中转氨酶的活性变化来判断这些组织器官的功能状况。

3．联合脱氨基作用

转氨基作用在虽然体内普遍进行，但仅仅是氨基的转移，并未彻底脱去氨基。氧化脱氨基作用虽然能把氨基酸的氨基真正脱掉，但只能催化谷氨酸氧化脱氨，这两者都不能满足机体脱氨基的需要。体内大多数的氨基酸是通过联合脱氨基作用脱去氨基，联合脱氨基作用是指通过转氨基作用和氧化脱氨基作用两种方式联合起来进行的脱氨基作用。

首先，氨基酸的氨基通过转氨基作用转移到 α-酮戊二酸分子上，生成相应的 α-酮酸和谷氨酸；然后谷氨酸在谷氨酸脱氢酶作用下，脱掉氨基又生成 α-酮戊二酸，联合脱氨基作用是可逆反应，主要在脑、肾、肝等组织中进行，它也是体内合成非必需氨基酸的重要途径，如图 7.1 所示。

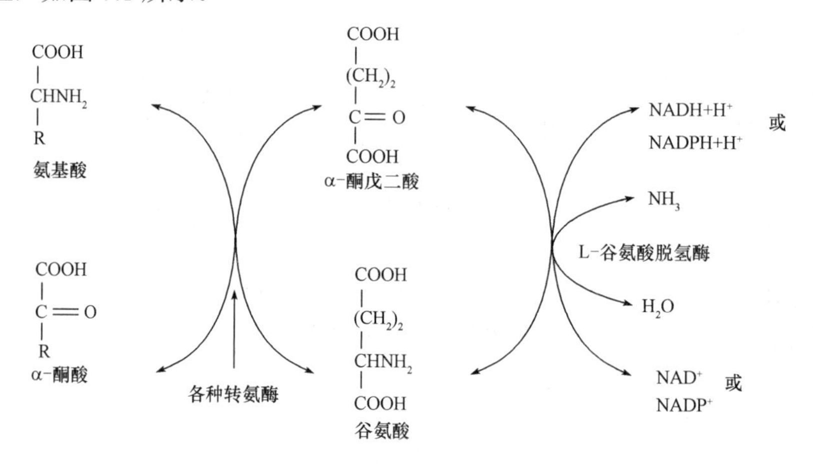

图 7.1 联合脱氨基作用

这种联合脱氨基作用的产物是 α－酮酸、氨和 $NADH+H^+$。$NADH+H^+$ 经过生物氧化过程生成 ATP 和水。氨和 α－酮酸可以再进一步代谢变化。

7.2.2 氨基酸的脱羧基作用

部分氨基酸在脱羧酶的催化下，脱去羧基产生二氧化碳和相应的氨，这一过程称为氨基酸的脱羧基作用。

脱羧酶的辅酶也是磷酸吡哆醛。氨基酸的脱羧基作用在其分解代谢中不是主要的途径，在动物体内只有很少量的氨基酸首先通过脱羧作用进行代谢。在动物体内只有很少量的氨基酸首先通过脱羧作用进行代谢，因此，氨基酸的脱羧基作用在其分解代谢中不是主要的途径。各种氨基酸的脱羧基作用在其各自特异的脱羧酶催化下进行，在肝、肾、脑和肠的细胞中都有这类酶。

7.2.3 氨的代谢

动物体内脱氨基作用产生的氨及消化道吸收的氨进入血液后，即为血氨。血氨对机体是一种有毒物质，特别是对高等动物神经系统有害，其中以脑组织尤为敏感，血液中

1% 的氨就可引起中枢神经系统中毒。但正常机体不会发生氨堆积现象，这是因为体内有一整套除去氨的代谢机构，使血液中氨的来源和去路保持恒定。

1．氨的来源

（1）由脱氨基作用而来。氨基酸经脱氨基作用产生的氨是动物体氨的主要来源。

（2）嘌呤、嘧啶的分解及一些胺类物质的代谢也产生氨。

（3）由消化道吸收而来。这些氨是消化道细菌作用下于未被消化的蛋白质与未被吸收的氨基酸所产生，有的源于饲料，如氨化秸秆，还有血液中尿素扩散而进入肠腔后，在肠道细菌作用下产生。

2．氨的去路

动物体内氨的去路有 4 条代谢途径：

（1）在肝脏中生成尿素。尿素是哺乳动物排除氨的主要途径。合成的主要器官是肝脏，肾和脑等组织也能合成尿素，但合成能力很弱。尿素的生成过程是从鸟氨酸开始，中间生成瓜氨酸、精氨酸，最后精氨酸水解生成尿素和鸟氨酸，形成了一个循环反应过程，所以称这一过程为鸟氨酸循环，也叫尿素循环。尿素的生成过程如图 7.2 所示。经鸟氨酸循环，可将体内蛋白质代谢产生的较高毒性的氨转化为低毒的尿素，并排出体外。

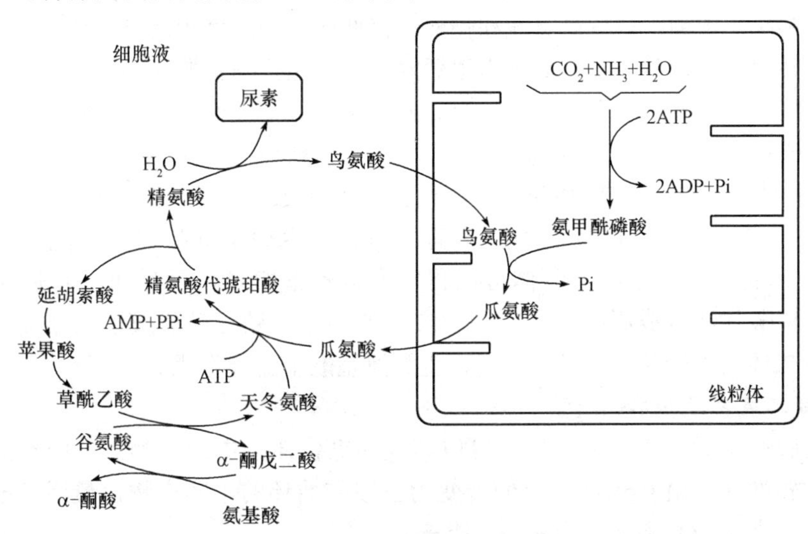

图 7.2　尿素的生成过程

（2）生成尿酸。家禽体内氨的去路和哺乳动物有共同之处，也有不同之处。体内氨可以合成谷氨酰胺以及用于其他一些氨基酸和含氮物质，但不能合成尿素，而是把体内大部分的氨通过合成尿酸排出体外。其过程是首先利用氨基酸提供的氨基合成嘌呤，再由嘌呤分解产生出尿酸。尿酸在水溶液中溶解度很低，以白色粉状的尿酸盐从尿中析出。

（3）生成谷氨酰胺。氨可以在动物体内中谷氨酰胺合成酶的催化下合成谷氨酰胺。这是机体迅速解除氨毒的一种方式，也是氨的储藏及运输形式。例如，运至肝脏中的谷氨酰胺将氨释放后合成尿素；运至肾中将氨释出，直接随尿排出。肾小管上皮细胞有谷氨酰胺酶，它能催化谷氨酰胺水解释放出氨，氨被分泌到肾小管腔内 NH_3 和 H^+ 结合成 NH_4^+，以铵盐的形式随尿排出，使体内酸不致积累，具有调节酸碱平衡的作用。

（4）合成非必需氨基酸及其他含氮化合物。当机体需要合成氨基酸时，可利用储存于谷氨酰胺中的氨或少量游离氨，通过联合脱氨基作用的逆过程产生一些氨基酸。氨也可以合成其他含氮化合物，如嘌呤类和嘧啶类化合物。

7.2.4 α－酮酸的代谢

氨基酸经脱氨基作用之后，大部分生成相应的 α－酮酸。这些 α－酮酸的代谢途径各不相同，但有以下三种去路：

1．生成非必需氨基酸

α－酮酸可以通过脱氨基作用的逆反应而氨基化，生成其相应的氨基酸。这也是动物体内非必需氨基酸的主要生成方式。而与必需氨基酸相对应的 α－酮酸不能在体内合成，因此必需氨基酸依赖于食物的供应。

2．转变为糖和脂肪

在动物体内，α－酮酸可以转变成糖和脂类。这是利用不同的氨基酸饲养人工诱发糖尿病的动物所得出的结论。绝大多数氨基酸可以使受试验动物尿中的葡萄糖增加，少数使尿中葡萄糖和酮体增加。只有亮氨酸和赖氨酸仅使尿中的酮体排出量增加。由此，把在动物体内可以转变成葡萄糖的氨基酸称为生糖氨基酸，包括丙氨酸、半胱氨酸、甘氨酸、丝氨酸、苏氨酸、天冬氨酸、天冬酰胺、蛋氨酸、缬氨酸、精氨酸、谷氨酸、谷氨酰胺、脯氨酸和组氨酸；能转变成酮体的称为生酮氨基酸，包括亮氨酸和赖氨酸。两者都能生成的称为生糖兼生酮氨基酸，包括色氨酸、苯丙氨酸、酪氨酸等芳香族氨基酸和异亮氨酸。

在动物体内，糖是可以转变为脂肪的，因此，生糖氨基酸也必然能转变为脂肪。生酮氨基酸转变成酮体之后，酮体可以再转变为乙酰 CoA，然后进一步用于合成脂酰 CoA，再与磷酸甘油合成脂肪。所需的磷酸甘油则由生糖氨基酸或葡萄糖提供。因乙酰 CoA 在运行机体内不能转变成糖，所以，生酮氨基酸不能异生成糖。

3．生成二氧化碳和水

氨基酸脱氨基后产生 α－酮酸，可以转变为糖代谢的中间产物，其中有的转变为丙酮酸，有的转变为乙酰 CoA，也有的转变为三羧酸循环的中间产物，最终都能通过三羧酸循环彻底氧化成 CO_2 和 H_2O，并提供能量。

7.3 个别氨基酸的代谢

7.3.1 一碳基团的代谢

1．一碳基团的概念

一碳基团就是氨基酸在分解过程中产生的含一个碳原子的基团。

常见的一碳基团有甲基（$—CH_3$）、亚甲基（$—CH_2—$甲烯基）、甲酰基（—CHO）、次甲基（= CH—甲炔基）、亚氨甲基（—CH = NH），但 CO_2 不属于这种类型的一碳基团。一碳基团主要来源为丝氨酸、甘氨酸、组氨酸、色氨酸的代谢。其特点是不能游离存在，以四氢叶酸为载体参与反应。

2．一碳基团的载体

四氢叶酸（FH_4）是携带一碳基团的载体。叶酸经二氢叶酸还原酶催化，通过两步加氢还原反应而生成 FH_4。FH_4 的种类有 $N^5—CH_3—FH_4$，N^5，$N^{10}—CH_2—FH_4$，N^5，N^{10} = $CH—FH_4$，$N^{10}—CHO—FH_4$，$N_5—CH = NH—FH_4$ 等。

3．一碳基团的生成及相互转变

各种形式的一碳基团在适当的条件下可以通过氧化还原反应相互转变。但 N^5—甲基四氢叶酸生成是不可逆的。

4．一碳基团代谢的生理意义

一碳基团的主要生理功能是作为嘌呤、嘧啶合成的原料，故在核酸合成中占有重要地位。一碳基团代谢障碍会影响 DNA、蛋白质的合成，引起巨幼红细胞性贫血等。

7.3.2　含硫氨基酸的代谢

含硫氨基酸包括蛋氨酸、半胱氨酸和胱氨酸。蛋氨酸是必需氨基酸，半胱氨酸可由蛋氨酸转化而成，胱氨酸由两个半胱氨酸缩合而成。

1．蛋氨酸的代谢

（1）蛋氨酸与转甲基作用。蛋氨酸是一种含有 S 甲基的必需氨基酸。它是动物机体中最重要的甲基直接供给体，参与肾上腺素、肌酸、胆碱、肉碱的合成和核酸甲基化过程。但是在它转移甲基前，首先要腺苷化，转变成 S 腺苷蛋氨酸（SAM）。此反应由蛋氨酸腺苷转移酶催化。SAM 中的甲基是高度活化的，称活性甲基。

（2）蛋氨酸循环。蛋氨酸在体内最主要的分解代谢途径是通过转甲基作用而提供甲基，产生的 S- 腺苷同型半胱氨酸（SAH）进一步转变成同型半胱氨酸。同型半胱氨酸可以接受 N^5—甲基四氢叶酸提供的甲基，重新生成蛋氨酸，形成一个循环过程，称为蛋氨酸循环。此循环的生理意义在于蛋氨酸分子中甲基可间接通过 $N^5—CH_2—FH_4$ 由其他非必需氨基酸提供，以防蛋氨酸的大量消耗。

尽管此循环可以生成蛋氨酸，但体内不能合成同型半胱氨酸，它只能由蛋氨酸转变而来，所以实际上体内仍然不能合成蛋氨酸，必须由食物供给。

2．半胱氨酸与胱氨酸的代谢

（1）半胱氨酸与胱氨酸的互变。体内半胱氨酸含有巯基（—SH），而胱氨酸含有二硫键（—S—S—），两者可以相互转化。半胱氨酸在体内分解时，有以下几条途径：①直接脱去巯基和氨基，生成丙酮酸、NH_3 和 H_2S。H_2S 再经氧化而生成 H_2SO_4；②巯基氧化成亚磺基，然后脱去氨基和亚磺基，最后生成丙酮酸和亚硫酸，亚硫酸经氧化后变为硫酸；③半胱氨酸的另一代谢产物是牛磺酸，牛磺酸是胆汁酸的组成成分，胆汁酸盐有助于促进脂类的消化吸收，半胱氨酸也是合成谷胱甘肽的原料。

（2）硫酸的代谢。含硫氨基酸氧化分解均可产生硫酸根，半胱氨酸代谢是体内硫酸根的主要来源。体内一部分硫酸根可经ATP活化生成3-磷酸腺苷-5-磷酸硫酸（PAPS），又称活性硫酸根。PAPS是体内硫酸基的供体。

【思考与练习】

一、名词解释

1．蛋白质水解酶　2．血氨　3．转氨基作用　4．联合脱氨基作用

二、填空题

1．转氨酶主要存在于__________内。

2．L-谷氨酸脱氢酶的辅酶是__________。

3．已知在体内催化氨基酸氧化脱氨基作用的酶有__________、__________和__________等3种。

三、选择题

1．氨基酸脱下的氨在人体内最终是通过哪条途径代谢？（　　）

A．蛋氨酸循环　　B．乳酸循环

C．尿素循环　　D．嘌呤核苷酸循环

2．在鸟氨酸循环中，尿素由下列哪种物质水解而得？（　　）

A．鸟氨酸　　B．瓜氨酸　　C．精氨酸　　D．精氨琥珀酸

3．下列哪一种氨基酸与尿素循环无关？（　　）

A．赖氨酸　　B．精氨酸　　C．天冬氨酸　　D．鸟氨酸

4．肝细胞内合成尿素的部位是（　　）

A．胞浆　　B．线粒体　　C．内质网　　D．胞浆和线粒体

5．转氨酶的辅酶是（　　）。

A．NAD^+　　B．$NADP^+$　　C．FAD　　D．磷酸吡哆醛

6．参与尿素循环的氨基酸是（　　）。

A．组氨酸　　B．鸟氨酸　　C．蛋氨酸　　D．赖氨酸

四、简答题

1. 简述氨基酸代谢过程中生成的α-酮酸的去路。

2. 为什么说转氨基反应在氨基酸合成和降解过程中都起重要作用？

3. 氨基酸的代谢去向有哪些？

【拓展与应用】

尿素在反刍家畜饲养中的应用

反刍家畜瘤胃内含有大量的细菌和纤毛虫。尿素等简单含氮化合物可通过瘤胃细菌的生物合成而被有效地加以利用，合成菌体蛋白。形成的菌体蛋白在反刍家畜皱胃和小肠内被消化吸收，用来合成家畜体蛋白或产品蛋白。

1．饲喂方法

（1）将尿素拌入精饲料中饲喂。如把尿素干粉均匀混入反刍家畜谷物和蛋白质饲料中饲喂。

（2）将尿素与粗饲料混合饲喂。如将尿素与铡碎的青干草混合饲喂，或直接将尿素、糖蜜混合液喷洒在牧草上，供牛、羊自由采食。

（3）在应用青贮饲料时，也可按青贮料湿重的0.5%添加尿素混匀后饲喂。

（4）制成尿素砖供牛、羊添食。

2．应用注意事项

尿素被反刍家畜食入瘤胃后，可迅速被降解成氨。有相当一部分氨被吸收进入血液，并转运至肝脏合成尿素。肝脏所合成的尿素一部分可经唾液腺随唾液进入瘤胃而被再利用，这一过程称为瘤胃氮素循环。另一部分尿素经肾脏随尿排出体外。但肝脏将氨转化为尿素的能力是有一定限度的，当过量的尿素在瘤胃释放出大量游离态氨并进入血液中，即会引起氨中毒。为使尿素氮能被反刍家畜有效利用和避免氨中毒，应用尿素时应注意以下几个方面：

（1）延缓尿素类饲料在瘤胃内分解速度，使微生物有充分时间利用其分解产物。①用保护剂处理尿素类饲料。如制成凝胶淀粉尿素，将15%尿素和85%玉米面混合均匀，然后在一定温度、湿度和压力下加工制成凝胶状颗粒以延缓尿素分解。②抑制脲酶活性。在反刍家畜饲料中供给足量的铜、铁、钴等微量元素。

（2）增强瘤胃细菌利用氨合成菌体蛋白的能力。①为瘤胃细菌的大量繁殖提供足够的能源。如在反刍家畜饲料中添加适量淀粉、蜂蜜等。一般情况下，每饲喂100 g尿素至少应供给1 000 g易溶性碳水化合物，其中三分之二为淀粉，三分之一为可溶性糖。②饲料中粗蛋白的含量应为9%～12%，这样可使瘤胃细菌有效地利用尿素类饲料。③在反刍家畜日粮中供给足够数量的钙、磷、钠、硫等矿物质元素，以促进瘤胃细菌的正常生长、繁殖。④提供足量的维生素A和维生素D，以提高瘤胃细菌的活性。

（3）掌握正确的饲喂方法。①3月龄以下的反刍家畜禁用。一般在6月龄以上才开始使用。②饲喂尿素时，喂量应由少到多，逐渐增加。③饲喂尿素1 h后方可饮水，禁与水共饮。④尿素喂量以占饲料总氮量的25%～35%为宜。每日每头最高喂量：乳牛40～50 g，母羊8～13 g。

（摘自：《百度文库》）

第 8 章 物质代谢的相互关系与代谢的调节

知识目标

- 掌握糖、脂类、蛋白质之间的代谢关系。
- 熟悉物质代谢调节的实质、生理意义。
- 熟悉物质代谢调节的基本方法。

8.1 糖、蛋白质、脂类代谢之间的关系

蛋白质是机体主要的结构物质和功能物质，糖的氧化分解是机体获得能量的主要来源，脂肪是机体能量的储存形式。动物有机体的代谢是一个完整而统一的过程，各种物质的代谢过程密切联系和相互影响，主要表现在可以通过共同的中间产物如丙酮酸、草酰乙酸、乙酰 CoA 及 α－酮酸等相互转变；可以通过三羧酸循环被彻底氧化分解为 CO_2 和 H_2O，并释放出能量。同时，由于各自的生理功能不相同，在氧化供能方面以糖和脂肪为主，现将糖、蛋白质、脂类的代谢关系概述如下。

8.1.1 糖代谢与脂代谢之间的关系

动物体内糖转化为脂类的作用很普遍。例如，动物育肥时，饲料中的成分是以糖为主，说明动物机体能将糖转变为脂类。

糖分解代谢的中间产物乙酰 CoA 是合成脂肪酸和胆固醇的重要原料，糖分解的另一种产物磷酸二羟丙酮又是生成甘油的原料。另外，脂肪酸和胆固醇合成所需要的 NADPH 是由磷酸戊糖途径供给的。动物体内可以用糖合成脂肪和胆固醇。

动物体内脂肪转变为糖的作用是有限的。脂肪中的甘油可以通过磷酸二羟丙酮转变为糖，但脂肪酸分解产生的乙酰 CoA 不能净合成糖。因为丙酮酸氧化脱羧作用不可逆，不能将乙酰 CoA 转变为丙酮酸而生成糖。乙酰 CoA 要生成糖，必须经过三羧酸循环生成草酰乙酸转变成糖。但此时要消耗一分子草酰乙酸，故不能净生成糖，而奇数碳代谢产生的乙酰 CoA 可以异生成糖。

8.1.2 糖代谢与氨基酸代谢的相互联系

糖是生物体内的重要碳源和能源。糖经酵解途径产生的丙酮酸和磷酸烯醇式丙酮酸，丙酮酸羧化生成草酰乙酸，及其脱羧后经三羧酸循环形成的 α－酮戊二酸，它们

都可以作为氨基酸的碳架。通过氨基化或转氨基作用形成相应的氨基酸。但是必需氨基酸，包括赖氨酸、色氨酸、甲硫氨酸、苯丙氨酸、亮氨酸、苏氨酸、异亮氨酸、缬氨酸，则必须由食物提供。组成蛋白质的20种氨基酸，除亮氨酸和赖氨酸（生酮氨基酸）外，均可通过脱氨基作用生成相应的α－酮酸，而这些α－酮酸均可为或转化为糖代谢的中间产物，可通过三羧酸循环部分途径及糖异生作用转变为糖。由此可见，20种氨基酸除亮氨酸和赖氨酸外均可转变为糖，而糖代谢的中间物质在体内仅能转变为12种非必需氨基酸，其余8种必需氨基酸必须由食物供给，故食物中的糖不能替代蛋白质。

8.1.3　脂类代谢与氨基酸代谢的相互联系

脂肪分解产生甘油和脂肪酸，甘油可转变为丙酮酸、草酰乙酸及α–酮戊二酸，分别接受氨基而转变为丙氨酸、天冬氨酸及谷氨酸。脂肪酸可以通过β－氧化生成乙酰CoA，乙酰CoA与草酰乙酸缩合进入三羧酸循环，可产生α–酮戊二酸和草酰乙酸，通过转氨作用生成相应的谷氨酸和天冬氨酸，但必须消耗三羧酸循环的中间物质而受限制，如无其他来源补充，反应将不能进行下去。因此脂肪酸不易转变为氨基酸。生糖氨基酸可通过丙酮酸转变为磷酸甘油；而生糖氨基酸、生酮氨基酸及生糖兼生酮氨基酸均可转变为乙酰CoA，后者可作为脂肪酸合成的原料，最后合成脂肪。因而蛋白质可转变为脂肪。乙酰CoA还是合成胆固醇的原料。丝氨酸脱羧生成乙醇胺，经甲基化形成胆碱，而丝氨酸、乙醇胺和胆碱分别是合成磷脂酰丝氨酸、脑磷脂及卵磷脂的原料。

8.1.4　营养物质之间的相互影响

糖、脂类和蛋白质代谢之间的相互影响是多方面的，而主要表现在分解供能上。在一般情况下，动物生理活动所需要的能量主要靠糖分解供给，其次是脂肪。而蛋白质主要用于合成体蛋白和某些生理活性物质，从而满足动物生长、发育和组织更新修补的需要。所以，当饲料中糖供应充足时，机体脂肪分解减少，蛋白质也主要用于合成代谢。若饲料中糖供应超过机体需要量时，而机体合成糖原储存的量很少，则糖会转化为脂肪储存；相反，饲料中糖缺乏或长期饥饿时，机体就会动用脂肪分解供能，同时，酮体生成量增加，可能造成酮中毒。另外，糖异生的主要原料为氨基酸，当糖类和脂肪都不足时，为了维持机体含糖量，氨基酸分解加强，甚至动用体蛋白。由此可知，动物的氧化供能物质以糖和脂肪为主，而糖氧化分解产生的能量是动物机体获得能量的主要来源，因此，动物饲料中富含供能物质显得尤为重要。

糖、脂类、蛋白质和核酸等代谢相互联系、相互制约、相互转化，三羧酸循环是这些代谢相互联系的重要枢纽。丙酮酸、乙酰CoA、α－酮戊二酸和草酰乙酸等代谢物质是它们代谢过程中共同的产物。糖、脂类、蛋白质和核酸等代谢途经的相互联系如图8.1所示。

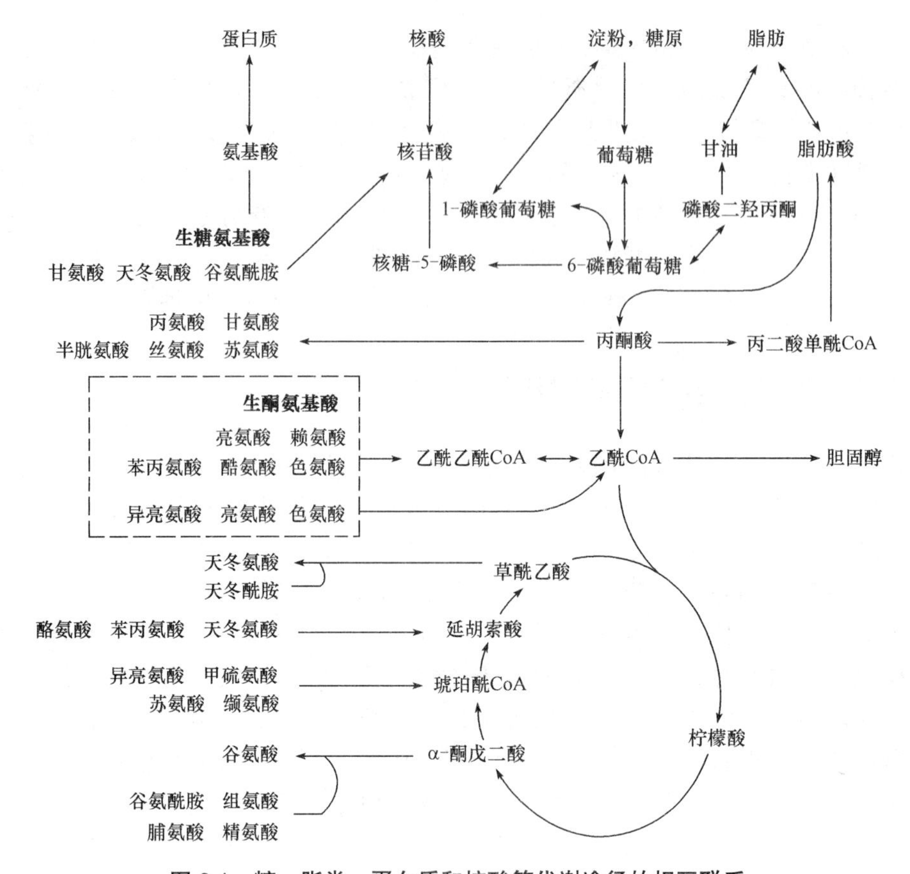

图 8.1 糖、脂类、蛋白质和核酸等代谢途径的相互联系

8.2 动物代谢的调节

动物体是一个有机的整体，各种物质的代谢密切联系、相互作用、相互制约又相互协调，是一个完整、统一的过程。在正常生理条件下，机体可以适应不断变化的内、外环境，使物质代谢按照一定的规律有条不紊地进行，以维持机体的正常生命活动。这主要是由于动物体内存在着一套精确的代谢调节机制，不断地调节各种物质代谢强度、方向和速率。如果代谢调节机构失灵，就会造成代谢混乱，引发疾病甚至死亡。

8.2.1 代谢调节的实质和意义

机体不断从外界摄入营养物质，在体内经由不同的代谢途径进行转变，又不断地把代谢产物和热量排出体外。为了适应环境的变化，动物机体随时可以改变各个代谢途径的速度和代谢中间物浓度的能力，这是通过代谢的调节来完成的。

代谢调节所包括的内容很广泛，包括对各个代谢途径速度的调节，使它们加快、变慢，或者使有些途径开放，另一些途径关闭。由于所有代谢途径都是由酶催化的，因而无论调节的内容多么庞杂，调节的机制多么复杂和多样，代谢的调节都是对酶的调节，是对酶活性和酶量进行的调节。在一条代谢途径的多酶系统中，通常存在一种或少数几种催化单向不平衡反应，也就是通常所说的不可逆反应，决定代谢途径方向的关键酶，以及催化反应速率最慢、决定代谢速率的限速酶。这是最受关注的对代谢途径的方向和运行速率起决定作用的酶。这些酶的活性可接受细胞内各种信号的调节，故又称调节酶。通过调节酶的作用，机体既不会出现某些代谢产物的不足或过剩，也不会出现某些底物的缺乏或积聚。这就是说，生物体内各种代谢物的含量基本上是保持恒定的。

总之，代谢调节的实质，就是把体内的酶组织起来，在统一的指挥下，互相协作，使整个代谢过程适应生理活动的需要。

代谢调节的意义在于：

（1）代谢调节能使生物体适应其生长发育的内外环境变化，在正常的机体中，代谢过程总是与机体的生长发育和外界环境相适应。

（2）代谢的调节按经济原则进行，各种物质的代谢速率根据机体的需要随时改变，各种代谢产物既满足需要又不会过剩。

8.2.2　代谢调节的方式

代谢调节是生物界普遍存在的对环境的一种适应能力。不同的生物代谢调节方式是不同的，越高级的生物代谢调节越复杂，越低级的生物代谢调节越简单。归纳起来，生物的代谢调节可在细胞水平、激素水平、神经水平三个不同水平上进行。细胞水平调节是最基本、最原始的调节方式，是通过调节某些酶的活性和酶的含量达到调节物质代谢的速率，以满足机体的需要。激素水平调节和神经水平调节都是较高级的调节方式，但仍以细胞水平调节为基础。

1．细胞水平的代谢调节

细胞水平调节主要是通过细胞内代谢物浓度的改变来调节酶促反应的速率，以满足机体的需要，所以细胞水平调节也称为酶水平调节或分子水平调节。细胞水平调节主要包括酶的定位调节、酶的活性调节和酶的含量调节三种方式，其中以酶的活性调节最为重要。

（1）酶的定位调节。在动物机体内，各种代谢途径都是由一系列酶催化的连续反应组成的，每种酶在细胞内都有一定的位置。在真核生物细胞内由于细胞被膜系统分隔成不同的细胞器，酶形成区域化分布，保证了不同代谢过程在细胞内的不同部位进行，使细胞代谢能顺利进行，而不致造成混乱。此外，酶的这种区域化分布使酶、辅助因子和底物在细胞器内高度浓缩，从而加快代谢反应的速率。酶在细胞内的区域化分布见表8.1。

表 8.1 主要酶及代谢途径在细胞内的分布

细胞器	主要酶及代谢途径
胞浆	糖酵解途径、磷酸戊糖途径、糖原分解、脂肪酸合成、嘌呤和嘧啶的降解、肽酶、转氨酶、氨酰合成酶
线粒体	三羧酸循环、脂肪酸 β- 氧化、氨基酸氧化、脂肪酸链的延长、尿素生成、氧化磷酸化作用
溶酶体	溶菌酶、酸性磷酸酶、水解酶，包括蛋白酶、核酸酶、葡萄糖苷酶、磷酸酯酶、脂肪酶、磷脂酶与磷酸酶
内质网	NADH 及 NADPH 细胞色素 c 还原酶、多功能氧化酶、6- 磷酸葡萄糖磷酸酶、脂肪酶，蛋白质合成途径、磷酸甘油酯及三酰甘油合成、类固醇合成与还原
高尔基体	转半乳糖苷基及转葡萄糖糖苷基酶、5- 核苷酸酶、NADH 细胞色素 c 还原酶、6- 磷酸葡萄糖磷酸酶
过氧化体	尿酸氧化酶、D- 氨基酸氧化酶、过氧化氢酶，长链脂肪酸氧化
细胞核	DNA 与 RNA 的合成途径

（2）酶的活性调节。在生物体内，酶的活性大小受到调节和控制，只有这样才不会引起某些代谢产物的不足或积累，也不会造成某些底物的缺乏或过剩，使得各种代谢物的含量保持动态平衡。酶活性的调节是细胞中最快速、最经济的调节方式，通常在数秒钟或数分钟内即可实现。

（3）酶的含量调节。生物体通过改变酶分子的结构来调节细胞内原有酶的活性快速适应代谢的需要。除通过调节合成或降解速率以控制酶的绝对含量来调节代谢。但酶蛋白的合成与降解调节需要消耗能量，所需时间和持续时间都较长，故酶含量的调节属迟缓调节。

2．激素对物质代谢的调节

细胞的物质代谢反应不仅受到局部环境的影响，即各种代谢底物和产物的正、负反馈调节，而且受来自机体其他组织器官各种化学信号的控制，激素就属于这类化学信号。激素是一类由特殊的细胞合成并分泌的化学物质，它随血液循环于全身，作用于特定的组织或细胞（称为靶组织或靶细胞），引导细胞物质代谢沿着一定的方向进行。同一激素可以使某些代谢反应加强，使另一些代谢反应减弱，从而适应整体的需要。通过激素来控制物质代谢是高等动物体内代谢调节的一种重要方式。

3．物质代谢的整体调节

机体内各种组织器官和细胞在功能上都不会独立于整体之外，而是处于一个严密的整体系统中。一个组织可以为其他组织提供底物，也可以代谢来自其他组织的物质。这些器官之间的相互联系是依靠神经内分泌系统的调节来实现的。神经系统可以释放神经递质来影响组织中的代谢，又能影响内分泌腺的活动，改变激素分泌的状态，从而实现机体整体的代谢协调和平衡。

【思考与练习】

一、名词解释

1. 乙酰 CoA 2. 调节酶 3. 代谢调节 4. 酶活性的调节

二、填空题

1. ＿＿＿＿＿是机体主要的结构物质和功能物质，＿＿＿＿＿的氧化分解是机体获得能量的主要来源，脂肪是机体能量的＿＿＿＿＿。

2. 动物生理活动所需要的能量主要靠＿＿＿＿＿分解供给，其次是＿＿＿＿＿。

3. 生物的代谢调节可在＿＿＿＿＿水平、＿＿＿＿＿水平、＿＿＿＿＿水平等 3 个不同水平上进行。

三、选择题

1. 关于三大营养物质代谢相互联系错误的是（ ）。

A. 乙酰 CoA 是共同中间代谢物

B. TCA 是氧化分解成 H_2O 和 CO_2 的必经之路

C. 糖可以转变为脂肪

D. 脂肪可以转变为糖

E. 蛋白质可以代替糖和脂肪供能

2. 胞浆中不能进行的反应过程是（ ）。

A. 糖原合成和分解　　B. 磷酸戊糖途径

C. 脂肪酸的 β- 氧化　　D. 脂肪酸的合成

E. 糖酵解途径

3. 关于糖、脂类代谢中间联系的叙述，错误的是（ ）。

A. 糖、脂肪分解都生成乙酰 CoA

B. 摄入的过多脂肪可转化为糖原储存

C. 脂肪氧化增加可减少糖类的氧化消耗

D. 糖、脂肪不能转化成蛋白质

E. 糖和脂肪是正常体内重要能源物质

4. 糖与甘油代谢之间的交叉点是（ ）。

A. 3- 磷酸甘油醛　　B. 丙酮酸　　C. 磷酸二羟丙酮

四、简答题

1. 简述糖、脂、蛋白质和核酸代谢的相互关系。

2. 动物体内的代谢调节有几种方式？各有何特点？

【拓展与应用】

代谢调节作用点——关键酶、限速酶

代谢途径包含一系列催化化学反应的酶，其中有一种或几种酶能影响整个代谢途径的反应速度和方向，这些具有调节代谢的酶称为关键酶（Key Enzymes）或调节酶（Regulatory Enzymes）。在代谢途径的酶系中，关键酶一般具有以下的特点：①常催

化不可逆的非平衡反应，因此能决定整个代谢途径的方向；②酶的活性较低，其所催化的化学反应速度慢，故又称限速酶（Rate-limiting enzymes），因此它的活性能决定整个代谢途径的总速度；③酶活性受底物、多种代谢产物及效应剂的调节，因此它是细胞水平代谢调节的作用点。例如己糖激酶、磷酸果糖激酶 -1 和丙酮酸激酶均为糖酵解途径的关键酶，它们分别控制着酵解途径的速度，其中磷酸果糖激酶 -1 的催化活性最低，通过催化果糖 -6- 磷酸转变为果糖 1，6- 二磷酸控制糖酵解途径的速度。而果糖 -1，6- 二磷酸酶通过催化果糖 -1，6- 二磷酸转变为果糖 -6- 磷酸作为糖异生途径的关键酶之一。因此，这些关键酶的活性决定体内糖的分解或糖异生。当细胞内能量不足时，AMP 含量升高，可激活磷酸果糖激酶 -1 而抑制果糖 -1，6- 二磷酸酶，使葡萄糖分解代谢增强而产生能量。相反，当细胞内能量充足，ATP 含量升高时，抑制磷酸果糖激酶 -1，则葡萄糖异生增强。调节某些关键酶的活性是细胞代谢调节的一种重要方式。

饥饿时的代谢调节

在早期饥饿时，血糖浓度有下降趋势，这时肾上腺素和糖皮质激素的调节占优势，促进肝糖原分解和肝脏糖原异生功能，在短期内维持血糖浓度的恒定，以供给脑组织和红细胞等重要组织对葡萄糖的需求。若饥饿时间继续延长，则肝糖原被消耗殆尽，这时糖皮质激素也参与发挥调节作用，促进肝外组织蛋白分解为氨基酸，便于肝脏利用氨基酸、乳酸和甘油等物质生成葡萄糖，这在一定程度上维持了血糖浓度的恒定；这时，脂动员也加强，分解为甘油和脂肪酸，肝脏将脂肪酸分解生成酮体，酮体在此时是脑组织和肌肉等器官重要的能量来源。在饱食情况下，胰岛素发挥重要作用，它促进肝脏合成糖原和将糖转变为脂肪，抑制糖异生；胰岛素还促进肌肉和脂肪组织的细胞膜对葡萄糖的通透性，使血糖容易进入细胞，并被氧化利用。

第 3 模块　遗传分子核酸功能

第 9 章　核酸和蛋白质的生物合成

知识目标

- 了解 DNA 复制、RNA 逆转录、多肽链合成后的加工。
- 掌握 DNA 的损伤和修复，RNA 的逆转录。
- 掌握 DNA 的半保留复制过程，蛋白质生物合成过程。

核酸和蛋白质均是生命重要的物质基础，两者的合成紧密相关。在 DNA 分子上，核苷酸的排列顺序储存着生物有机体的所有遗传信息。在细胞分裂时，通过 DNA 的复制，将遗传信息由亲代传递给子代；在后代的个体发育过程中，遗传信息从 DNA 转录给 RNA，并指导蛋白质合成，以执行各种生物学功能，使后代表现出与亲代相似的遗传性状。在研究 RNA 病毒中，人们发现遗传信息也可存在于 RNA 分子中，RNA 能以自我为模板复制出新的病毒 RNA，还能以 RNA 为模板合成 DNA，将遗传信息传递给 DNA，这一过程称为逆转录。生物遗传学的“中心法则”如图 9.1 所示。

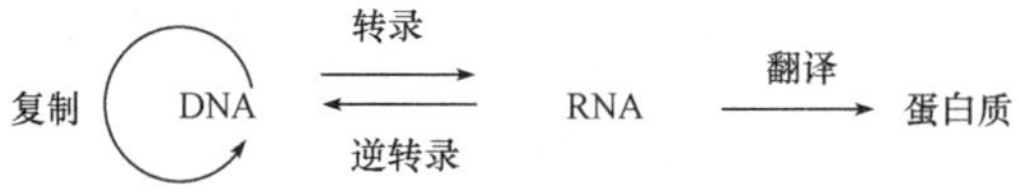

复制　DNA　⇄（转录／逆转录）　RNA　—翻译→　蛋白质

图 9.1　中心法则

“中心法则”总结了生物体内遗传信息的流动规律，揭示了遗传的分子基础，不仅使人们对细胞的生长、发育、遗传、变异等生命现象有了更深刻的认识，而且以这方面的理论和技术为基础发展了基因工程，给人类的生产和生活带来了深刻的革命。

9.1　DNA 的生物合成

9.1.1　DNA 的半保留复制

1. DNA 复制的方式

DNA 的复制是指以亲代 DNA 为模板，按照碱基配对原则，合成与亲代 DNA 分子完全相同的两个子代 DNA 的过程。早在 1953 年，沃森（Watson）和克里克（Crick）在 DNA 双螺旋的基础上提出了 DNA 半保留复制说，即 DNA 在复制的过程中，双螺旋的两条多核苷酸链之间的氢键断裂，双链解开为两条单链，然后以每条 DNA 单链为模板，以脱氧核苷酸为原料，按照碱基配对原则合成互补链。这样合成的子代 DNA 分子与原来亲代 DNA

分子的核苷酸顺序完全相同。在此过程中，每个子代 DNA 分子的双链中一条链来自亲代 DNA 分子，另一条链为新合成的。这种复制方式称为半保留复制，如图 9.2 所示。

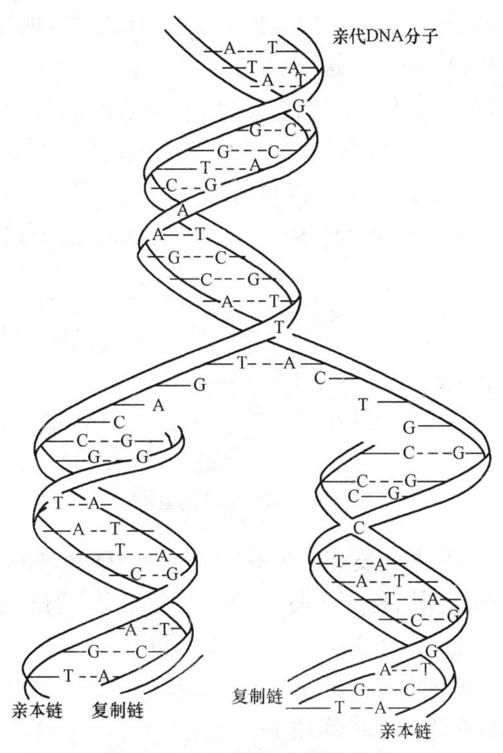

图 9.2 DNA 的半保留复制

2. 参与 DNA 复制的酶类

DNA 复制的过程非常复杂、快速和精确，涉及 20 多种酶与各种蛋白质因子的参与，比较重要的有 DNA 聚合酶、引物酶、DNA 连接酶、拓林异构酶、解链酶等。

（1）DNA 聚合酶。DNA 聚合酶（DNA polymerase）是细胞复制 DNA 的重要作用酶。DNA 聚合酶以 DNA 为复制模板，从将 DNA 由 5′ 端点开始复制到 3′ 端的酶。DNA 聚合酶的主要活性是催化 DNA 的合成（在具备模板、引物、dNTP 等的情况下）及其相辅的活性。

（2）引物酶。DNA 聚合酶不能自己从头合成 DNA 链，在 DNA 复制过程中需要先合成一小段 RNA 片段作为引物，催化 RNA 引物合成的酶称为引物酶，它是一种特殊的 RNA 聚合酶。

（3）DNA 连接酶。连接酶是在 DNA 合成中催化相邻的 DNA 片段形成 3′，5′－磷酸二酯键相连接的酶。DNA 连接酶的催化作用需要消耗 ATP。DNA 连接酶还在 DNA 的修复、重组以及剪接过程中起重要作用，是基因工程中重要的工具酶。

（4）拓扑异构酶、解链酶。拓扑异构酶是可以改变 DNA 拓扑性质的酶。在复制时起着松弛 DNA 分子超螺旋结构的作用，暴露起始点处碱基，促进复制起始与延长链的酶。解链酶是在复制过程中促使 DNA 双螺旋的氢键断裂，使 DNA 双链解链为单链的酶。

3. DNA 的复制过程

DNA 的复制过程非常复杂，有些机理尚不完全清楚，通常把全部过程分为三个阶段，即复制的起始、DNA 链的延长和复制的终止。

（1）复制的起始。DNA 的复制有特定的起始位点。在起始位点，首先起作用的是 DNA 拓扑异构酶和解链酶，它们松弛 DNA 超螺旋结构，解开一小段双链，并由 DNA 单链结合蛋白稳定 DNA 的单链状态，形成复制点。这个复制点的形状像一个叉子，故称为复制叉，所有 DNA 复制叉均处于双螺旋结构内部。原核细胞 DNA 复制只有一个起始位点，真核细胞 DNA 复制有多个复制起始位点，使真核细胞可以在多个位点上同时进行复制。在每个复制位点，DNA 的合成必须要一段 RNA 作为引物，当两股单链暴露出足够数量的碱基对时，在引物酶的作用下，以单链 DNA 为模板，以 4 种核糖核苷酸为原料，按碱基配对规律，按 5′ –3′ 方向合成 RNA 引物。DNA 双向复制图 9.3 所示。

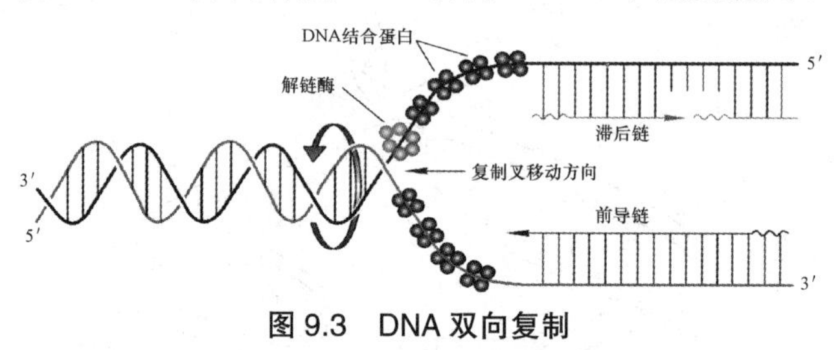

图 9.3　DNA 双向复制

（2）DNA 链的延长。DNA 的复制是半不连续复制，DNA 的两条链是反向平行的，即一条链是 5′ –3′ 方向，而另一条链是 3′ –5′ 方向，DNA 聚合酶催化 DNA 链的合成只能沿着 5′ –3′ 方向进行。解开双链以后在 3′ –5′ 方向的模板上可以按 5′ –3′ 方向合成新的 DNA 链，这条连续合成的 DNA 新链称为前导链，另一条链上，DNA 聚合酶以 5′ –3′ 方向首先合成较短的 DNA 片段，然后在连接酶的作用下，将这些片段连接起来，形成完整的 DNA 链，这条链称为滞后链（图 9.3）。滞后链的合成是由多个 RNA 引物引导，一段一段地不连续进行的，这些不连续的片段根据发现者冈崎的名字命名为冈崎片段。在原核细胞中，每个冈崎片段含 1 000 ～ 2 000 个核苷酸，真核细胞中含 100 ～ 200 个核苷酸。DNA 延长过程如图 9.4 所示。

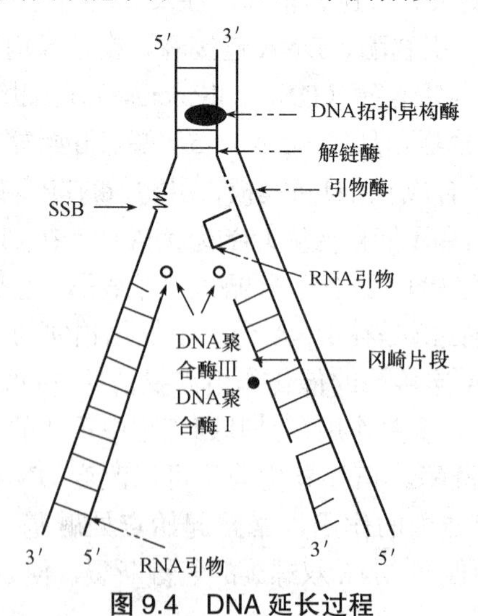

图 9.4　DNA 延长过程

（3）复制的终止。DNA 链延伸阶段结束后，就会迅速地受到酶的作用，切除引物 RNA。切去 RNA 引物后留下的空隙，由 DNA 聚合酶催化合成一段 DNA 填补上。在

DNA 连接酶的作用下，连接相邻的 DNA 链；修复掺入 DNA 链的错配碱基。这样以两条亲代 DNA 链为模板，各自形成一条新的 DNA 互补链，结果是形成了两个 DNA 双股螺旋分子。一般说来，链的终止不需要特定的信号，也不需要特殊的蛋白质来参与。目前，人们对链的终止机制、终止点的部位和结构所知甚少，有待进一步研究。

真核细胞与原核细胞的 DNA 复制方式基本相似，但有关的酶和某些复制细节有所区别。研究发现，真核细胞 DNA 的复制几乎是与染色质蛋白质的合成同步进行的。DNA 复制完成后，即配装成核内的核蛋白，组成染色质。

9.1.2　DNA 的损伤与修复

1．DNA 的损伤

DNA 在复制过程中可能产生错配或某些物理、化学因素（如紫外线、电离辐射和化学诱变剂等）都能引起生物突变，因它们均能使细胞中 DNA 分子的碱基配对遭到破坏，化学结构发生改变，复制和转录功能受到阻碍，这些现象称为 DNA 的损伤。

2．DNA 的修复

在通常条件下，机体能使损伤的 DNA 得到修复。这种修复作用是生物体在长期进化过程中获得的一种保护功能。细胞修复 DNA 的损伤是通过一系列酶来完成的，这些酶可以除去 DNA 分子上的损伤，恢复 DNA 的正常螺旋结构。

DNA 损伤修复方式主要有以下四种：

（1）光修复。光修复也称为光复活，DNA 分子中同一条链上两个相邻的嘧啶核苷酸在紫外线的照射下可以共价连接生成嘧啶二聚体。嘧啶二聚体的形成影响了 DNA 的双螺旋结构，使其复制和转录功均受到阻碍。光复活作用的机制是可见光激活了光复活酶，它能分解由于紫外线照射而形成的嘧啶二聚体。光复活在生物界分布很广，从低等单细胞生物一直到鸟类都有，而高等的哺乳类没有。这说明在生物进化过程中该作用逐渐被暗修复系统所取代，并丢失了这个酶。

（2）切除修复。切除修复是指在一系列酶的作用下，对 DNA 的损伤部位先进行切除；在 DNA 聚合酶的作用下，以另一条完整的 DNA 链为模板，进行修复合成切除的部分，使 DNA 恢复正常结构的过程。DNA 的切除修复过程如图 9.5 所示。

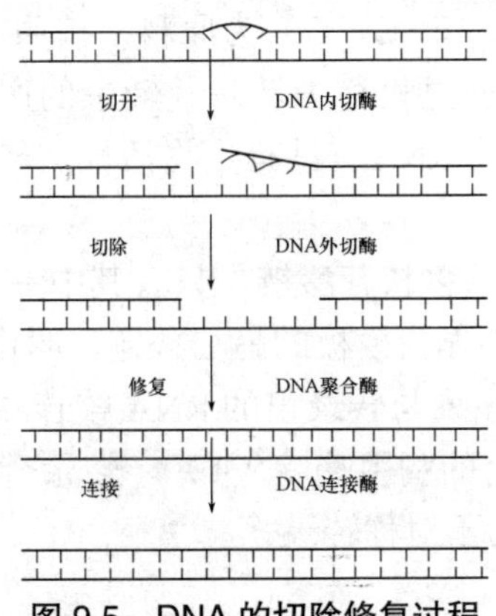

图 9.5　DNA 的切除修复过程

（3）重组修复。当受损的DNA来不及完成修复就进行复制时，损伤部位复制出来的新链会产生缺口，这时可在重组修复酶的作用下，将另一条亲链上相对应的碱基片断移至缺口处，使之成为完整的分子，然后以子链为模板，将亲链填补完整。此过程称为重组修复。因为修复过程发生在复制后，又称为复制后修复。

（4）诱导修复。诱导修复又称SOS修复，许多能造成DNA损伤的处理，均能引起一系列应急反应，它们包括了DNA的修复和导致变异两个方面。应急反应能诱导切除修复和重组修复中某些关键酶和蛋白质的产生，加强修复能力。此外，该反应能诱导产生DNA聚合酶，增强了对损伤部位的修复能力，但同时带来了较高的变异率。

9.1.3 逆转录

某些RNA病毒和个别DNA病毒在逆转录酶的催化下，以RNA为模板，根据碱基配对原则，按照RNA的核苷酸顺序（其中U与A配对）合成DNA，这一过程称为逆转录或反转录。

逆转录酶主要存在于RNA病毒体内，逆转录酶的作用是以dNTP为底物，以RNA为模板，以短链tRNA为引物，按5′–3′方向，合成一条与RNA模板互补的DNA单链，这条DNA单链叫作互补DNA。又在逆转录酶的作用下，水解掉引物RNA链，再以互补DNA为模板合成第二条DNA链，形成DNA双螺旋结构，完成由RNA指导的DNA合成过程。

9.2 RNA的生物合成

9.2.1 转录作用

1．转录

生命有机体要将遗传信息传递给后代，并在后代中表现出生命活动的特征，只进行DNA的复制是不够的，还必须以DNA为模板，在RNA聚合酶或转录酶的催化下合成RNA，从而使遗传信息从DNA分子转移到RNA分子上，即在DNA指导的RNA聚合的催化下，以NTP（N主要为A、U、C、G）为原料，按照碱基互补配对规律，合成一条与DNA链互补的RNA链，这一过程称为转录。转录的产物是RNA前体，它们必经过转录后的加工才能转变为成熟的RNA，具有生物活性，转录是生物界RNA合成的主要方式。

在转录过程中，DNA的两条多核苷酸链，只有其中一条链的一个片段作为模板，这条链叫作模板链或反意义链；不作为模板的另一条链，叫作编码链或有意义链，如图9.6所示。有意义链的脱氧核苷酸序列与转录出的RNA核苷酸序列相同，只是RNA序列中的尿嘧啶（U）代替了编码链上的胸腺嘧啶（T）。转录合成是以DNA的一条链为模板进行的，因此这种转录方式称为不对称转录。

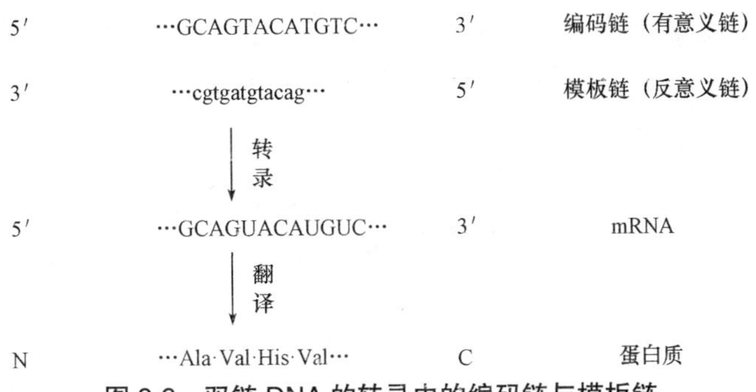

图 9.6　双链 DNA 的转录中的编码链与模板链

2．RNA 聚合酶

RNA 聚合酶又称为转录酶，是一种由多个亚基构成的较为复杂的全酶。真核和原核细胞内都存在有 DNA 指导的 RNA 聚合酶。原核生物（如大肠杆菌）中 RNA 聚合酶由 5 个亚基构成 α、α′、β、β′、σ，其中 σ 亚基又叫 σ 因子，它无催化功能，但能识别 DNA 模板上转录的起点。σ 亚基与肽键结合不太牢固，一旦 RNA 链的延伸开始，便被释放出来。σ 因子以外的部分称为核心酶（α、α′、β、β′），主要催化 RNA 的合成。

真核生物中已发现有三种 RNA 聚合酶，分别称为 RNA 聚合酶 I、RNA 聚合酶Ⅱ和 RNA 聚合酶Ⅲ，它们专一地转录不同的基因，转录产物也各不相同。三种真核生物 RNA 聚合酶催化合成的 RNA 种类和在细胞核中定位详见表 9.1。

表 9.1　RNA 聚合酶与 RNA 种类的关系

RNA 聚合酶种类	产生的 RNA 种类	细胞核中定位
RNA 聚合酶 I	rRNA	核仁
RNA 聚合酶Ⅱ	mRNA	核质
RNA 聚合酶Ⅲ	tRNA	核质

3．RNA 的转录过程

RNA 转录的主要过程可分为三个阶段：转录的起始、RNA 链的延伸、转录的终止。

（1）转录的起始。在 σ 亚基的作用下，RNA 聚合酶识别并结合到启动子上。启动子是 DNA 分子中可以与 RNA 聚合酶特异结合的部位。一般包括 RNA 聚合酶的识别位点、结合位点、转录起始位点。大肠杆菌的 RNA 聚合酶与 DNA 模板链结合的三步分别为 RNA 聚合的亚基辨认启动子的识别位点、酶与启动子以“关闭”复合体的形式（双螺旋形式）结合、RNA 聚合覆盖的部分 DNA 双链打开形成转录泡（图 9.7），进入转录起始位点，开始合成 RNA。

转录起始不需引物，解开一段 DNA 双链，暴露出 DNA 模板。按 5′-3′ 的方向合成 RNA，合成的第一个核苷酸总是 GTP 或 ATP，其中 GTP 更常见。

（2）RNA 链的延伸。当第一个碱基进入后，σ 亚基从全酶解离出来，脱落的 σ 亚基与另一个核心酶结合成全酶循环利用。核心酶在 DNA 链上每滑动一个脱氧核苷酸距离，就有一个与 DNA 链碱基互补的核苷酸进入，随着核心酶沿模板按 3′-5′ 方向的移动，DNA 双链不断解开，与模板碱基互补的核苷三磷酸不断掺入，新产生的 RNA 链按 5′-3′ 延伸。新

RNA 链与模板 DNA 链形成的 RNA-DNA 杂交双链不稳定，核心酶移动后，RNA 新生链很容易脱离模板链。留下的模板链和编码链恢复原来的双螺旋。RNA 链的延伸如图 9.7 所示。

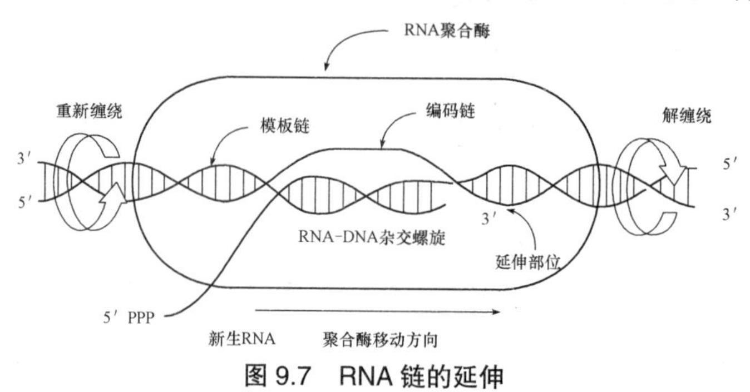

图 9.7 RNA 链的延伸

（3）转录的终止。在 DNA 分子上（基因末端）有终止转录的特殊碱基顺序，称为终止子。它具有使 RNA 聚合酶停止合成 RNA 和释放 RNA 链的作用。这些模板链上的终止序列有两种：被 RNA 聚合酶直接识别而停止转录和依赖 ρ 因子的帮助下转录。当 ρ 因子与 RNA 聚合酶结合时，RNA 聚合酶向前移动到终止序列时，转录就停止，新合成的 RNA 链以及 RNA 聚合酶从 DNA 模板上脱落。RNA 的合成过程如图 9.8 所示。在真核细胞内，RNA 的合成要比在原核细胞内复杂。

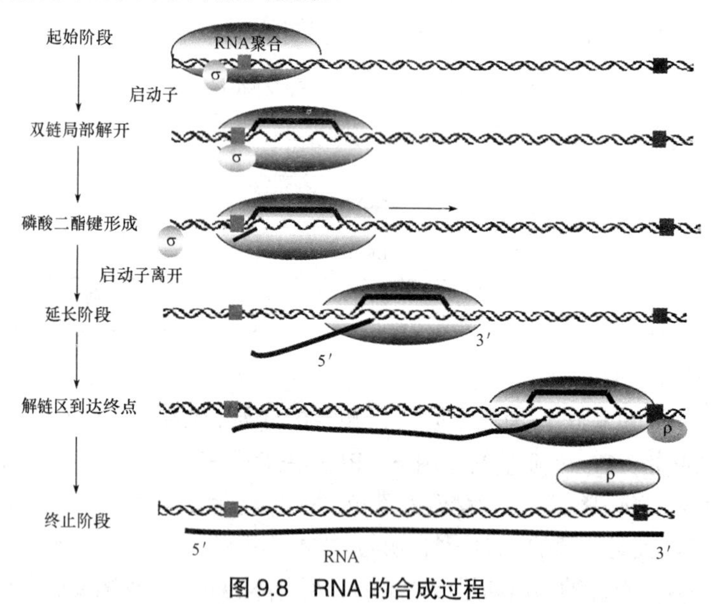

图 9.8 RNA 的合成过程

（4）转录后加工。在转录中新合成的 RNA 链是较大的前体分子，必须经过进一步加工修饰，才能变为具有生物活性的、成熟的 mRNA、rRNA、tRNA，这一过程称为转录后加工。不同类型的 RNA 转录后的加工修饰不同，原核生物与真核生物的加工修饰也不相同。

① mRNA 的加工。在原核生物中，转录和翻译同时进行，多基因的 mRNA 生成后，绝大部分不需要加工直接作为模板去翻译各个基因所编码的蛋白质。在真核生物中转录和翻译的时间和空间都不相同，mRNA 在细胞核内合成，而蛋白质的翻译是在胞质中，

许多真核生物的基因是不连续的。不连续基因中的插入序列，称为内含子（非编码区）；被内含子隔开的基因序列称为外显子（编码区）。外显子和内含子都转录在原始 RNA 分子中，称为核内不均一 RNA（hnRNA）。

真核生物中 mRNA 的加工过程如下：

a．在 5′ 末端连接上一个由 7- 甲基鸟嘌呤核苷 -5′- 三磷酸鸟苷（m7GpppmNp）构成“帽子”的特殊结构。

b．在 3′ 末端连接上一段有 20 ～ 200 个腺苷酸的多聚腺苷酸（polyA）的“尾巴”结构，以维持 mRNA 作为翻译模板的活性并增强其稳定性。

c．经过首尾修饰后，除去由内含子转录来的序列，连接上外显子的转录序列，形成成熟的、有活性的 mRNA。然后由细胞核内运送到细胞核外，作为蛋白质生物合成的直接模板（图 9.9）。

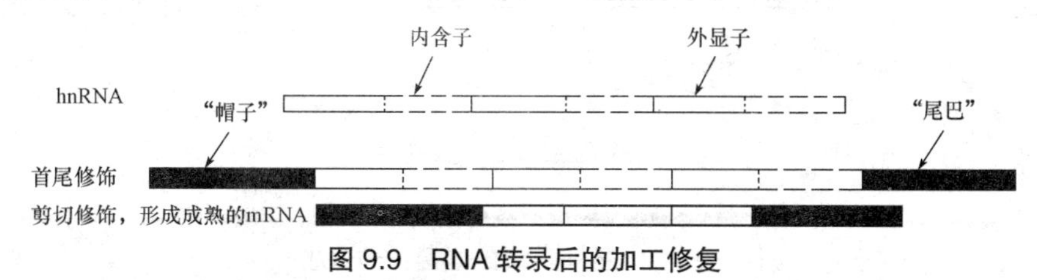

图 9.9　RNA 转录后的加工修复

d．真核生物 mRNA 分子内有一些甲基化的碱基，主要是 N^6- 甲基腺嘌呤。

② rRNA 的加工。原核生物中 rRNA 的加工过程是以核糖体颗粒的形式进行的，即 rRNA 前体合成后先与蛋白质结合，形成新的核糖体颗粒，再经过一系列的加工过程，形成有功能的核糖体。

rRNA 基因先转录为一个 30SrRNA 前体，再切割成 16SrRNA、23SrRNA 和 5SrRNA，其中，16SrRNA 和 23SrRNA 需甲基化，5SIRNA 不需甲基化。

在真核生物中，在转录过程中先形成一个 45S 前体，45S 的前体 rRNA 由核酸酶降解形成 18SrRNA、28SrRNA 和 5.8SrRNA，再进行甲基化修饰。

③ tRNA 的加工。原核生物 tRNA 是先合成一个 tRNA 前体，如果前体中含有多个 tRNA 分子则首先剪切成单个 tRNA 分子，再由外切酶从 5′ 端切去前导顺序，从 3′ 端切去附加顺序。

真核生物 tRNA 前体的加工与原核生物相似，加工的方式大致如下：切除前体两端多余前序列，在 3′ 末端加上 CCA 序列；再进行甲基化修饰。

9.2.2　RNA 的复制

大多数生物的遗传信息储藏在 DNA 中，遗传信息按“中心法则”由 DNA 转录成 RNA，再由 RNA 翻译成蛋白质。但某些病毒可以用 RNA 作为模板复制出病毒 RNA 分子。被这些病毒感染的寄主细胞中含有 RNA 复制酶，能在病毒 RNA 指导下合成新的 RNA，称为 RNA 的复制。RNA 复制酶具有高度的专一性，只能识别病毒自身的 RNA，对宿主细胞或其他病毒 RNA 均无反应。在 RNA 复制过程中，常把具有 mRNA 功能的链称为正链，与它互补的链称为负链。RNA 病毒的复制主要有以下几种方式：

（1）含有正链 RNA 病毒进入宿主细胞后，其单链 RNA 充当 mRNA，利用宿主细胞中的核糖体合成病毒外壳蛋白质以及复制酶。然后以此正链 RNA 作为模板，通过 RNA 复制酶合成互补的负链 RNA。再以负链为模板合成出病毒正链 RNA，正链 RNA 与外壳蛋白组装病毒颗粒，如脊髓灰质炎病毒、大肠杆菌 Qβ 噬菌体等（图 9.10）。

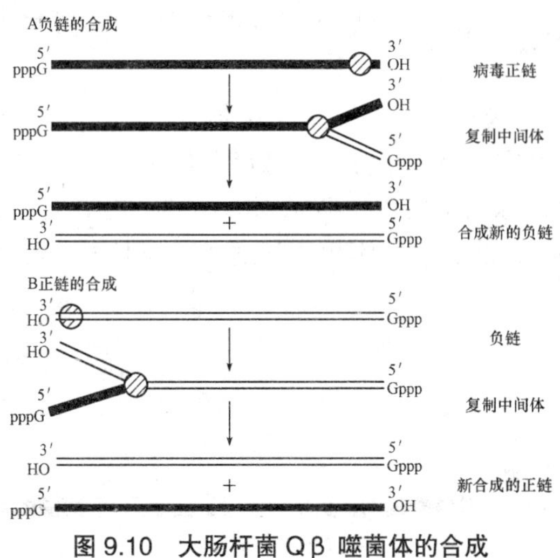

图 9.10　大肠杆菌 Qβ 噬菌体的合成

（2）含有负链的病毒侵入宿主细胞后，借助病毒带入的复制酶合成正链 RNA，再以正链 RNA 合成病毒复制酶和壳蛋白，最终组装成新的病毒颗粒，如狂犬病病毒。

（3）含有双链 RNA 的病毒侵入宿主细胞后，在病毒复制酶的作用下，以双链为模板合成正链 RNA，再以正链为模板合成负链，形成病毒 RNA 分子，同时由正链翻译出复制酶和壳蛋白，组装形成病毒颗粒，如呼肠孤病毒等。

（4）逆转录病毒含正链 RNA，在病毒特有的逆转录酶的作用下合成负链 RNA，进一步生成双链 DNA。然后由宿主细胞酶系统以负链 DNA 为模板合成病毒的正链 RNA，同时翻译出病毒蛋白和逆转录酶，组成新的病毒颗粒，如劳氏肉瘤病毒。

9.3　蛋白质的生物合成

蛋白质是各种生命活动的物质基础，生物体内所有生命现象都离不开蛋白质。在基因控制以及多种因子的共同作用下蛋白质才能准确合成，其过程比 DNA 复制、转录更为复杂。在细胞中，以 mRNA 为“模板”，在核糖体、tRNA 和多种蛋白因子的共同作用下，将 mRNA 分子的核苷酸序列转变为氨基酸序列的过程称为翻译。转录和翻译是基因表达的两种方式。

9.3.1　蛋白质合成体系中的重要组分

1. mRNA 和遗传密码

mRNA 是单链线状分子，mRNA 把从细胞核内 DNA 分子转录出来的遗传信息带到细胞质中的核糖体内，以此为模板合成蛋白质。mRNA 起着传递遗传信息的作用，所以也称为信使核糖核酸。实验证明，mRNA 中的遗传信息之所以能翻译成蛋白质，主要是通过遗传密码来实现的。遗传密码是指 mRNA 中核苷酸排列顺序与蛋白质中氨基酸顺序之间的对应关系，遗传密码是编码在核酸分子上从 5′-3′方向、不重叠、无标点的三联体密码子。在这些密码子中，UAA、UAG、UGA 为终止密码子，不代表任何氨基酸。其他 61 个密码子每个都可决定一种氨基酸。这 61 个密码子完全满足了决定 20 种氨基酸的需要。各密码子与氨基酸之间的对应关系见表 9.2。

表 9.2　遗传密码

密码子第一位	密码子第二位碱基				密码子第三位
（5′ 末端）碱基	U	C	A	G	（3′ 末端）碱基
U	苯丙 Phe	丝 Ser	酪 Tyr	半胱 Cvs	U
	苯丙 Phe	丝 Ser	酪 Tyr	半胱 Cvs	C
	亮 Leu	丝 Ser	终止	终止	A
	亮 Leu	丝 Ser	终止	色 Trp	G
C	亮 Leu	脯 Pro	组 His	精 Arg	U
	亮 Leu	脯 Pro	组 His	精 Arg	C
	亮 Leu	脯 Pro	谷氨酰胺 Gln	精 Arg	A
	亮 Leu	脯 Pro	谷氨酰胺 Gln	精 Arg	G
A	异亮 Ile	苏 Thr	天冬酰胺 Asn	丝 Ser	U
	异亮 Ile	苏 Thr	天冬酰胺 Asn	丝 Ser	C
	异亮 Ile	苏 Thr	赖 Lys	精 Arg	A
	甲硫 Met	苏 Thr	赖 Lys	精 Arg	G
G	缬 Val	丙 Ala	天冬 Asp	甘 Gly	U
	缬 Val	丙 Ala	天冬 Asp	甘 Gly	C
	缬 Val	丙 Ala	谷 Glu	甘 Gly	A
	缬 Val	丙 Ala	谷 Glu	甘 Gly	G

遗传密码有以下几个特点：

（1）简并性。密码子共有 64 个，除 UAA、UAG 和 UGA 不为任何氨基酸编码外，其余 61 个用作 20 种氨基酸的编码。因此，出现了同一种氨基酸有两个或多个密码子编码的现象，称为密码子的简并性。密码子的简并性在生物物种的稳定性上具有重要的意义，它可以使 DNA 的碱基组成有较大的变化余地，而仍保持多肽的氨基酸序列不变。如亮氨酸的密码子 CUA 中的 C 突变成 U 时，密码子 UUA 决定的仍是亮氨酸，从而减少了基因突变带来的有害反应。同一种氨基酸的不同密码子称为同义密码子，如 UCU、

UCC、UCA、UCG、AGU、AGC6 个密码子为同义密码子。在所有氨基酸中只有色氨酸和甲硫氨酸仅有一个密码子，而其他氨基酸都有多个密码子。

（2）连续性。遗传密码在 mRNA 中是连续排列的，相邻两个密码子之间没有任何核苷酸间隔。在合成蛋白质的多肽链时，同一个密码子中的核苷酸不会被重复阅读，从起始密码 AUG 开始，一个密码接一个密码连续地进行翻译，直到出现终止密码为止。

（3）通用性。人们长期以来都认为，上述遗传密码是通用的，即无论是病毒、原核生物，还是真核生物都共同使用同一套密码，说明生物起源于共同的祖先，这也是当代基因工程中用一种生物基因表达一种生物的基础。但是在 1979 年发现线粒体的遗传密码与人们长期所认为的“通用密码”有区别，线粒体中使用有另一套密码，如人线粒体中 UGA 不再是终止密码子，而是编码色氨酸。

（4）摆动性。多数情况下，同义密码子的第一个和第二个碱基相同，第三个碱基不同。这说明，密码的专一性主要是由第一个和第二个碱基所决定的，而第三位碱基具有较大的灵活性。克里克将第三位碱基的这一特性称为“摆动性”（表 9.3）。

表 9.3　遗传密码的摆动性

tRNA 反密码子第一位碱基（35′）	U	C	A	G
mRNA 密码子第三位碱基（53′）	A，G	G	U	C，U

2．tRNA 的作用

转运 RNA（tRNA）主要功能是识别 mRNA 上的密码子和携带密码子所编码的氨基酸，并将其转移到核糖体中用于蛋白质的合成。每种 RNA 都特异地携带一种氨基酸，并利用其反密码子根据碱基配对的原则来识别 mRNA 上的密码子。在 tRNA 分子的反密码环上，由三个碱基组成一个三联体，它能以互补配对的方式识别 mRNA 上相应的密码子，这种三联体叫作反密码子，反密码子与密码子的方向相反。由反密码子按照碱基配对原则识别 mRNA 链上的密码子如图 9.11 所示。

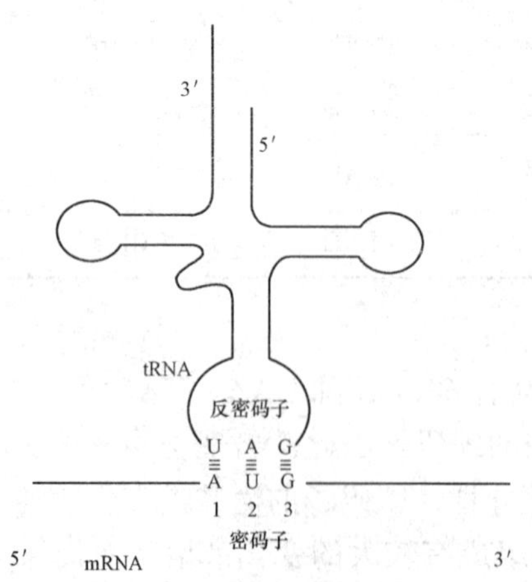

图 9.11　密码子和反密码子的配对关系

3．rRNA 和核糖体

rRNA 与蛋白质结合成核糖核蛋白体，简称核糖体。在核糖体中，蛋白质约占 40%，rRNA 约占 60%。核糖体是合成蛋白质的场所，它的结构复杂，由大、小两亚基组成。小亚基有供 mRNA 附着的部位，可以容纳两个密码的位置。大亚基有供 tRNA 结合的两个位点；一个叫作 P 位点，为 tRNA 携带多肽链占据的位点，又称为肽酰基位点；另一个叫作 A 位点，为 tRNA 携带氨基酸占据的位点，又称为氨酰基位点（图 9.12）。

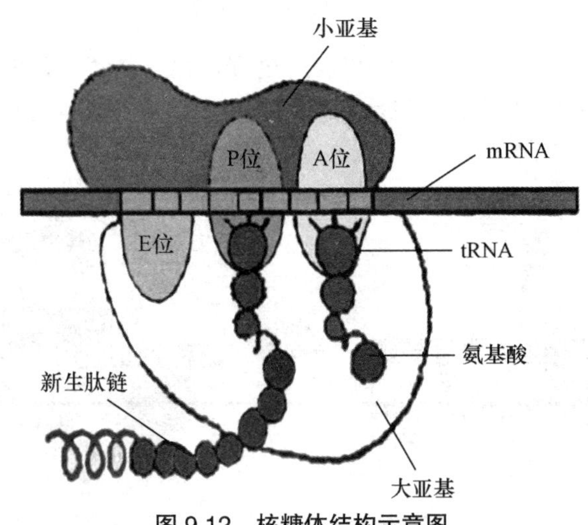

图 9.12　核糖体结构示意图

9.3.2　蛋白质的合成过程

蛋白质合成过程是按照mRNA上密码子的排列顺序，肽链从N端向C端逐渐延伸的过程。蛋白质的合成过程主要包括三个阶段：氨基酸的活化、核糖体循环以及肽链合成后的加工修饰。

1．氨基酸的活化

原形氨基酸是无法形成肽键的，必须先经过激活，以获得额外的能量。这种活化反应是在特异的氨基酰 -tRNA 合成酶催化下，在胞液中进行。其表达式如下：

$$\text{氨基酸+ATP} \xrightarrow{\text{氨基酰-tRNA合成酶}} \text{氨基酸-AMP-酶+PPi}$$

其中，氨基酰 -tRNA 合成酶是一类具有较高特异性的酶。这类酶既能识别特异的氨基酸，又能辨认携带该氨酰基的一组 tRNA 分子，氨基酰 -AMP- 酶复合物再将氨酰基转移到相应的 tRNA3′ 末端，生成氨基酰 -tRNA。

$$\text{氨基酰-AMP-酶+tRNA} \longrightarrow \text{氨基酰-tRNA+AMP+酶}$$

活化后的氨基酸由 tRNA 携带，按照 mRNA 密码子排列顺序转运到核糖体上参与肽链的合成。

2．肽链合成的起始

mRNA、核糖体与活化的 AA-tRNA 结合生成起始复合物，此过程需要起始因子和 GTP 的参与。在大肠杆菌等原核细胞中，首先由起始因子 IF-3、mRNA 和小亚基形成一个三元复合体，同时启动因子 IF-2、起始甲酰甲硫氨酰 -tRNA 和 GTP 结合成一个复合体，这两种复合体在起始因子 IF-1 的作用下，形成由小亚基、mRNA 和甲酰甲硫氨酰 -tRNA 组成的复合体，三种启动因子和 GTP 也结合在复合体中。最后在 GTP 酶的催化下，GTP 水解为 GDP 和磷酸，大亚基与小亚基结合，形成 70S 的起始复合体，各种起始因子同时被释放出来。甲酰甲硫氨酰 -tRNA 通过反密码子与核糖体 P 位点互补结合，空着的 A 位点准备接受一个能与第二个密码子配对的氨基酰 -tRNA，为肽链的延伸做好了准备。

3. 肽链的延伸

70S 起始复合体形成到肽链合成终止前的过程，称为肽链的延伸。这一过程需要有延伸因子参与并消耗 GTP，延伸因子包括 EF-Tu、EF-Ts、EF-G 等三种。具体过程如图 9.13 所示。肽链的延伸步骤如下：

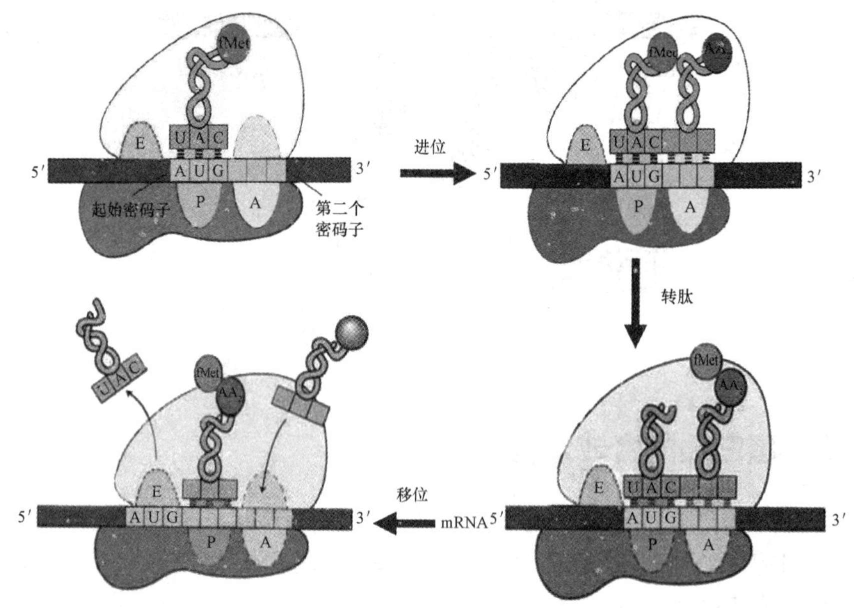

图 9.13 肽链延伸的过程

（1）进位。肽链延伸阶段的第一步是氨基酰 -tRNA 进入 A 位。在延伸因子 EF-Tu、EF-Ts 和 GTP 作用下，氨基酰 -tRNA 识别起始复合物中 A 位点上 mRNA 的密码子，并且结合到 A 位点上。

（2）转肽。在转肽酶的作用下，把 P 位的甲酰甲硫氨酰基（或肽基）从 P 位转移到 A 位的氨基酰 -tRNA 的氨基上，形成一个新的肽键。

（3）移位和脱落。核糖体沿 mRNA 链 5′-3′ 的方向移动一个密码子的位置。使 A 位上的肽酰基 -tRNA 移到 P 位，此时 A 位置空出，接受下一个氨基酰 -tRNA。肽链延伸过程每重复一次，肽链就增加一个氨基。移位过程需要 GTP 提供能量。

4. 肽链合成的终止与释放

当多肽链合成已完成，并且 A 位上已出现终止信号（UAA、UGA、UAG），即转入终止阶段。终止阶段包括已合成完毕的肽链被水解释放，以及核蛋白体与 tRNA 从 mRNA 上脱落的过程。这一阶段需要一种起终止作用的蛋白质终止因子的参与。

终止因子使大亚基 P 位的转肽酶不起转肽作用，而起水解作用。在转肽酶的作用下，P 位上 tRNA 所携带的多肽链与 tRNA 之间的酯键被水解，并从核蛋白体及 tRNA 上释出。从 mRNA 上脱落的核蛋白体，分解为大小两个亚基，重新进入核蛋白体循环。核蛋白体的解体需要 IF-3 的参与。以上介绍的主要是原核生物蛋白质生物合成过程，高等动物蛋白质的生物合成与原核生物基本相似。

蛋白质的生物合成，是多个核糖体结合在同一个 mRNA 分子上，同时进行肽链的合成。当第一个核糖体移动到距起始密码有一段距离后，另一个核糖体的大小亚基与 mRNA 等聚合形成新的起始复合体，开始另一个多肽链的合成，以此类推，多个核糖体都可以同时聚合在同一条 mRNA 模板上，按照不同的进度各自合成相同的多肽长链，这叫作多聚核糖体。在真核生物中，一条 mRNA 模板上同时可结合多个核糖体。

9.3.3　多肽链合成后的加工

刚合成出来的多肽链多数是没有生物活性的，要经过多种方式的加工修饰才能转变为具有一定活性的蛋白质，这一过程称为翻译后的加工。不同蛋白质的加工过程不同，常见的加工方式有以下几种。

1．N 端甲酰基或 N 端氨基酸的除去

原核细菌蛋白质氨基酸端的甲酰基，在脱甲酰化酶的水解作用下，被切除 N 端的甲酰基，然后在氨肽酶的作用下再切去一个或多个 N 端的氨基酸。

2．信号肽的切除

某些蛋白质在合成过程中，新生肽链的 N 端有一段信号肽，这些信号肽由具有高度疏水性的氨基酸组成，这种强的疏水性有利于多肽链穿过内质网膜，当多肽链穿过内质网膜，进入内质网腔后，在信号肽酶的作用下除去信号肽。

3．切除非必需肽段

一些消化酶（胃蛋白酶、胰蛋白酶等）的初合成产物是无活性的酶原，需在一定条件下水解去除一段肽才能转变为有活性的酶。又如胰岛素，初级翻译产物为前胰岛素原，要经过两次切除，即首先切除 N 端的信号肽顺序变为胰岛素原，再切除中间部位的多余顺序 C 肽，才转变成有生物活性的胰岛素分子。

4．氨基酸的修饰

氨基酸被修饰的方式是多样的。例如，胶原蛋白中的一些脯氨酸、赖氨酸被羟化，成为羟脯氨酸和羟赖氨酸；细胞色素 c 中有些氨基酸被甲基化；糖蛋白中有些氨基酸被糖基化；组蛋白质中，某些氨基酸被乙酰化。被修饰的部位通常是丝氨酸或苏氨酸侧链上的羟基；天冬氨酸、谷氨酸侧链上的羧基；天冬酰胺侧链上的酰胺基；精氨酸、赖氨酸侧链上的氨基；半胱氨酸侧链上的巯基等。这些修饰作用都是在专一的修饰酶催化下完成的。

5．二硫键的形成

mRNA 中没有胱氨酸的密码子，胱氨酸中的二硫键是通过两个半胱氨酸—SH 的氧化形成的，肽链内或肽链间都可形成二硫键，二硫键对维持蛋白质的空间构象起了很重要的作用。

6. 加糖基

糖蛋白中的糖链是在多肽链合成中或合成后通过共价键连接到相关的肽段上。糖链的糖基可通过N-糖苷键连在天冬酰胺或谷氨酰胺基的N原子上，也可通过O-糖苷键连在丝氨酸或苏氨酸羟基的O原子上。

7. 多肽链的折叠

蛋白质的一级结构决定高级结构，所以合成后的多肽链能自动折叠。许多蛋白质的多肽可能在合成过程中就已经开始折叠。但是，在细胞中并不是所有的蛋白质合成后都能自动折叠，现已在多种细胞中发现了一个能帮助其他蛋白质折叠的蛋白质，这种蛋白质叫多肽链结合蛋白质。

【思考与练习】

一、名词解释

1. DNA的半保留复制　2. 转录　3. 逆转录　4. 翻译

二、填空题

1. 携带遗传信息的DNA通过__________将信息传递给子代细胞，在子代细胞中的DNA再经过__________，将信息传递给RNA，再由RNA通过__________转变成蛋白质肽链上的氨基排列顺序，这一遗传信息的传递规律叫__________。

2. 细胞内多肽链合成的方向是从__________端至__________端，而阅读mRNA的方向是从__________端至__________端。

3. 蛋白质的生物合成通常是以__________或__________作为终止密码子。以__________、__________、__________作为起始密码子。

4. 蛋白质的生物合成可分为__________、__________、__________三个阶段。

5. 逆转录酶是催化以__________为模板，合成__________的一类酶。

三、选择题

1. 蛋白质合成的模板是（　　）。

A. tRNA　　B. mRNA

C. rRNA　　D. DNA

2. 逆转录酶是一类（　　）。

A. DNA指导的DNA聚合酶　　B. DNA指导的RNA聚合酶

C. RNA指导的DNA聚合酶　　D. RNA指导的RNA聚合酶

3. tRNA的作用是（　　）。

A. 把一个氨基酸连到另一个氨基酸上

B. 将mRNA连到rRNA上

C. 增加氨基酸的有效浓度

D. 活化氨基酸并将其带到mRNA特定的位置上

4. 下列关于遗传密码的描述错误的是（　　）。

A. 密码的阅读有方向性，从5′端开始，3′端终止

B. 密码的第三位即3′端碱基与反密码子的第1位即5′端碱基配对具有一定的自由度，有时会出现多对一的情况

C. 一种氨基酸只能有一种密码子

D. 一种密码子只能代表一种氨基酸

5. 蛋白质的合成方向是（　　）。

A. 从C端到N端　　B. 从N端到C端

C. 定点双向进行　　C. 从C端、N端同时进行

四、简答题

1. 简述中心法则的意义。

2. 在DNA复制过程中，哪些措施保证着遗传信息传递的准确无误？

【拓展与应用】

转基因家畜

当转基因小鼠的方法确定之后，科学家对应用同类方法获得转基因家畜产生了兴趣。最初的试验选择兔、猪和绵羊。目前，将DNA引入小鼠生殖系统最有效的方法是通过微注射使其进入卵子的细胞核。对家畜也选择受精卵进行DNA移植。用一种特殊的技术，即微分干涉相差（DIG）显微镜可看到卵子的核。虽然兔子和羊的卵子的核可用这种技术观察到，但猪和牛的卵子是不透明的，核在DIG显微镜下难以看清。这个问题可通过将卵子在离心机中短暂离心加以解决。这样可使细胞质中的色素向卵子的一边集中，使核的可见度达到微注射要求。这方面的第一个试验是转移含有人的生长激素基因，使此基因在可被金属诱导的金属硫蛋白（MT）启动子的转录控制下表达。这些研究与早期进行的转基因鼠相类似。之所以选择人的生长激素是因为已具有灵敏的方法可用来探测转基因动物中hGHMRNA的表达和hGH蛋白质的产生。此外，当时人们认为hGH在这些动物体内的表达可像转基因鼠一样用大量的动物来进行试验。对兔、猪、绵羊的研究结果显示所注射的DNA都整合进三种动物的基因组，且从转基因猪和兔的血清里可检测到hGH的存在。然而，注射过的卵子产生转基因动物的比例很低。在200个被注射卵子中只有一个可产生转基因动物。这个数字仅为典型的用小鼠试验的结果的6.6%~10%。在早先对小鼠的试验中条件是经过优化的，现在，为提高转基因家畜成功的比例，其试验方法也有了改进。目前，大多数试验选用猪进行，这是因为获得转基因猪的比例要比绵羊和牛高，且猪产仔多，妊娠期短。最近，通过将DNA微注射入受精的胚胎，已产生出转基因牛将胚连体外培养到柔根胚或胚期，然后转移到受体母牛体内。在大约1 000个被注射入DNA的核子，有129个发育成胚胎，并转移入母牛体内，有19个牛犊产生，其中两个将注射入的DNA整合到自己的基因组中。研究人员用FCR技术对囊胚细胞进行了鉴定，证明细胞将外源DNA整合进细胞的基因组中。

将外源基因转移入家畜体内现正进入实用阶段。能自然表达大量生长激素的转基因奶牛就不需要像现在这样用注射的方法使其进入奶牛体内。先前的试验表明，用重组GH处理过的猪生长快，能产生在商业上有重要价值的较多瘦肉。能表达生长激素的转基因

猪同样表现出特殊性，与非转基因猪相比，有较高的饲料利用率。然而，这种转基因猪在发育中会出现虚弱的生理问题，可能是由于在猪的整个一生中都一直表达生长激素造成的。正常情况下，生长激素的产生只持续两个月的时间。可利用锌使MT启动子开放或关闭达到使GH基因只在这段时间表达，但在这种转基因猪中GH基因的表达似乎是组成型的。在饲料中添加锌诱导MT启动子只能使GH表达的量增加一倍。选择其他调节启动子的试验正在进行中以使转基因的表达能被控制。

（摘自程相朝、李银聚：《动物基因工程》）

附录　生物化学实验技能

第 1 部分　生物化学实验基本技术

1.1　离心分离技术

离心机是利用离心力对混合液（含有固形物）进行分离和沉淀的一种专用仪器。实验室常用电动离心机有低速、高速离心机和低速、高速冷冻离心机，以及超速分析、制备两用冷冻离心机等多种型号。其中以低速（包括大容量）离心机和高速冷冻离心机应用最为广泛，是生化实验室用来分离制备生物大分子必不可少的重要工具。在实验过程中，欲使沉淀与母液分开，常使用过滤和离心两种方法。但在下述情况下，使用离心方法效果较好：①沉淀有黏性或母液黏稠；②沉淀颗粒小，容易透过滤纸；③沉淀量过多而疏松；④沉淀量很少，需要定量测定，或母液量很少，分离时应减少损失；⑤沉淀和母液必须迅速分开；⑥一般胶体溶液。

1.1.1　电动离心机的基本结构和性能

（1）普通（非冷冻）离心机。这类离心机结构较简单，可分小型台式和落地式两类，配有驱动电动机、调速器、定时器等装置，操作方便。低速离心机其转速一般不超过 4 000 r/min，台式高速离心机最大转速可达 18 000 r/min。

（2）低速冷冻离心机。转速一般不超过 4 000 r/min，最大容量为 2 ～ 4 L，实验室最常用于大量初级分离提取生物大分子、沉淀物等。其钻头多用铝合金制的甩平式和角式两种，离心管有硬质玻璃、聚乙烯硬塑料和不锈钢管多种型号。离心机装配有驱动电动机、定时器、调整器（速度指示）和制冷系统（温度可调范围为 -20 ℃～ +40 ℃），可根据离心物质所需，更换不同容量和不同型号转速的钻头。

（3）高速冷冻离心机。转速可达 20 000 r/min 以上，除具有低速冷冻离心机的性能和结构外，高速离心机所用角式钻头均用钛合金和铝合金制成。离心管为聚乙烯硬塑料制品。这类离心机多用于收集微生物、细胞碎片、细胞、大的细胞器、硫酸沉淀物以及免疫沉淀物等。

（4）超速离心机。转速可达 50 000 r/min 以上，能使亚细胞器分级分离，应用于蛋白质、核酸相对分子质量的测定等。其转头为高强度钛合金制成，可根据需要更换不同容量和不同型号的转速钻头。超速离心机驱动电动机有两种：一种为调频电动机直接升速；另一种为通过变速齿轮箱升速。为了防止驱动电动机在高速运转中产热，装有冷却驱动电动机系统（冷风、水冷），限速器、计时器、转速记录器等。此外，超速离心机还装配有抽真空系统气冷。

1.1.2　低速离心机的一般使用规程

1. 使用方法

（1）检查离心机调速旋钮是否处在零位，外套管是否完整无损和垫有橡皮垫。

（2）离心前，先将离心的物质转移入合适的离心管，其量以距离心管口 1 ～ 2 cm 为宜，以免在离心时甩出，将离心管放入外套管，在外套管与离心管间注入缓冲水，使离心管不易破损。

（3）取一对外套管（内已有离心管）放在台秤上平衡，如不平衡，可调整缓冲用水或离心物质的量。将平衡好的套管放在离心机十字钻头的对称位置上。把不用的套管取出，并盖好离心机盖。

（4）接通电源，开启开关。

（5）平稳、缓慢地转动调速手柄（需 1 ～ 2 min）至所需转速，待转速稳定后开始计时。

（6）离心完毕，将手柄慢慢地调回零位，关闭开关，切断电源。

（7）待离心机自行停止转动时，方可打开机盖，取出离心样品。

（8）将外套管、橡胶垫冲洗干净，倒置干燥备用。

2. 注意事项

（1）离心机要放在平坦和结实的地面或实验台上，不允许倾斜。

（2）离心机应接地线，以确保安全。

（3）离心机启动后，如有不正常的噪声及振动时，可能离心管破碎或相对位置上的两管质量不平衡，应立即关机处理。

（4）需平稳、缓慢增减转速。关闭电源后，要等候离心机自动停止。不允许用手或其他物件迫使离心机停转。

（5）一年检查一次电动机的电刷及轴承磨损情况，必要时更换电刷或轴承。注意电刷型号必须相同。更换时要清洗刷盒及整流子表面污物。新电刷要自由落入刷盒。要求电刷与整流子外圆吻合。轴承缺油或有污物时，应清洗加油，轴承采用二硫化钼锂基脂润滑。加量一般为轴承空隙的 1/2。

1.2　分光光度技术

1.2.1　原理

光线本质是电磁波的一种，有不同的波长。肉眼可见的彩色光称为可见光，波长范围为 400 ～ 760 nm。短于 400 nm 的光线称为紫外线（200 ～ 400 nm 为紫外光区），短于 200 nm 的叫远紫外线，再短的就是 X 射线和 γ 射线了。长于 760 nm 的光线称为红外线（760 ～ 500 000 nm 为红外区）。

可见光区的电磁波，因波长不同而呈现不同的颜色，这些不同颜色的电磁波称为单色光，单色光并非纯粹是单一波长的光，还包括一定波长范围内的光，太阳及钨丝灯发出的白光，是各种单色光的混合光，利用棱镜可将白光分成按波长顺序排列的各种单色光，即红、橙、黄、绿、青、蓝、紫等，这就是光谱。

当光线通过透明溶液介质时，其辐射的波长有一部分被吸收，一部分透过，因此光线射出溶液之后，部分光波减少。例如，可见光通过有色溶液后，或红外线通过多种气体后，部分光波被吸收。不同的物质由于其分子结构不同，对不同波长光线的吸收能力也不同，因此每种物质都具有其特异的吸收光谱，在一定条件下，吸收程度与该物质浓度成正比，故可利用各种物质的不同的吸收光谱特征及其强度，对不同物质进行定性和定量的分析。在可见光范围内，利用溶液的颜色深浅来测定溶液中物质含量的方法，称为比色法。采用适当的光源、棱镜和适当的光源接收器，可使溶质浓度的测定范围不仅仅局限于可见光，也可扩大到紫外光区和红外光区。这就是分光光度法。分光光度法是生物化学中最有价值的测定方法之一。通过测定紫外、可见或红外的特征吸收光谱可以鉴定未知化合物；通过测量在某一波长的光吸收可以测定溶液中未知化合物的浓度。

1．光的本质与溶液颜色关系

光是一种电磁波。自然光是由不同波长（400 ～ 700 nm）的电磁波按一定比例组成的混合光，通过棱镜可分解成红、橙、黄、绿、青、蓝、紫等各种颜色相连续的可见光谱。如把两种光以适当比例混合而产生白光感觉时，则这两种光的颜色互为补色（附图 1.1）。

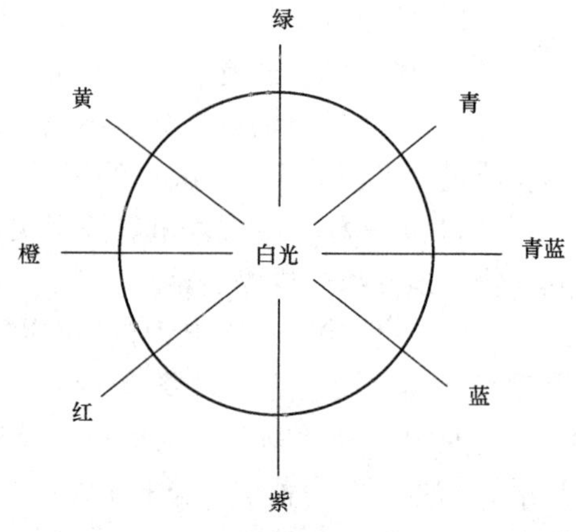

附图 1.1　光的互补色示意图

当白光通过溶液时，如果溶液对各种波长的光都不吸收，溶液就没有颜色。如果溶液吸收了其中一部分波长的光，就呈现出透过溶液后剩余部分光的颜色。例如，我们看到 $KMnO_4$ 溶液在白光下呈紫红色，就是因为白光透过溶液时，绿色光大部分被吸收，而其他各色都能透过。在透过的光中除紫红色外都能两两互补成白色，所以 $KMnO_4$ 溶液呈现紫红色。同理，$CuSO_4$ 溶液能吸收黄色光，所以溶液呈蓝色。由此可见，有色溶液的颜色是被吸收光颜色的补色。吸收越多，则补色的颜色越深。比较溶液颜色的深度，实质上就是比较溶液对它所吸收光的吸收程度。附表 1.1 表示出溶液的颜色与吸收光颜色的关系。

附表 1.1　溶液的颜色与吸收光颜色的关系

溶液颜色		绿	黄	橙	红	紫红	紫	蓝	青蓝	青
吸收光	颜色	紫	蓝	青蓝	青	青绿	绿	黄	橙	红
	波长 / nm	400 ～ 450	451 ～ 480	481 ～ 490	491 ～ 500	501 ～ 560	561 ～ 580	581 ～ 600	601 ～ 650	651 ～ 760

有些无色溶液，虽然对可见光无吸收作用，但所含的溶质可以吸收特定波长的紫外

线或红外线。朗伯—比尔定律是分光光度技术分析的基础，这个定律阐明了有色溶液对单色光的吸收程度与溶液及液层厚度间的定量关系。

2．朗伯—比尔（Lambert-Beer）定律

当一束平行单色光（只有一种波长的光）照射有色溶液时，光的一部分被吸收，一部分透过溶液（附图 1.2）。

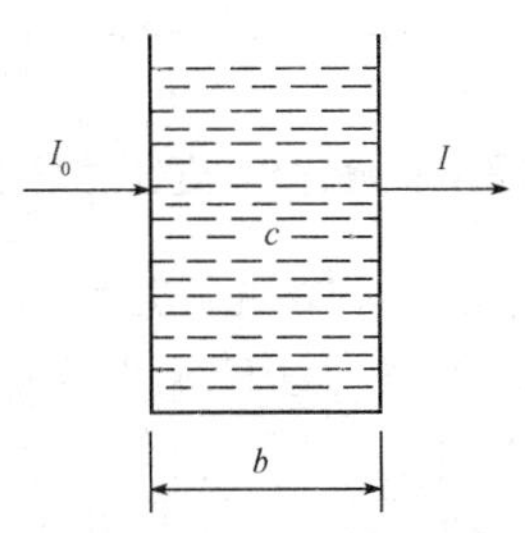

附图 1.2　光吸收示意图

设入射光的强度为 I_0，溶液的浓度为 c，液层的厚度为 b，透射光强度为 I，则

$$\lg \frac{I_0}{I}=Kcb$$

式中 $\lg(I_0/I)$ 表示光线透过溶液时被吸收的程度，一般称为吸光度（A）或消光度（E），又称光密度“OD”（Optical Density）。因此，上式又可写为

$$A=Kcb$$

式中　K——吸光系数，是物质对某波长的光的吸收能力的量度，当溶液浓度 c 和液层厚度 b 的数值均为 1 时，$A=K$ 即吸光系数在数值上等于 c 和 b 均为 1 时溶液的吸光度，K 越大，吸收光的能力越强，相应的分光度法测定的灵敏度就越高，对于同一物质和一定波长的入射光而言，它是一个常数；

b——样品光程（cm），通常使用 1.0 cm 的吸收池，b=1 cm；

c——样品浓度（mol/L）。

由上式可以看出：吸光度 A 与物质的吸光系数 K、物质的浓度 c 成正比。比色法中常把 I/I_0。称为透光度，用 T 表示，透光度和吸光度的关系如下：

$$A=\lg \frac{I_0}{I}=\lg \frac{1}{T}=-\lg T$$

朗伯—比尔定律不仅适用于可见光，而且适用于紫外光区和红外光区；不仅适于均匀、无散射的溶液，而且适用于均匀、无散射的固体和气体。

1.2.2　分光光度计

1．简介

分光光度技术使用的检测仪器称为分光光度计，该仪器能从含有各种波长的混合光中将每一单色光分离出来并测量其强度，并且灵敏度高，测定速度快，应用范围广。其使用的光波范围是 200 ～ 1 000 nm，其中紫外光区为 200 ～ 400 nm、可见光区为

400 ～ 760 nm、红外光区为 760 ～ 1 000 nm。分光光度计因使用的波长范围不同而分为紫外光区、可见光区、红外光区以及万用（全波段）分光光度计等。各种型号的紫外 / 可见分光光度计，无论是何种形式，基本上都由五部分组成（附图 1.3）：①光源；②单色器（包括产生平行光和把光引向检测器的光学系统）；③样品室；④检测放大系统；⑤显示或记录器。

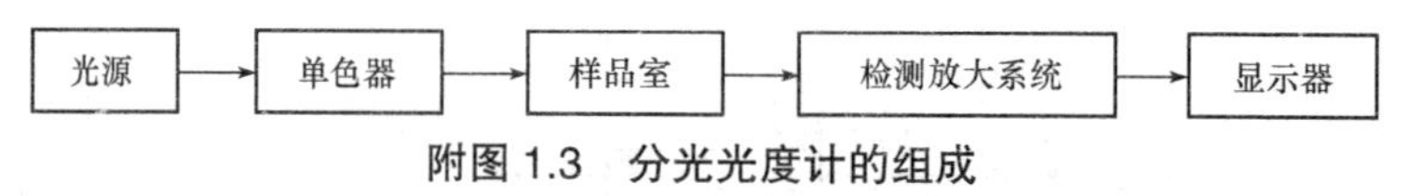

附图 1.3 分光光度计的组成

国产分光光度计常用的可见光系列有 721、722、723 等型号，紫外 / 可见光系列有 751、752、753、754、756 等型号，主要生产厂为上海分析仪器总厂等；进口的分光光度计常用的有瑞士 Kontron（康强）公司生产的 Unicon 860 型紫外 / 可见光分光光度计、德国蔡司公司生产的 Specord 200 型高档紫外 / 可见光分光光度计等。

2. 使用

在此，着重介绍国产 722 型分光光度计和 752 型分光光度计的使用。

（1）722 型分光光度计。722 型分光光度计是可见光分光光度计，其波长范围为 350 ～ 820 nm。

①使用方法。

a. 预热仪器。将选择开关置于“T”，打开电源开关，使仪器预热 20 min。为了防止光电管疲劳，不要连续光照，预热仪器时和不测定时应将试样室盖打开，使光路切断。

b. 选定波长。根据实验要求，转动波长手轮，调出所需要的单色波长。

c. 固定灵敏度挡。在能使空白溶液很好地调到“100 %”的情况下，尽可能采用灵敏度较低的挡。使用时，首先调到“1”挡，灵敏度不够时再逐渐升高。但换挡改变灵敏度后重新校正“0 %”和“100 %”。选好的灵敏度，实验过程中不要再变动。

d. 调节 T=0 %。轻轻旋动“0%”旋钮，使数字显示为“00.0”（此时试样室是打开的）。

e. 调节 T=100%。将盛蒸馏水（或空白溶液，或纯溶剂）的比色皿放入比色座架中的第一格内，并对准光路，把试样空盖子轻轻盖上，调节透过率“100 %”旋钮，使数字显示正好为“00.0”。

f. 吸光度的测定。将选择开关置于“A”，盖上试样室盖子，将空白液置于光路中，调节吸光度旋钮，使数字显示为“0.000”。将盛有待测溶液的比色皿放入比色照座架中的其他格，盖上试样室盖，轻轻拉动试样架拉，使待测溶液放入光路，此时数字显示值即为该待测溶液的吸光度值。读数后，打开试样室盖，切断光路重复上述测定操作 1 ～ 2 次，读取相应的吸光度值，取平均值。

g. 浓度的测定。将选择开关由“A”旋置“C”，将已标定浓度的样品放入光路，调节浓度旋钮，使得数字显示为标定值，将被测样品放入光路，此时数字显示值即该待测溶液的浓度值。

h. 关机。实验完毕，切断电源，将比色皿取出洗净，并将比色皿座架用软纸擦净。

②注意事项。

a. 测定完毕，迅速将暗盒盖打开，关闭电源开关，将灵敏度旋钮调至最低挡，取出比色皿，将装有硅胶的干燥剂袋放入暗盒，关上盖子，将比色皿中的溶液倒入烧杯，用蒸馏水洗净后放回比色皿盒。

b. 每台仪器所配套的比色不可与其他仪器上的表面皿单个调换。

c. 若大幅度改变测试波长，需稍等片刻，等灯热平衡后，重新校正“0 %”和“100 %”点。然后测量。

d. 比色皿使用完毕后，请立即用蒸馏水冲洗干净，并用干净柔软的纱布将水迹擦去，以防止表面粗糙度被破坏，影响比色皿的透光率。

（2）752 型分光光度计。752 型分光光度计为紫外光栅分光光度计，测定波长 200 ～ 800 nm。

①操作方法。

a. 将灵敏度旋钮调到“1”挡（放大倍数最小）。

b. 打开电源开关，钨灯点亮，预热 30 min 即可测定。若需用紫外光则打开“氢灯”开关，再按氢灯触发按钮，氢灯点亮，预热 30 min 后使用。

c. 将选择开关置于“T”。

d. 打开试样室盖，调节“0%”旋钮，使数字显示为“00.0”。

e. 调节波长旋钮，选择所需测的波长。

f. 将装有参比溶液和被测溶液的比色皿放入比色皿架。

g. 盖上样品室盖，使光路通过参比溶液比色皿，调节透光率旋钮，使数字显示为 100.0 %（T）。如果显示不到 100.0 %（T），可适当增加灵敏度的挡数。然后将被测溶液置于光路，数字显示值即被测溶液的透光率。

h. 若不需测透光率，仪器显示 100.0 %（T）后，将选择开关调至“A”，调节吸光度旋钮，使数字显示为“0.000”。再将被测溶液置于光路后，数字显示值即溶液的吸光度。

i. 若将选择开关调至“C”，将已知标定浓度的溶液置于光路，调节浓度旋钮使数字显示为标定值，再将被测溶液置于光路，则可显示出相应的浓度值。

②注意事项。

a. 测定波长在 360 nm 以上时，可用玻璃比色皿；波长在 360 nm 以下时，要用石英比色皿。比色皿外部要用吸水纸吸干，不能用手触摸光面的表面。

b. 仪器配套的比色皿不能与其他仪器的比色皿单个调换。如需增补，应经校正后方可使用。

c. 开关样品室盖时，应小心操作，防止损坏光门开关。

d. 不测量时，应使样品室盖处于开启状态，否则会使光电管疲劳，数字显示不稳定。

e. 当光线波长调整幅度较大时，需稍等数分钟才能工作，因光电管受光后，需有一段响应时间。

f. 仪器要保持干燥、清洁。

3. 计算

利用分光光度法对物质进行定量测定的方法，主要有以下两种。

（1）利用标准管计算测定物含量（直接比较法）实际测定过程中，用一已知浓度的测定物按测定管同样处理显色，读取光密度，再根据下式计算。

$$A_{样}=K_{样}C_{样}L_{样}$$
$$A_{标}=K_{标}C_{标}L_{标}$$

式中 $A_{样}$、$A_{标}$——未知浓度调定管和已知浓度标准管光密度；

$C_{样}$、$C_{标}$——未知浓度测定管测定物和已知浓度标准管浓度；

$L_{样}$、$L_{标}$——盛标准溶液和测定液的比色皿内径标准液和测定液中介质为同一物，K 相同（$K_{样}=K_{标}$），故上式可写成：$C_{样}=C_{标}\cdot A_{样}/A_{标}$。

（2）利用标准曲线换算（标准曲线法）。先配制一系列已知浓度的测定物溶液，按测定管同样方法处理显色，读取各管光密度。然后以各管光密度为纵轴，浓度为横轴，在坐标纸上作图得标准曲线，再以测定管光密度从标准曲线上查得测定物的浓度。

标准曲线的制作与测定管的测定，应在同一仪器上进行，在配制样品时，一般选择其浓度相当于标准曲线中部的浓度较好。

1.3 实验记录与实验报告

1.3.1 实验记录

记录实验结果、书写实验报告是实验课教学的重要环节之一，同样需要认真对待。

（1）实验前必须认真预习，弄清原理和操作方法，并在实验记录本上写出扼要的预习报告，内容包括实验基本原理、简要的操作步骤（可用流程图等表示）和记录数据的表格等。

（2）实验中观察到的现象、结果和测试的数据应及时、如实地记录在实验记录本上，不能靠记忆；不能记录在单片纸上，防止丢失，避免事后追记。当发现与教材描述情况、结论不一致时，尊重客观，不先入为主，记录实情，留待分析讨论原因，总结经验教训。

（3）在已设计好的记录表格上，准确记录下观测数据，如称量物的质量、滴定管的读数、分光光度计的读数等，并根据仪器的精确度准确记录有效数字。例如，光吸收值为 0.050 不应写成 0.05。每一个结果最少要重复观测两次以上，当符合实验要求并确知仪器工作正常后，再写在记录本上。实验记录上的每一个数字，都反映每一次的测量结果，所以，重复观测时，即使数据完全相同也应如实记录下来。总之，实验的每个结果都应正确无遗漏地做好记录。

（4）详细记录实验条件，如生物材料来源、形态特征、健康状况、选用的组织及其质量；主要使用观测仪器的型号和规格；化学试剂的规格、化学式、相对分子质量、准确的浓度等，以便总结实验时进行核对和作为查找成败原因的参考依据。

（5）实验记录不能用铅笔，须用钢笔或圆珠笔。记录不要擦抹及修改，写错时可以准确地划去重记。

（6）如果怀疑所记录的观测结果或实验记录遗漏、丢失都必须重做实验，切忌拼凑实验数据、结果，自觉培养一丝不苟、严谨的科学作风。

1.3.2　实验报告

实验报告是做完每个实验后的总结。通过总结本人的实验过程与结果，分析总结实验的经验和问题，加深对有关理论和技术的理解与掌握。

书写实验报告应注意以下几点：

（1）简明扼要地概括出实验的原理，涉及化学反应，最好用化学反应式表示。

（2）应列出所用的试剂和主要仪器。特殊的仪器要画出简图并有合适的图解，说明化学试剂时要避免使用未被普遍接受的商品名或俗名。

（3）实验方法步骤的描述要简洁，不要照抄实验指导或实验讲义，但要写得明白，以便他人能够重复。

（4）应实事求是地记录实际观察到的实验现象而不是照抄实验指导书所列应观察到的实验结果。并记录实验现象的所有细节。

（5）讨论不应是实验结果的重述，而是以结果为基础的逻辑推论，如对定性实验，在分析实验结果基础上应有一个简短而中肯的结论。讨论部分还可以包括关于实验方法（或操作技术）和有关实验的一些问题，如实验异常结果的分析，对于实验设计的认识、体会和建议对实验课的改进意见等。

第 2 部分　生物化学实验技能训练

2.1　血清蛋白醋酸纤维薄膜电泳

2.1.1　目的

掌握醋酸纤维薄膜电泳的基本原理和操作方法。

2.1.2　原理

血清蛋白的 pI 都在 7.5 以下，在 pH=8.6 的巴比妥缓冲液中以负离子的形式存在，分子大小、形状也各有差异，所以在电场作用下，可在醋酸纤维薄膜上分离成清蛋白（A）、α_1- 球蛋白、α_2- 球蛋白，β - 球蛋白、γ - 球蛋白 5 条区带，电泳结束后，将醋酸纤维薄膜置于染色液，使蛋白质固定并染色，再脱色（洗去）多余染料，将经染色后的区带分别剪开，将其溶于碱液中，进行比色测定，计算出各区带蛋白质的质量分数，也可将染色后的醋酸纤维薄膜透明处理后在扫描光密度计上绘出电泳曲线，并可根据各区带的面积计算各组分的质量分数。

2.1.3　器材与试剂

1. 器材

电泳仪（包括直流电源整流器和电泳槽两个部分，电泳槽用有机玻璃或塑料等制成，它有两个电极，用白金丝制成）。

2. 试剂

（1）巴比妥缓冲溶液，pH=8.6（巴比妥钠 12.76 g、巴比妥 1.68 g、蒸馏水加热溶解后再加水至 1 000 mL）。

（2）氨基黑 10B 染色液（氨基黑 10B0.5 g、甲醇 50 mL、冰醋酸 10 mL、蒸馏水 40 mL 溶解）。

（3）漂洗液（95% 乙醇 45 mL、冰醋酸 5 mL、蒸馏水 50 mL 混匀）。

（4）丽春红 S 染色液。

（5）3 % 冰醋酸。

2.1.4　方法与步骤

1. 准备与点样

（1）醋酸纤维薄膜为 2 cm×8 cm 的小片，在薄膜无光泽面距一端 2.0 cm 处用铅笔画线，表示点样位置。

（2）将薄膜无光泽面向下，漂浮于巴比妥缓冲溶液液面上（缓冲溶液盛于培养皿中），使膜条自然浸湿下沉。

（3）将充分浸透（指膜上没有白色斑痕）的膜条取出，用滤纸吸去多余的缓冲溶液，把膜条平铺于平坦桌面上。

（4）吸取新鲜血清 3 ～ 5 μL，涂于 2.5 cm 的载玻片截面处，或用载玻片截面在滴有血清的载玻片上蘸一下，使载玻片末端沾上薄层血清，然后呈 45 º 按在薄膜点样线上，移开载玻片。

2. 电泳

将点样后的膜条置于电泳槽架上，放置时无光泽面（即点样面）向下，点样端置于阴极。槽架上以二层纱布作桥垫，膜条与纱布需贴紧，待平衡 5 min 后通电，电压为 10 V/cm（膜条与纱布桥总长度），电流为 0.4 ～ 0.6 mA/cm 宽，通电 1 h 左右关闭电源。

3. 染色

通电完毕后用镊子将膜取出，直接浸于盛有氨基黑 10B（或丽春红 S）的染色液中，染 5 min 取出，立即浸入培养皿的漂洗液，反复漂洗数次，直至背景漂净为止，用滤纸吸干薄膜。

4. 定量

取试管 6 支，编好号码，分别用吸管吸取 0.4 mol/L 氢氧化钠 4 mL，剪开薄膜上各条蛋白色带，另于空白部位剪一平均大小的薄膜条，将各条分别浸于上述试管内，不时摇动，使蓝色洗出，约 0.5 h 后，用分光光度计进行比色，波长 650 nm，以空白薄膜条洗出液为空白对照，读取清蛋白（A）、α_1- 球蛋白、α_2- 球蛋白，β - 球蛋白、γ - 球蛋白各管的光密度。

2.1.5　结果与讨论

计算：$T_{总}=T_{(A)}+T_{(\alpha_1)}+T_{(\alpha_2)}+T_{(\beta)}+T_{(\gamma)}$

式中　$T_{总}$——光密度总和；

$T_{(A)}$——清蛋白（A）光密度；

$T_{(\alpha_1)}$——α_1- 球蛋白光密度；

$T_{(\alpha_2)}$——α_2- 球蛋白光密度；

$T_{(\beta)}$——β - 球蛋白光密度；

$T_{(\gamma)}$——γ - 球蛋白光密度。

各部分蛋白质的质量分数为

$$w_{(清蛋白)}=\frac{T_{A}}{T_{总}}\times 100\%$$

$$w_{(\alpha_1-球蛋白)}=\frac{T_{\alpha_1}}{T_{总}}\times 100\%$$

$$w_{(\alpha_2-球蛋白)}=\frac{T_{\alpha_2}}{T_{总}}\times 100\%$$

$$w_{(\beta-球蛋白)}=\frac{T_{\beta}}{T_{总}}\times 100\%$$

$$w_{(\gamma-球蛋白)}=\frac{T_{\gamma}}{T_{总}}\times 100\%$$

2.2 动物组织中核酸的提取与鉴定

2.2.1 任务背景

核酸广泛存在于所有动物细胞、植物细胞和微生物内，生物体内的核酸常与蛋白质结合，形成核蛋白。核酸是生命的最基本物质之一。根据化学组成不同，核酸可分为核糖核酸（简称 RNA）和脱氧核糖核酸（简称 DNA）。DNA 是储存、复制和传递遗传信息的主要物质基础，RNA 在蛋白质合成过程中起着重要作用。核酸的定量测定对许多基础研究和临床诊断具有重要意义。

2.2.2 任务目标

（1）初步学会用定磷法测定核酸的原理和方法。

（2）进一步熟悉标准曲线绘制与分光光度计的使用方法。

（3）查阅资料，了解核酸常见的测定方法。

2.2.3 工作原理

RNA 和 DNA 的平均含磷量分别为 9.5 % 和 9.9 %，故先将核酸消化成无机磷，再用钼蓝比色法测定其中磷的含量，便可计算出核酸的含量。

1．粗核酸的消化反应

$$粗核酸+H_2SO_4 \xrightarrow{加热} H_3PO_4+(NH_4)_2SO_4+CO_2\uparrow+SO_2\uparrow+SO_3\uparrow$$

消化后期加入数滴 H_2O_2，使碳、磷等氧化完全。由于生成的 H_3PO_4 在高温下脱水生成焦磷酸和偏磷酸，因此，再加入少量水，使之水解为磷酸。

2．定磷试剂的显色反应

在酸性条件下，定磷试剂中的钼酸与样品中的磷酸反应生成磷钼酸铵，再在还原剂维生素 C 的作用下，被还原为钼蓝。

2.2.4　工作准备

实验工作准备见附表 2.1。

附表 2.1　实验工作准备

准备项目	试剂及器材名称	试剂制备
试剂	标准磷溶液	将分析纯 KH_2PO_4 于 105 ℃烘至恒重后，在干燥器中冷至室温，然后准确称取 0.219 5 g（含磷 50 mg），溶于水中，定容至 50 mL（含磷量为 1 mg/mL），储于冰箱中待用，临用时再准确稀释 100 倍（含磷量为 10 pg/mL）
	定磷试剂	3 mol/LH_2SO_4 ：水： 2.5% 钼酸铵： 10% 维生素 C= 1 ： 2 ： 1 ： 1（体积比）。临用时按上述顺序加试剂混匀
	30% 过氧化氢	
	5 mol/L H_2SO_4	
仪器	722 型分光光度计	
	凯氏烧瓶（25 mL）	
	容量瓶（10 mL）	
	容量瓶（50 mL）	
	电炉	
	恒温水浴箱	
	吸量管（5 mL）	
	小漏斗	
材料	市售酵母核糖核酸或从酵母等材料中提取	

2.2.5　工作流程

粗核酸样品液的制备→标准曲线的制作和样品溶液的测定→结果处理。

1．流程 1：粗核酸样品液的制备

（1）粗核酸液配制。准确称取粗核酸样品 0.2 g，用少量水溶解（如不溶，可滴数滴 5 % 氨水至 pH=7），转移至 50 mL 容量瓶中，加水至刻度（含粗核酸 4 mg/mL）。

（2）样品液消化。取两只 25 mL 凯氏烧瓶，一只准确加入粗核酸样品 0.5 mL，另一只加入 0.5 mL 蒸馏水作为空白对照，然后在两个烧瓶中各加入 1.5 mL 浓度为 5 mol/L H_2SO_4 溶液，瓶中插一个小漏斗，放入通风橱，在电炉上加热消化 1 ～ 2 h。消化过程中颜色变化过程为黄褐→黑褐→黄褐→淡黄时，稍冷后加入 2 ～ 3 滴 30 % H_2O_2，继续加热至微黄色或无色透明为止。稍冷后，加入 0.5 mL 蒸馏水，再煮沸数分钟，使焦磷酸水解成磷酸。待消化液完全冷却后，移入 50 mL 容量瓶中定容备用。

2．流程 2：标准曲线的制作和样品溶液的测定

（1）标准曲线绘制。取 6 支 10 mL 容量瓶，按附表 2.2 加入试剂，用蒸馏水稀释至 10 mL，摇匀，于恒温水浴中保温 15 ～ 20 min，取出冷却。以 1 号管为参比溶液，测定吸光度 A（660 nm 波长）。以磷含量为横坐标，吸光度 4 为纵坐标，绘出标准曲线（附表 2.2）。

附表 2.2　定磷法测定核酸含量标准曲线的绘制

管号	1	2	3	4	5	6
标准磷液 /mL	0	0.4	0.6	0.8	1.0	1.2
定磷试剂 /mL	5.00	5.00	5.00	5.00	5.00	5.00
含磷量 /（$mg \cdot mL^{-1}$）	0	0.04	0.06	0.08	0.10	1.2
A（660 nm）						

（2）样品的测定。按附表 2.3 配制样品溶液，以消化空白液为参比溶液，测定吸光度 A（660 nm 波长）见附表 2.3。

附表 2.3　样品的测定

管号	1	2
消化空白溶液 /mL	5.00	0
消化核酸样品	0	5.00
定磷试剂 /mL	5.00	5.00
含磷量 /（$mg \cdot mL^{-1}$）		
A（660 nm）		

（3）无机磷的测定。若核酸样品含有游离的磷酸盐（一般购买的核酸试剂中，含磷酸盐很少，此步可不测定），需测定其含量。测定过程：取未消化的粗核酸配制液（4 mg/mL）5 mL，于 50 mL 容量瓶中，加水至刻度。取此稀释液 4.0 mL 于试管中，加定磷试剂 4.0 mL 混匀，于 45 ℃水浴中保温 15 ～ 20 min，以标准 1 号管为空白进行吸光度的测定。由标准曲线查出或计算出无机磷的微克数，再乘以稀释倍数，即得每毫升样品中无机磷的含量。

3．流程 3：结果处理

$$\text{RNA 含量}=（\text{总磷量}-\text{无机磷量}）\times\frac{100}{9.5}$$

若样品不含游离无机磷，则按下式计算：

$$\text{RNA}=\frac{\dfrac{\text{磷微克数}}{\text{测定时取消化液毫升数}}\times\text{稀释倍数}\times 10.5}{\text{样品质量（}\mu g\text{）}}\times 100\%$$

式中　10.5——磷与核酸的换算系数，即 100/9.5=10.5。

4．操作心得

（1）要求试剂及所有器皿清洁，不含磷。

（2）每管加样和测定均要求平行操作。

（3）消化溶液定容后务必上下颠倒混匀后再取样。

（4）各种试剂必须用移液管按顺序准确量取，移液管口用吸水纸擦净，溶液尽量加到试管下部，标准溶液要求用差量法。

（5）测定吸光值时，用一个比色杯装参比溶液调节分光光度计零点，另一个比色杯按照从低浓度到高浓度的顺序测定，切忌甩比色杯，或将蓝色溶液洒在仪器和地面上。

2.3　唾液淀粉酶的特性试验

2.3.1　目的

（1）进一步理解酶的作用条件，掌握检查淀粉酶活性及专一性的原理和方法。

（2）掌握电热恒温水浴锅的使用方法。

2.3.2　原理

1．影响酶活性的因素

酶的催化作用受温度、pH、激活剂和抑制剂的影响。通过观察这些因素对淀粉酶水解淀粉反应速度的影响，掌握此酶的最适温度为 37 ～ 40 ℃，最适宜 pH 为 6.8，氯离子为激活剂，铜离子为抑制剂。

淀粉酶水解淀粉的过程及遇碘所呈的颜色如下：

反应过程：	淀粉 —	紫糊精 —	红糊精 —	无色糊精 —	麦芽糖
	↑	↑	↑	↑	↑
遇碘后显色：	蓝色	紫色	红色	无色	无色

2. 酶的专一性

酶具有高度专一性。淀粉和蔗糖无还原性，唾液淀粉酶只水解淀粉生成有还原性的麦芽糖，但不能催化蔗糖水解。用班氏试剂检查糖的还原性时，麦芽糖使 Cu^{2+} 还原为 Cu_2O 砖红色沉淀，而蔗糖不能使 Cu^{2+} 还原，故无砖红色沉淀。

还原糖（RCHO）+Cu（OH）$_2$ →小分子羧酸混合物 +Cu_2O ↓（砖红色）

2.3.3 工作准备（附表 2.4）

附表 2.4 工作准备

准备项目	试剂及器材名称	试剂制备
试剂	0.5% 淀粉液	取可溶性淀粉 0.5 g，加水少许拌成糊状，倒入 100 mL 沸水，搅匀，取上清液备用。临用时配制
	0.5% 蔗糖溶液	
	3.1% $CuSO_4$ 溶液	
	碘化钾—碘溶液	称取碘化钾 2 g 及碘 1 g，溶于 200 mL 水中，使用前稀释 5 倍
	班氏试剂	称取无水 $CuSO_4$ 17.48 g 溶于 100 g 热水。称取柠檬酸钠 173 g 及无水 Na_2CO_3 100 g 与 600 mL 水共热溶解，冷却至室温后，再慢慢倒入 $CuSO_4$ 溶液，混匀。用蒸馏水稀释至 1 000 mL。可长期保存
试剂	缓冲溶液	A 液：0.2 mol/L 磷酸氢二钠溶液。称取 35.62 gNa_2HPO_4 溶于水，并定容至 1 000 mL B 液：0.1 mol/L 柠檬酸溶液。称取 19.212 g 无水柠檬酸溶解并定容至 1 000 mL pH 为 5 缓冲溶液：取 A 液 10.30 mL 加 B 液 9.70 mL。pH 为 6.8 缓冲溶液：取 A 液 15.44 mL 加 B 液 4.56 mL pH 为 8 缓冲溶液：取 A 液 19.44 mL 加 B 液 0.56 mL
	0.5 %NaCl 溶液	
	恒温水浴箱	
仪器	试管和试管架、烧杯、漏斗、比色板、研钵	
材料	纱布、石英砂	

2.3.4 操作流程

酶液的提取→酶活性的检验→结果分析。

1. 流程 1：酶液的提取（可任选一种）

（1）唾液淀粉酶的制备。用水漱口 2 次，然后含一口蒸馏水 1 min 左右，吐入小烧

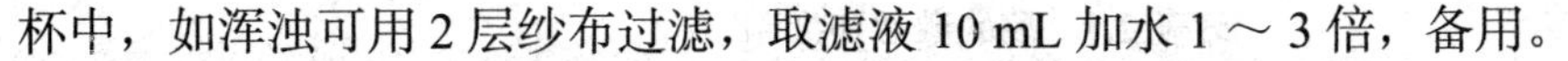

杯中，如浑浊可用 2 层纱布过滤，取滤液 10 mL 加水 1 ～ 3 倍，备用。

（2）植物淀粉酶的制备。称取 1 ～ 3 g 萌发的大麦或小麦种子（芽长 1 cm 左右），置于研钵，加少量石英砂（或河砂），磨成匀浆，倒入 50 mL 量筒，加水至刻度，混匀后在室温（20 ～ 25 ℃）下放置，每隔 3 ～ 4 min 摇动 1 次，放置 15 ～ 20 min 后，取上清液或过滤，取滤液备用（若酶液过浓，可稀释 5 ～ 10 倍使用）。

2．流程 2：酶活性的检验

（1）温度对酶活性的影响。取 4 支试管，编号后，按附表 2.5 分别加入淀粉和稀释唾液（或种子酶液），立即分别放入对应的冰浴和两种水浴。

①在比色板各孔中置碘液 1 滴，每隔 1 ～ 2 min 用滴管从第 3 管中取反应液 1 滴，滴入比色板一孔中，观察颜色变化。每次取反应液之前，都应将滴管洗净后方可使用（为什么？）。

待检查到碘液颜色不变时，取出第 4 管冷却后，再取出第 1 管，两管同时各加入碘液 1 滴，观察颜色有何变化？

②取出第 2 管置于 37 ～ 40 ℃水浴中，10 min 后，加入 2 滴碘液，其颜色与第 1 管比较，有何变化？

附表 2.5　温度对酶活性的影响测定

管号	淀粉 /mL	稀释酶液 /mL	水温 /℃	颜色
1	3	1	0	
2	3	1	0	
3	3	1	37 ～ 40	
4	3	1	90	

（2）pH 对酶活性的影响。取 3 支试管，编号后按附表 2.6 加入试剂，混匀，置于 37 ～ 40 ℃水浴。每隔 1 ～ 2 min 用滴管从 3 种反应液中各取出 1 滴，滴入比色板碘液中，观察 3 种反应液颜色变化的快慢。

附表 2.6　pH 对酶活性的影响

管号	淀粉液 /mL	pH 为 5 缓冲液 /mL	pH 为 6.8 缓冲液 /mL	pH 为 8 缓冲 /mL	酶液 /mL	颜色变化
1	3	1	0	0	1	
2	3	0	1	0	1	
3	3	0	0	1	1	

（3）酶的激活和抑制。取 4 支试管按附表 2.7 加入试剂后置于 37 ～ 40 ℃水浴。每隔 1 ～ 2 min 用碘液在比色板上检查第 2 管一次，待碘液颜色不变时，再用同样的方法检查第 3 管的反应液数次。观察钠离子对反应速度有无影响，最后取出第 1 管，加入 2 ～ 3 滴碘液，颜色如何？如颜色太深，加水稀释观察。

附表 2.7　酶的激活和抑制

管号	淀粉液 /mL	1 %$CuSO_4$/mL	0.5 %NaCL/mL	酶液 /mL	反应速度 /（快、慢）
1	2	1	0	1	
2	2	0	1	1	
3	2	0	0	1	

（4）酶的专一性。取 2 支试管，按附表 2.8 加入试剂后，将试管放入 37 ～ 40 ℃水浴，保温 10 min 左右，取出后向各管加入班氏试剂 1 mL，放入沸水中煮沸 5 ～ 6 min，观察现象。

附表 2.8　酶的专一性

管号	淀粉液 /mL	蔗糖液 /mL	酶液 /mL	现象	备注
1	2	0	1		
2	0	2	1		

3．流程 3：结果分析

根据实验操作认真填写上面各项表格，并对结果做出分析。

2.4　琥珀酸脱氢酶的作用及其竞争性抑制

2.4.1　目的

（1）学会定性测定琥珀酸脱氢酶活性的简易方法及其原理。

（2）理解丙二酸对琥珀酸脱氢酶的竞争性抑制作用。

2.4.2　原理

琥珀酸脱氢酶是三羧酸循环过程中的一个重要酶，测定细胞中有无琥珀酸脱氢酶活性可以初步鉴定三羧酸循环途径是否存在。琥珀酸脱氢酶能使琥珀酸脱氢生成延胡素酸，并将脱下的氢交给受氢体，用亚甲基蓝作受氢体时，蓝色亚甲基蓝被还原生成无色的亚甲基白，其反应如下：

$$\begin{array}{l} CH_2COOH \\ | \\ CH_2COOH \end{array} + \text{亚甲基蓝} \xrightleftharpoons{\text{琥珀酸脱氢酶}} \begin{array}{l} CHCOOH \\ \| \\ CHCOOH \end{array} + \text{亚甲基白}$$

琥珀酸　　　　　　　　　　　　延胡索酸

丙二酸和琥珀酸结构相似，是琥珀酸脱氢酶的竞争性抑制剂，使其活性降低而不能催化琥珀酸脱氢。本实验中亚甲基蓝为受氢体，蓝色亚甲基蓝受氢后被还原生成无色的亚甲基白，根据亚甲基蓝的颜色是否消失，观察琥珀酸脱氢酶的活性及丙二酸对其的抑制作用。

2.4.3　器材与试剂

1．器材

试管、恒温水浴锅、研钵或匀浆器、滴管、剪刀、肌肉或动物肝脏、心脏。

2．试剂

（1）1/15 mol/L Na_2HPO_4 缓冲溶液（pH=7.0）称取 $Na_2HPO_4 \cdot 2H_2O$11.87 g，加水溶解并稀释至 1 000 mL。

（2）1.5% 琥珀酸钠溶液。称取琥珀酸钠 1.5 g，用蒸馏水溶解并定容到 100 mL。

（3）1% 丙二酸钠溶液。称取丙二酸钠 1 g，用蒸水溶解并定容到 100 mL。

（4）0.02% 亚甲基蓝溶液（又称美蓝、亚甲基蓝）。

（5）液体石蜡。

2.4.4　方法与步骤

1．肌肉匀浆制备

取肌肉或肝脏 5 g，在研钵中研成肌肉浆，加酸盐缓冲溶液 10 mL 研磨均匀，或在匀浆器中制成 20% 的匀浆液。

2．定性试验

取 4 支试管编号，按附表 2.9 操作。

附表 2.9　定性试验操作　　滴

试剂	1	2	3	4
肉浆液	5	5	5（煮沸）	5
1.5 % 琥珀酸钠溶液	5	5	5	10
1 % 丙二酸钠溶液	0	0	5	5
蒸馏水	10	10	5	0
0.02 % 亚甲基蓝溶液	2	2	2	2
现象				

将各管混匀后，在各管中立即加入 0.5 ～ 1 mL 液体石蜡，覆盖于液面上使式样与空气隔绝。然后放在 37 ℃恒温水浴中保持 10 min，从加入液体石蜡开始记录各管亚甲基蓝变白所需时间，待 1 号管褪色后再用力振荡，观察有何变化。

2.4.5　结果与讨论

（1）由于亚甲基蓝容易被空气中的氧所氧化，所以实验需在无氧条件下进行，常用邓氏管法抽去空气进行反应，也可简化为用液体石蜡（或冻结琼脂）封闭反应液，以隔绝空气，这样可不用抽真空设备。

（2）第 2 管加入的肌肉浆预先在 100 ℃恒温水浴中保温 5 min，以杀灭酶活性作为对照管。

（3）观察变色时不要振动试管，以免氧气进入管内影响变色。

2.5　血液生化样品的制备

2.5.1　目的

了解血液生化样品制备的原理，掌握血液生化样品制备的方法。

2.5.2　原理

测定血液或其他体液的化学成分时，标本内蛋白质的存在，常常干扰测定，要避免蛋白质的干扰，常将其中的蛋白质沉淀除去，制成无蛋白血滤液，才能进行分析。例如，测定血液中的非蛋白氮、尿酸、肌酸等时，需先把血液制成无蛋白血滤液后，再进行分析测定。

常用的无蛋白血滤液制备的方法有钨酸法、氢氧化锌法、三氢醋酸法和硫酸锌法，可根据不同的需要加以选择。

1．钨酸法

钨酸钠与硫酸混合，生成钨酸和硫酸钠，反应如下：

$$Na_2WO_4+H_2SO_4 \rightarrow H_2WO_4+Na_2SO_4$$

血液中蛋白质在 pH 小于等电点的溶液中可被钨酸沉淀，将沉淀液过滤或离心，上层清液即无色而透明、pH 约等于 6 的无蛋白滤液，可供非蛋白氮、血糖、氨基酸、尿素、尿酸及氯化物等项测定使用。

2．氢氧化锌法

血液中蛋白质在 pH 大于等电点的溶液中可用 Zn^{2+} 来沉淀，生成的氢氧化锌本身为胶体可将血液中葡萄糖以外的许多还原性物质吸附而沉淀，将沉淀过滤或离心，即得完全澄清无色的无蛋白血滤液。此法所得滤液最适合做血液葡萄糖的测定（因为葡萄糖多是利用它的还原性来定量的）。但测定尿酸和非蛋白氮时含量降低，不宜使用此滤液。

3．三氯醋酸法

三氯醋酸为一种有机强酸，能使血液中蛋白质变性而形成不溶的蛋白质沉淀。将沉淀过滤或离心，其上层无蛋白血滤液。此滤液呈酸性，常用来测定无机磷等。

2.5.3　器材与试剂

1．器材

离心管及离心机、奥氏吸管、锥形瓶、吸管、滤纸、漏斗。

2．试剂

抗凝血剂、10 % 钨酸钠溶液、2/3 mol/L 硫酸溶液、10 % 硫酸锌溶液、0.5 mol/L 氢

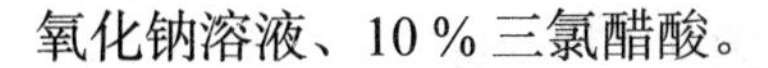
氧化钠溶液、10 % 三氯醋酸。

2.5.4　方法与步骤

1．采血

测定用的血液，多由静脉采集。一般在饲喂前空腹采取，此时血液中化学成分含量比较稳定。采血时所用的针头、注射器、盛血容器要清洁干燥，接血时应让血液沿着容器壁慢慢注入，以防溶血和产生泡沫。

2．血清的制备

由静脉采集的血液，注入清洁干燥的试管或离心管中，将试管放成斜面，让其自然凝固，一般经 3 h，血块自然收缩而析出血清；也可将血样放入 37 ℃恒温箱内，促使血块收缩，能较快地析出血清。为了缩短时间，也可用离心机分离（未凝或凝固后均可离心），分离出的血清，用滴管移入另一试管中供测定用，如不及时使用，应贮于冰箱。分离出的血清不应溶血。

3．血浆、无蛋白血滤液的制备

制备血浆和无蛋白血滤液，需用抗凝剂以除去血液中钙离子或某些其他凝血因子，防止血液凝固。

（1）抗凝剂种类。抗凝剂的种类很多，本实验主要介绍生化测定中常用的抗凝剂的制备及抗凝效果。

①草酸钾（钠）。常用的抗凝剂之一，其优点是溶解度大，与血液混合后，迅速与血中钙离子结合，形成不溶的草酸钙，使血液不再凝固。

配制方法：通常先配成 10% 草酸钾或草酸钠溶液，然后吸取此液 0.1 mL 于试管，转动试管，使其铺散在试管壁上，置于 80 ℃干燥箱内烘干，管壁呈白色粉末状，加塞备用。每管含草酸钾或草酸钠 10 mg，可抗凝血液 5 mL。

应用范围：适用于非蛋白氯、血糖等多种测定项目，但不适用于钾、钠和钙的测定；另外，草酸盐能抑制乳酸脱氢酶、酸性磷酶和淀粉酶，故使用时给予注意。

②草酸钾氟化钠混合剂。血液内某些化学成分（如血糖）离开机体后仍易被酶作用而影响测定结果。如用此混合剂可抑制的作用（氟化钠有抑制糖酵解作用），因而能防止血糖等化学物质的分解。

配制方法：称取草酸钾 6 g，氟化钠 3 g，加蒸馏水至 100 mL，分装在试管内，每管 0.25 mL 80 ℃烘干后加塞备用、每管含混合剂 22.5 mg，可抗凝液 5 mL。

应用范围：最适用于血糖的测定，而不适用丁脲酶法的尿素氮测定（因氯化钠能抑制脲酶活性）。

③肝素。一种较好的抗凝剂，因它对血中有机成分和无机成分的测定均无影响，其主要作用是抑制凝血酶原转变为凝血酶，使纤维蛋白原不能转化为纤维蛋白而凝血。

配制方法：常将肝素配成 1 mg/mL 的水溶液，每管装 0.1 mL，横放蒸干（不宜超过 50 ℃）备用。每管可抗凝血液 5 ～ 10 mL。

市场售肝素大多数为钠盐，可按 10 mg/mL 配制成水溶液。每管装 0.1 mL，按上法烘干，可使 5 ～ 10 mL 血液不凝固。

应用范围：适用于血液有机物的测定，不适用于凝血酶原的测定。

④乙二胺四乙酸二钠盐（简称 $EDTANa_2$）。$EDTANa_2$ 对血液中钙离子有很大的亲和力，能使钙离子络合而血液不凝固。

配制方法：常配成 40 mg/mL $EDTANa_2$ 的水溶液，每管分装 0.1 mL，在 80 ℃干燥箱内烘干备用。每管可抗凝血液 5 mL。

适用范围：适用于多种生化分析，但不适用于血浆中含氮物质、钙及钠的测定。

（2）血浆的制备由静脉采集的血液，放入装有抗凝剂的试管或离心管中，轻轻摇动使血液与抗凝剂充分混合，以防小血块的形成，抗凝血可静置或离心沉淀分离（2 000 r/min，10 min），以使细胞下沉，上清液即血浆。血浆与血清成分基本相似，只是血清不含纤维蛋白原。

（3）无蛋白血滤液的制备。

①钨酸法。

a. 取 50 mL 锥形瓶 1 只，加入蒸馏水 7 份。

b. 用奥氏吸管吸取抗凝血 1 份，擦去管壁外血液，将吸管插入锥形瓶中水底部，缓慢地放出血液。放完血液后，将吸管提高吸取上清液再吹入，反复洗涤 3 次。充分混合，使红细胞完全溶解。

c. 加入 0.333 mol/L 硫酸溶液 1 份，随加随摇，充分混匀。此时血液由鲜红变成棕色静置 5 ～ 10 min，使其酸化完全。

d. 加入 10 % 钨酸钠溶液 1 份，边加边摇，血液由透明变成凝块状。振摇到不再产生泡沫为止。

e. 放置数分钟后用定量滤纸过滤或离心除去沉淀，即得完全澄清的无蛋白血滤液，供测定用。用此法制得的无蛋白血滤液为 10 倍稀释的血滤液。即每毫升血滤液相当于全血 0.1 mL，适用于葡萄糖、非蛋白氮、尿素氮、肌酸酐和氧化物等的测定。

②氢氧化锌法。

a. 取干燥、洁净的 50 mL 锥形瓶 1 只，加入蒸馏水 7 份。

b. 取抗凝血 1 份放入锥形瓶中，以下同钨酸法。

c. 加入 10 % 硫酸锌溶液 1 份，混匀。

d. 缓慢地加入 0.5 mol/L 氢氧化钠溶液 1 份，边加边摇，5 min 后用滤纸过滤或离心（2 500 r/min，10 min），除去沉淀，便得完全澄清的无蛋白血滤液。此液亦为 10 倍稀释的血滤液。

③三氯醋酸法。准确吸取 10 % 三氯醋酸 9 mL 置于锥形瓶或大试管，用奥氏吸管加入 1 mL 已充分混匀的抗凝液。加时要不断摇动，使其均匀。静置 5 min，过滤或离心。除去沉淀，即得 10 倍稀释的透明清亮的无蛋白血液。

2.5.5 结果与讨论

制备无蛋白血滤液时，各液加妥后。摇匀不应有泡沫，否则表明蛋白质沉淀不完全。所得的无蛋白血滤液均应是无色透明液体，若呈粉红色，则表明蛋白质沉淀不完全。

2.6　福 – 吴法测定血糖含量

2.6.1　目的

（1）了解糖的还原性及测定血糖含量的原理。

（2）学会血糖含量测定的方法及操作过程。

2.6.2　原理

血液中的葡萄糖（简称血糖），是多羟基的醛，具有还原性，与碱性铜试剂混合加热时，葡萄糖分子中的醛基被氧化成羧基，铜试剂中的 Cu^{2+} 被还原成砖红色的 Cu_2O（反应速率快时，生成的 Cu_2O 颗粒较小；反应速率慢时，生成的 Cu_2O 颗粒较大。Cu_2O 与磷钼酸反应生成钼蓝，溶液呈蓝色，蓝色的深浅与葡萄糖含量成正比，可用分光光度法在波长 420 nm 处测定光密度值，从而计算出血糖的含量。

2.6.3　器材与试剂

1．器材

分光光度计、容量瓶、烧杯、刻度吸量管、血糖管。

2．试剂

（1）0.04 mol/L 硫酸溶液。量取浓硫酸（相对密度 1.84 g/mL）2.3 mL 加入 50 mL 蒸馏水，转移并用蒸馏水定容至 1 000 mL，用 0.1 mol/L 氢氧化钠标定硫酸溶液至 0.04 mol/L。

（2）10 % 钨酸钠溶液。称取钨酸钠（$Na_2WO_4 \cdot 2H_2O$）10 g，用水溶解后定容至 100 mL。

（3）碱性铜试剂。称取无水碳酸钠 40 g、酒石酸 7.5 g、结晶硫酸铜 4.5 g 分别加热溶于 400 mL、300 mL、200 mL 水中，先将冷却后的酒石酸溶液倒入碳酸钠溶液中混匀转移到 1 000 mL 容量瓶中，再将硫酸铜溶液倒入并用水定容至刻度，贮存在棕色瓶中，备用。

（4）磷钼酸试剂。称取钼酸 35 g 和钨酸钠 10 g，加入 400 mL 氢氧化钠（10%）溶液再加水 400 mL 混合后煮沸 20 ～ 40 min，以便除去钼酸中存在的氨（至无氨味），冷却后加入磷酸（80%）25 mL，混匀，转移到 1 000 mL 容量瓶中，用水定容至刻度。

（5）0.25 % 的苯甲酸溶液称取苯甲酸 2.5 g 加水煮沸溶解，用水定容 1 000 mL。

（6）葡萄糖贮存标准溶液（10 mg/mL）准确称取置于硫酸干燥器内过滤的无水葡萄糖 1.0 g，用 0.25 % 的苯甲酸溶液溶解，转移到 100 mL 容量瓶中，以 0.25% 苯甲酸溶液定容至刻度，置冰箱可长期保存。

（7）葡萄糖应用标准溶液（0.1 mg/mL）准确吸取萄糖贮存标准溶液 1.0 mL 至 100 mL 容瓶中，用 0.25 % 苯甲酸溶液定容至刻度。

（8）1∶4 磷钼酸稀释液量取磷钼酸试剂 1 份，蒸馏水 4 份混匀即可。

2.6.4 方法与步骤

（1）用钨酸法制备 1 ∶ 10 全无血蛋白血滤液。
（2）取 4 支血糖管按附表 2.10 操作。

附表 2.10 血糖含量测定操作

试剂及操作	空白管	低浓度标准管	高浓度标准管	测定管
无蛋白血滤液 /mL	—	—	—	1.0
水 /mL	2.0	1.0	—	1.0
标准葡萄糖应用液 /mL	—	1.0	2.0	—
碱性铜试剂 /mL	2.0	2.0	2.0	2.0
葡萄糖含量 /mg	0	0.1	0.2	
混匀，置沸水浴中煮 8 min，取出，自来水中冷却 3 min（切勿摇动血糖管）				
磷钼酸试剂 /mL	2.0	2.0	2.0	2.0
混匀后放置 2 min（使二氧化碳气体逸出）				
1 ∶ 4 磷钼酸溶液加至 /mL	25			

用胶塞塞紧管口，颠倒混匀，用空白管调零，在 620 nm 波长处测定光吸收率。

2.6.5 结果与讨论

1．结果计算

（1）高标准管。

葡萄糖含量［mg/（100 mL）］=（测定管光吸收 / 标准管光吸收）×0.2×（100/0.1）
=（测定管光吸收 / 标准管光吸收）×200

（2）低标准管。

葡萄糖含量［mg/（100 mL）］=（测定管光吸收 / 标准管光吸收）×0.1×（100/0.1）
=（测定管光吸收 / 标准管光吸收）×100

2．注意事项

（1）血糖测定时，由于血液中其他还原物质（占 10% ～ 20%）作用，测得的血糖含量可能比实际含量偏高。

（2）血糖的测定应在采血后立即进行，以免血糖被分解。若做成无白血滤液可在冰箱中保存。

（3）沸水浴一定等水沸后，再放入试管，试管可用橡皮筋扎成束直立水中，使受热均匀，加热时间一定准确，否则影响结果准确性。加入磷钼酸前切不可摇动试管，以免被还原的氢化亚铜被空气中氧所氧化，降低实际效果。

（4）采血时间应选择在喂饲料前，这样测定的结果更具有实际意义。

2.7　酮体的测定

2.7.1　目的

（1）通过实验，了解酮体生成的原料、生成与利用部位。
（2）掌握酮体测定的原理和方法。

2.7.2　原理

酮体包括乙酰乙酸、β－羟丁酸和丙酮三种物质。在肝脏中，脂肪酸经 β－氧化作用生成乙酸 CoA。生成的乙酰 CoA 可经代谢缩合成乙酰乙酸，而乙酰乙酸既可脱羧生成内酮，又可经 β－羟丁酸脱氢酶作用被还原生成 β－羟丁酸，三种物质统称酮体，酮体为机体代谢的正常中间产物，在肝脏中生成后须被运往肝外组织才能被机体所利用。在正常情况下，动物体内含量甚微；患糖尿病或食用高脂肪膳食时，血中和酮体含量增高，尿中也能出现酮体。

本实验用丁酸作底物，将之与新鲜的肝匀浆一起保温后，再测定其中酮体的生成量。

因为在碱性溶液中碘可以将丙酮氧化为碘仿（CHI_3），所以通过用硫代硫酸钠（$Na_2S_2O_3$）滴定反应中剩余的碘就可以计算出所消耗的碘量，进而可以求出以丙酮为代表的酮体含量。有关的反应式如下：

$$CH_3COCH_3+4NaOH+3I_2 \rightarrow CHI_3+CH_3COONa+3NaI+3H_2O$$

$$I_2+2Na_2S_2O_3 \rightarrow Na_2S_4O_6+2NaI$$

根据滴定样品与滴定对照所消耗的硫酸钠溶液体积之差，可以计算由丁酸氧化生成丙酮的量。

2.7.3　器材与试剂

1．器材

匀浆器（或搅拌机）、碘量瓶。

2．试剂

（1）100 g/L 氢氧化钠溶液。称取 10 g 氢氧化钠，在烧杯中用少量蒸馏水溶解后，定容至 100 mL。

（2）0.1 mol/L 正丁酸溶液。称取 13 g 碘和约 40 g 碘化钾，放置于研钵中。加入少量蒸馏水后，将之研磨至溶解。用蒸馏水定容到 1 000 mL，在棕色瓶中保存。此时可用标准硫代硫酸钠溶液标定其浓度。

（3）0.5 mol/L 正丁酸。取 0.05 mL 正丁酸，用 0.5 mol/L 氢氧化钠溶液 100 mL 溶解即成。

（4）0.1 mol/L 碘酸钾（KIO_3）溶液。称取 0.891 8 g 干燥的碘酸钾，用少量蒸馏水将之溶解，最后定容至 250 mL。

（5）0.1 mol/L 硫代硫酸钠（$Na_2S_2O_3$）溶液。称取 25 g 硫代硫酸钠，将它溶解于适量煮沸的蒸馏水中，并继续煮沸 5 min，冷却后，用冷却的已煮沸过的蒸馏水定容到 1 000 mL。此时即可用 0.1 mol/L 碘酸钾溶液标定其浓度。

（6）硫代硫酸钠溶液的标定。将蒸馏水 25 mL、碘化钾 2 g、碳酸氢钠 0.5 g、10% 盐酸溶液 20 mL 加入一个锥形瓶，另取 0.1 mol/L 碘酸钾溶液 25 mL 加入其中，然后用硫代硫酸钠溶液将之滴定至浅黄色。再加入 0.1% 淀粉溶液 2 mL，继续用硫代硫酸钠溶液将之滴定至蓝色消退为止。

另设一空白试样，其中仅以蒸水代替碘酸钾，其余操作相同。计算硫代硫酸钠溶液的浓度所依据的反应式如下：

$$5KI+KIO_3+6HCl=3I_2+6KCl+3H_2O$$

$$I_2+2Na_2S_2O_3=Na_2S_4O_6+2NaI$$

（7）10% 盐酸溶液。取 10 mL 盐酸，用蒸馏水稀释到 100 mL。

（8）1 g/L 淀粉溶液称取 0.1 g 可溶性淀粉，置于研钵中，加入少量预冷的蒸馏水中，将淀粉调成糊状。再慢慢倒入煮沸的蒸馏水 90 mL，搅匀后，再用蒸水定容至 100 mL。

（9）9 g/L 氯化钠。

（10）1/15 mol/L、pH=7.7 酸缓冲溶液（A 液）：采用 1/15 mol/L Na_2HPO_4 溶液，称取 $Na_2HPO_4 \cdot 2H_2O$ 1.187 g，将之溶解于 100 mL 蒸馏水中即成。

1/15 mo/LKH_2PO_4 溶液（B 液）：称取 KH_2PO_4 0.907 8 g，将之溶解于 100 mL 蒸馏水将之溶解，最后定容至 100 mL。

取 A 液 90 mL、B 液 10 mL，将两者混合即可。

2.7.4 方法与步骤

1. 肝匀浆的制备

（1）将动物（如鸡、家兔、大鼠或豚鼠等）放血杀死，取出肝脏。

（2）用 0.9% 氯化钠溶液洗去肝脏上的污血，然后用滤纸吸去表面的水分，取肝脏 5 g 在研钵中研成肌肉浆，加磷酸缓冲溶液 10 mL 研磨均匀，或在匀浆器中制成 20% 的匀浆液。

2. 酮体生成

（1）取两个锥形瓶，编号，按附表 2.11 操作。

附表 2.11 酮体生成实验步骤 mL

试剂	1	2
新鲜肝匀浆	—	2.0
预先煮沸的肝匀浆	2.0	—
pH=7.7 磷酸缓冲溶液	3.0	3.0
0.5 mol/L 正丁酸溶液	4.0	2.0

（2）将加好试剂的 2 个锥形瓶摇匀，放入 43 ℃恒温水浴锅中保温 40 min 后取出。

（3）于 2 个锥形瓶于分别加入 20% 三氯乙酸溶液 3 mL，摇匀后，室温放置 10 min

（4）将锥形瓶中的混合物分别用滤纸在漏斗上过滤，收集无蛋白滤液于事先编号 1、2 的试管中。

3．酮体的测定

（1）取碘量瓶 2 个，根据上述编号顺序按附表 2.12 操作。

附表 2.12　酮体的测定操作步骤　mL

试剂	1	2
无蛋白滤液	5.0	5.0
0.5 mol/L 碘溶液	3.0	3.0
10% NaOH	3.0	3.0

（2）加完试剂后摇匀，将碘量瓶于室温放置 10 min。

（3）各碘量瓶分别滴加 10% 盐酸溶液，使各瓶中溶液中和到中性或微酸性（可用 pH 试纸进行检测）

（4）用 0.02 mol/L 硫代硫酸钠溶液滴定至碘量瓶中的溶液呈浅黄色时，往瓶中滴加数滴 0.1% 淀粉溶液，使瓶中溶液呈蓝色。

（5）用 0.02 mol/L 硫代硫酸钠溶液滴定至碘量瓶中溶液的蓝色消退为止。

（6）记录下滴定时所用的硫代硫酸钠溶液体积，计算样品中丙酮的生成量。

2.7.5　结果与讨论

1．结果计算

根据滴定样品与对照所消耗的硫代硫酸钠溶液体积之差，可以计算由丁酸氧化生成丙酮的量。

实验中所用肝匀浆中丙酮的生成的量（mol）＝（A−B）×C×1/6

式中　A——滴定样品 1（对照）所消耗的 0.02 mol/L 硫代硫酸钠溶液的体积（mL）。

B——滴定样品 2 所消耗的 0.02 mo/L 硫代硫酸钠溶液的体积（mL）。

C——硫代硫酸钠溶液的浓度（mol/L）。

2．注意事项

（1）肝匀浆必须新鲜，放置久则失去氧化脂肪酸能力。

（2）三氯乙酸的作用是使肝匀浆的蛋白质、酶变性，发生沉淀。

（3）碘量瓶的作用是防止碘液挥发，不能用锥形瓶代替。

2.8　纸层析法分离测定氨基酸

2.8.1　目的

通过氨基酸的分离，学习纸层析法的基本原理及操作方法。

2.8.2 原理

纸层析法（paper chromatography）是最简单的液—液相分配层析，它以滤纸作惰性支持物，其原理主要是分配作用，辅以吸附和离子交换作用，即主要是利用物质在两种不相混合溶剂中的分配系数不同，而达到分离目的。通常用 α 表示分配系数，在一定条件下，某种物质在特定溶剂系统中的分配系数是一个常数。

$$\alpha=\text{溶质在固定相的浓度}/\text{溶质在流动相的浓度}$$

滤纸纤维上的羟基具有亲水性，当支持物被水饱和时，通过氢键被纤维素分子表面的羟基吸附的水分子扩散性大大降低，不具流动性，故滤纸及被吸附的水可作为层析的固定相，而与固定相不相混溶的有机相为层析的流动相。如果有多种物质存在于固定相和流动相之间，将随着流动相的移动进行连续和动态的不断分配。由于各物质分配系数的差异，移动速度就不一样，按照相似相溶的规律，分配系数大的溶质在固定相中分配的数量多，在纸上移动速度慢，反之则快。最后不同的组分可以彼此分开。

物质分离后在图谱上的位置可用比移值 R_f 表示：

$$R_f=\frac{\text{展层后斑点中心与原点之间的距离}}{\text{溶剂前沿与原点之间的距离}}$$

特定化合物在特定的展层系统和特定的温度下，Rf 是个常数，Rf 与分配系数 α 有如下关系；

$$\alpha=\frac{A_r}{A_s}\left(\frac{1}{R_f}-1\right)$$

式中，A_r 和 A_s 分别表示流动相和固定相体积，R_f 取决于被分离物质在两相间的分配系数和两相间的体积比。由于两相体积比在同一实验条件下是一常数，所以 R_f 主要取决于分配系数。不同的物质分配系数不同，也就有不同的 R_f。物质的分配系数受下列因素的影响：

（1）物质极性的大小。水的极性很强，根据相似相溶规律，一般极性强的物质就容易进入水相，而非极性的物质易于进入有机溶剂。故碱性氨基酸因—OH 和—NH_2 基团较多而易分配在水相中，具有较小的 R_f。而非极性氨基酸则因含—CH 较多而不易分配在水相中，故具有较大的 R_f。

（2）滤纸的质地以及被水分饱和的程度。滤纸的质地应均一，纯净和厚薄适当，具有一定的机械强度，层析前应用所选溶剂系统的蒸气饱和。

（3）溶剂的纯度、pH 和含水量。溶剂的纯度、pH 和含水量的改变将改变氨基酸和溶剂系统的极性，导致 R_f 值出现相应改变。

（4）层析的温度和时间。温度改变将导致溶剂系统中有机相的含水量改变，从而引起 R_f 改变。当其他条件相同时，层析时间短，则 R_f 小。

因此，在层析过程中必须严格控制上述影响 R_f 的因素。

展层的方式根据溶剂在纸上扩展的方向可分为上行法、下行法和环形法。上行法是最常用的让溶剂自下而上渗透的展层方式。下行法是让溶剂由纸的上端向下渗透的展层方式，其渗透速度快，展开距离可很长，有利于分离 R_f 相差较小的组分。环形法则稍复杂，它是在圆形滤纸上进行层析，从边缘至圆心剪下一条宽 2 ～ 3 mm 的纸条，裁成合适长度使其浸入培养皿的溶剂，样品可点于圆心，溶剂从圆心向四周扩散，物质则在一定距离的半径上形成同心圆。同时展层的方式又有单向和双向之分。

展层形成的图谱对无色物质来说有以下几种显色方法：①化学法，常用喷雾方式将合适的显色剂均匀喷于纸上，使之与待分析组分起反应形成有色或荧光物质，如本实验的茚三酮显色法；②物理法，利用某些物质能吸收紫外线的性质，将其置于紫外灯下观察或产生暗斑，或产生荧光；③微生物法，利用有些化合物对某种微生物的生长抑制作用来鉴定其存在与否；④同位素及放射自显影方法。

2.8.3　试剂

（1）谷氨酸、天冬氨酸、谷氨酰胺、γ－氨基丁酸和丙氨酸混合液，将各氨基酸分别配成 8×10^{-3} mol/L 的浓度，然后混合在一起。

（2）8×10^{-3} mol/L 谷氨酸和 8×10^{-3} mol/L 天冬氨酸混合液。

（3）0.5% 的茚三酮丙酮溶液。

（4）正丁醇、95%乙醇、88%甲酸、12%氨水。

2.8.4　操作方法

1．点样

选用新华1号滤纸，剪成18 cm×18 cm 的正方形，在距相邻两边各2.0 cm 处用铅笔轻轻画两条线，在线的交叉点处点样。已知氨基酸混合液用量以30～40 μL 为宜，斑点扩散直径不大于0.5 cm，点样时操作应小心，不能把滤纸弄破。点样中若点一次后须点第二次，可用电吹风冷风吹干。

2．展层

将点好样的滤纸两侧边缘对齐，用线缝好，卷成筒形。注意缝线处的滤纸两边不能接触，以免由于毛细管现象使溶剂沿两边移动太快而造成溶剂前沿不齐。将圆筒状滤纸放入已预先加入了展层溶剂系统（正丁醇：12% 氨水：95% 乙醇＝13：3：3）并已经平衡好了的层析缸中，注意滤纸勿与皿壁接触，盖好盖子进行展层。当溶剂展层至纸上沿约1 cm 时取出滤纸，做好前沿位置标记后晾干，将纸转90°，再次缝好后用第二相展层剂（正丁醇：80% 甲酸：水＝15：3：2 体积比，已在缸内平衡好了）展层。展层剂易挥发，需新鲜配制，注意摇匀，每相用量18～20 mL。

3．鉴定

将层析好的滤纸用吹风机吹干后再用0.5% 茚三酮丙酮溶液在纸上均匀喷雾，待自然晾干后置65 ℃烘箱内烘30 min，取出后用铅笔轻轻描出各显色斑点的形状。用直尺量出各斑点中心与原点的距离以及溶剂前沿与原点的距离，求出各氨基酸的 R_f。将各显色斑点的 R_f 与标准氨基酸的 R_f 比较，可得知该斑点的准确成分。

整个实验操作应戴手套进行，以免污染滤纸。

2.8.5 注意事项

（1）选用合适、洁净的层析滤纸。滤纸应质地均匀、厚薄一致，具有一定的机械强度和一定的纯净度，若分离样品可用厚滤纸，沃特曼（Whatman） No.1 滤纸与国产新华一号滤纸相似。不洁净的滤纸可浸于 0.4 mol/L HCl 中 20 h，蒸馏水洗至中性，再依次用 95%乙醇、无水乙醇和无水乙醚各浸洗一次，吹风机吹去乙醚，40 ℃烘干，但处理后的滤纸脆性增加。

（2）茚三酮的重结晶。5 g 茚三酮溶于 15 mL 热水，加入 0.25 g 活性炭轻轻搅动，加热 30 min 后趁热过滤（用热滤漏斗，茚三酮遇冷结晶），滤液置冰箱中过夜，次日黄白色结晶出现，再过滤，用 1 mL 冷水洗涤结晶，置干燥器中干燥后置棕色瓶内保存。

（3）进行双相层析时，经第Ⅰ相展层后，上端未经溶剂走过的滤纸与已被溶剂走过的滤纸形成一条分界线，在第Ⅱ相展层时在分界线上影响斑点形状，因此在进行Ⅱ相展层前，先将第Ⅰ相上端的 2 cm 边剪去，注意记下第 0 相时的原点与溶剂前沿的距离。

（4）纸层析的定量可用洗脱比色法。层析滤纸显色后按照同样大小的面积将各显色斑点剪下，在同一张滤纸上剪一块大小相仿的空白纸做比色对照用。各纸斑剪成细条梳状后装入干燥试管内，加 5 mL 0.1%$CuSO_4 \cdot 5H_2O$ ： 75% 乙醇＝ 2 ： 38（体积比）的溶液洗脱。间歇振荡，洗脱液呈粉红色，10 min 后在 520 nm 波长处进行比色测定，所得比色读数在标准曲线上查出其含量。

（5）标准曲线的绘制。配制已知浓度的 Glu 和 Asp 混合液，用单相层析法，在滤纸底边 2.5 cm 处分别点 5 μL、10 μL、15 μL 和 20 μL 氨基酸混合液，每点间隔 2.5 cm，留一空白点位置做对照。用正丁醇： 80%甲酸：水＝ 15 ： 3 ： 2（体积比）溶剂系统展层。同本实验中的步骤显色、洗脱和比色，以氨基酸含量为横坐标，光吸收值为纵坐标作图。结果应为一直线，不同氨基酸其斜率不同。

2.9 血清总脂的测定

2.9.1 目标

（1）了解香草醛法进行血清总脂测定的原理，学会测定方法和结果计算。

（2）查阅相关资料，了解血清总脂的含量与生物体代谢之间的关系。

2.9.2 原理

血清中的不饱和脂类与硫酸作用，水解后生成正碳离子。试剂中的磷酸与香草醛作用，产生芳香族磷酸酯，使醛基变成反应性增强的羰基。正碳离子与磷酸香草脂的羰基起反应，生成红色的醌类化合物。

2.9.3　准备

血清总脂测定的试剂、仪器和材料准备见附表 2.13。

附表 2.13　血清总脂测定的试剂、仪器和材料准备

准备项目	试剂及器材名称	试剂制备
试剂	香草醛溶液（0.6%）	称取香草醛 0.6 g，用蒸馏水溶解并稀释至 100 mL。储存于棕色瓶内，可保存 2 个月
	总脂标准液（4 mg/mL）	精确称取纯胆固醇 400 mg，置于 100 mL 容量瓶内，用冰醋酸溶解并稀释至 100 mL
	浓磷酸（AR）	
	浓硫酸（AR）	
仪器	722 型分光光度计	
	电炉	
	蒸锅	
	吸量管等	
	试管	
材料	动物血清	

2.9.4　实验步骤

正碳离子的生成→醌类化合物的生成与吸光度测定→数据处理。

1．正碳离子的生成

（1）取试管 3 支，按附表 2.14 进行操作。

附表 2.14　样品中总脂含量的测定　　mL

试剂 /mL	空白管	标准管	测定管
血清	0	0	0.05
总脂标准液	0	0.05	0
浓硫酸	0	1.2	1.2

（2）充分混匀，置于沸水中加热 10 min，使脂类水解，并生成正碳离子，取出后冷水浴中冷却。

2．显色反应与吸光度的测定

显色反应与吸光度的测定按附表 2.15 进行操作。

充分混匀，20 min 后，在 525 nm 波长处进行比色测定。用空白管调节零点，分别读取各管的吸光度。

附表 2.15 显色反应与吸光度的测定 mL

试剂	空白管	标准管	测定管
吸取上述水解液于另一试管中	0	0.2	0.2
浓磷酸	3.0	2.8	2.8
0.6% 香草醛溶液	1.0	1.0	1.0
吸光度 A			

2.9.5 数据处理

$$\text{血清总脂（mg/100 mL）}=\frac{\text{测定管吸光度}}{\text{标准管吸光度}}\times 0.05\times 4\times\frac{100}{0.05}=\frac{\text{测定管吸光度}}{\text{标准管吸光度}}\times 100$$

式中 0.05——总脂标准溶液经两步稀释后的最终浓度［（mg/（100 mL）］；

4——分光光度计所测定样品的总体积。

注意事项：①血清总脂是血清中各种脂类物质的总称。本实验的显色强度与脂肪酸的饱和度有关，所以测定结果与所采用的参考标准物有关。一般认为，血清中的饱和脂类与不饱和脂类之比为 3 ∶ 7，用胆固醇作为标准物，与上述情况比较接近。②血清中脂质含量过多时，可用生理盐水稀释后再进行测定，并将结果乘以稀释倍数。

2.10 维生素 C 含量的测定（2，6 – 二氯酚靛酚滴定法）

2.10.1 目的

（1）学习并掌握定量测定维生素 C 的原理和方法。

（2）了解蔬菜、水果中维生素含量情况。

2.10.2 原理

维生素 C 属于水溶性维生素，是人类营养中最重要的维生素之一，缺少它时会产生坏血病，因此又称其为抗坏血酸。维生素 C 对物质代谢的调节具有重要的作用。近年来，人们发现它还有预防和治疗感冒，增强机体对肿瘤的抵抗力，抑制致癌物质产生的作用。

维生素 C 分布很广，植物的绿色部分及许多水果（如猕猴桃、橘子、柠檬、柚子、苹果、草莓、山楂等）、蔬菜（芹菜、青椒、菠菜、黄瓜、洋白菜、西红柿等）中的含量更为丰富。测定维生素 C 的含量是了解果蔬品质高低及其加工工艺成效的重要指标。

维生素 C 易溶于水，有很强的还原性。在酸性和还原环境中较稳定，在中性和碱性条件下不稳定，加热易破坏，对酮离子很敏感，破坏严重。维生素 C 对氧敏感，氧化产物为脱氢抗坏血酸，仍有生理价值，但进一步水解成 2，3- 二酮古洛糖酸后便失去生理价值。因此维生素 C 可分为还原型和脱氢型。

还原型抗坏血酸能将 2，6- 二氯酚靛酚（Dichlorophenolindo phenol，DCPIP）还原成无色，本身则氧化为脱氢型。在酸性溶液中，2，6- 二氯酚靛酚呈红色，还原后变为无色。因此，当用此染料滴定含有维生素 C 的酸性溶液时，在维生素 C 尚未全部被氧化前，滴下的染料立即被还原成无色。一旦溶液中的维生素 C 已全部被氧化时，则滴下的染料立即使溶液变成粉红色。所以，当溶液从无色转变成微红色，并保持 15 s 不褪色时即表示溶液中的维生素 C 刚刚全部被氧化，此时即滴定终点。如无其他杂质干扰，样品提取液所还原的标准染料量与样品中所含的还原型抗坏血酸的量成正比。

2.10.3　试剂和器材

（1）材料：水果或蔬菜。

（2）试剂。

① 2% 草酸溶液：称取草酸 2 g 溶于 100 mL 蒸馏水中。

② 1% 草酸溶液：用 2% 草酸溶液稀释。

③标准维生素 C 溶液：准确称取 10 mg 纯维生素 C（应为洁白色，如为黄色则不能用）溶于 1% 草酸溶液中，并稀释至 100 mL，贮于棕色瓶中，冷藏。最好临用前配制。

④ 0.001 mol/L 2，6- 二氯酚靛酚钠溶液：称取干燥的 2，6- 二氯酚靛酚钠 60 mg，放入 200 mL 容量瓶中，加入蒸馏水 100 ～ 150 mL 溶解，滴加 4 或 5 滴 0.01 mol/L NaOH，摇匀，冷却后加水至刻度定容，用紧密滤纸过滤，贮于棕色瓶中，冰箱冷藏备用。有效期一周，每次临用前，以标准抗坏血酸溶液标定。

（3）器材。锥形瓶（50 mL），高速组织捣碎器、刻度吸管（5 mL、10 mL），漏斗及漏斗架、滤纸、微量滴定管（5 mL）、容量瓶（50 mL）、乳钵一套、50 mL 量筒。

2.10.4　操作方法

1. 提取

水洗干净整株新鲜蔬菜或整个新鲜水果，用纱布或吸水纸吸干表面水分。然后称取 5 ～ 10 g 置于乳钵中，（分次）加入等体积 2% 草酸，研磨成匀浆。将样品提取液转移到 50 mL 容量瓶中，残渣再用 2% 草酸提取 2 或 3 次，提取液及残渣一并转入容量瓶，用 2% 草酸定容。溶液中若泡沫较多，可加几滴丁醇或辛醇消除泡沫后再定容。摇匀，过滤，滤液备用。

2. 2，6- 二氯酚靛酚溶液的滴定

准确吸取新鲜配制的标准抗坏血酸溶液 1.0 mL（含 0.1 mg 维生素 C）于 50 mL 锥形瓶中，加 9 mL1％草酸，同时吸取 10 mL1% 草酸于另一个 50 mL 锥形瓶中做空白对照，用微量滴定管以所要标定的 2，6- 二氯酚靛酚溶液滴定至粉红色，并保持 15 s 不褪色，即终点。由所用染料的体积，计算出 1 mL 染料所能氧化的维生素 C 毫克数。

3．样品滴定

准确吸取滤液两份，每份 10.0 mL 分别放入 2 个 50 mL 锥形瓶内，滴定方法同前。另取 10 mL1% 草酸作空白对照滴定。

2.10.5 计算

$$维生素C含量\left[\text{mg/}（100\ \text{g 样品}）\right]=\frac{(V_A-V_B)\times C\times K\times 100}{D\times W}$$

式中 V_A——滴定样品所耗用的染料的平均毫升数；

V_B——滴定空白对照所耗用的染料的平均毫升数；

C——样品提取液的总毫升数；

D——滴定时所取的样品提取液的毫升数；

K——1 mL 染料能氧化维生素 C 毫克数；

W——待测样品的质量（g）。

2.10.6 注意事项

（1）某些水果、蔬菜（如橘子、西红柿）浆状物泡沫太多，可加数滴丁醇或辛醇。

（2）为防止还原型抗坏血酸被氧化，滴定过程要迅速，一般不超过 2 min。滴定消耗的染料以 1 ～ 4 mL 为宜，如超出此范围，应酌情增减样液用量或改变提取液稀释度。

（3）本实验必须在酸性条件下进行。在此条件下，干扰物质反应进行很慢。

（4）2% 草酸有抑制维生素 C 酶的作用，而 1% 草酸无此作用。

（5）干扰滴定因素。

若提取液中色素很多时，滴定不易看出颜色变化，可用白陶土脱色，或加 1 mL 氯仿，以氯仿层呈现淡红色为终点。

Fe^{2+} 可还原二氯酚靛酚。对含大量 Fe^{2+} 的样品可用 8% 乙酸溶液代替草酸溶液提取，此时 Fe^{2+} 不会很快与染料起作用。

样品中可能有其他杂质还原二氯酚靛酚，但反应速度均较维生素 C 慢，因而滴定开始时，染料要迅速加入，而后尽可能一滴一滴地加入，并要不断地摇动三角瓶直至呈粉红色，于 15 s 内不消退为终点。

（6）提取的浆状物如不易过滤，也可离心收取上清液进行滴定。

第3部分　常用试剂和溶液的配制

3.1　常用生物化学试剂的配制

3.1.1　生物化学试剂配制的注意事项

（1）称量要精确，特别是在配制标准溶液、缓冲溶液时，更应注意严格称量，有特殊要求的，如干燥、恒重、提纯等要按规定进行。

（2）一般溶液都应用蒸馏水或离子交换水配制，有特殊要求的除外。

（3）化学试剂的分级和选择。化学药品有不同的纯度级别，并在包装盒上标明。不同供应商对纯度等级的命名不同，目前没有统一的标准。通常根据实验要求选择不同规格的化学试剂。

一般化学试剂的分级见附表 3.1。

附表 3.1　一般化学试剂的分级

规格标准	一级试剂	二级试剂	三级试剂	四级试剂	生化试剂
我国标准	保证试剂 GR 绿色标签	分析纯 AR 红色标签	化学纯 CP 蓝色标签	实验试剂化学用 LR	BR 或 CR
纯度和用途	纯度最高，杂质含量最小试剂，适用于最精确分析及科研工作	纯度较高，杂质含量较低，适用精确的微量分析工作，为实验室分析广泛使用	质量略低于二级试剂，适用于一般的微量分析实验，包括要求不高的工业分析和快速分析	纯度较低，但高于工业用的试剂，适用于一般性检验	根据说明使用

另外，化学试剂还有一些规格，如，纯度很高的光谱纯、层析纯；纯度较低的工业用，药典纯（相当于四级）等。

（4）试剂应根据需要量配制，一般不宜过多，以免积压浪费，过期失效。

（5）试剂（特别是液体）一经取出，不得放回原瓶，以免因量器或药匙不清洁而污染整瓶试剂。取固体试剂时，必须使用洁净干燥的药匙。

（6）配制试剂所用的玻璃器皿，都要清洁干净。存放试剂的试剂瓶应清洁干燥。

（7）试剂瓶上应贴标签，写明试剂名称、浓度、配制日期及配制人。

（8）试剂用后要用原瓶塞塞紧，瓶塞不得沾染其他污物或污染桌面。

（9）有些化学试剂极易变质，变质后不能继续使用。

3.1.2 常用溶液浓度的单位及计算

生物化学实验中常用的浓度单位如下：

（1）质量分数（%）。每 100 g 溶液中所含溶质的克数。

$$质量分数=\frac{溶质的质量}{溶液的质量}\times 100\%$$

溶液的质量（g）= 溶质（g）+ 溶剂（g）

（2）体积比浓度（%）。每 100 mL 溶液中所含溶质的毫升数，一般用于配制溶质为液体的溶液，如各种浓度的酒精溶液。

（3）物质的量（mol）和物质的量浓度（mol/L）。

物质的量浓度（mol/L）：即每升溶液所含有溶质的物质的量。

$$物质的量溶度=\frac{溶质的物质的量（mol）}{溶液体积（L）}$$

例如，配制 0.2 mol/L 碳酸钠溶液 500 mL（Na_2CO_3 的化学式量为 105.99）。

配制步骤：

①算出要配制的溶液中所需要的药品的质量。如果所用药品含有结晶水，在计算所需药品时，也应把结晶水计算在内。

Na_2CO_3 的质量 $=0.2\times 500\times 10^{-3}\times 105.99=10.599\ 0$（g）

②准确称取所需的药品 10.599 0 g 于小烧杯中，加少量水溶解，必要时可加热、搅拌，使药品彻底溶解，再冷却至室温。

③用玻璃棒引流至 500 mL 容量瓶中，用水冲洗原烧杯，并将洗液引流入容量瓶，重复冲洗 3 次。加水到所需刻度线以下，改用胶头滴管或洗瓶加水至凹液面达到刻度线。

④盖上瓶塞，充分混匀后，将溶液转移到试剂瓶中，贴好标签备用。

（4）质量体积比浓度。单位容积溶液中所含溶质的质量。例如存在于提取物中的蛋白质或核酸，维生素、血清免疫球蛋白等生物活性化合物等，其浓度常以质量体积比浓度表示，如 g/L、mg/L。

3.2 常用缓冲溶液的配制

（1）邻苯二甲酸氢钾—盐酸缓冲液（0.05 mol/L）。

*X*mL0.2 mol/L 邻苯二甲酸氢钾 +*Y*mL0.2 mol/LHCl，再加水稀释到 20 mL。

pH（20 ℃）	*X*	*Y*	pH（20 ℃）	*X*	*Y*
2.2	5	4.670	3.2	5	1.470
2.4	5	3.960	3.4	5	0.990

续表

pH（20 ℃）	X	Y	pH（20 ℃）	X	Y
2.6	5	3.295	3.6	5	0.597
2.8	5	2.642	3.8	5	0.263
3.0	5	2.032			

注：邻苯二甲酸氢钾相对分子质量 =204.23。

0.2 mol/L 邻苯二甲酸钾溶液质量浓度为 40.85 g/L。

2．磷酸氢二钠—柠檬酸缓冲液。

pH	0.2 mol/L Na_2HPO_4/mL	0.1 mol/L 柠檬酸 /mL	pH	0.2 mol/L Na_2HPO_4/mL	0.1 mol/L 柠檬酸 /mL
2.2	0.40	10.60	5.2	10.72	9.28
2.4	1.24	18.76	5.4	11.15	8.85
2.6	2.18	17.82	5.6	11.60	8.40
2.8	3.17	16.83	5.8	12.09	7.91
3.0	4.11	15.89	6.0	12.63	7.37
3.2	4.94	15.06	6.2	13.22	6.78
3.4	5.70	14.30	6.4	13.85	6.15
3.6	6.44	13.56	6.6	14.55	5.45
3.8	7.10	12.90	6.8	15.45	4.55
4.0	7.71	12.29	7.0	16.47	3.53
4.2	8.28	11.72	7.2	17.39	2.61
4.4	8.82	11.18	7.4	18.17	1.83
4.6	9.35	10.65	7.6	18.73	1.27
4.8	9.86	10.14	7.8	19.15	0.85
5.0	10.30	9.70	8.0	19.45	0.55

注：Na_2HPO_4 相对分子质量 =141.96；0.2 mol/L 溶液为 28.40 g/L。

$Na_2HPO_4 \cdot 2H_2O$ 相对分子质量 =178.05；0.2 mol/L 溶液为 35.61 g/L。

$C_6H_8O \cdot 7H_2O$ 相对分子质量 =210.14；0.1 mol/L 溶液为 21.01 g/L。

（3）柠檬酸—氢氧化钠—盐酸缓冲液。

pH	钠离子浓度 /（$mol \cdot L^{-1}$）	柠檬酸（$C_6H_8O_7 \cdot H_2O$）/g	氢氧化钠（NaOH）/g	盐酸 /（HCl）mL（浓）	最终体积 /L
2.2	0.20	210	84	160	10
3.1	0.20	210	83	116	10
3.3	0.20	210	83	106	10
4.3	0.20	210	83	45	10

续表

pH	钠离子浓度 /（mol · L^{-1}）	柠檬酸（$C_6H_8O_7 \cdot H_2O$）/g	氢氧化钠（NaOH）/g	盐酸 /（HCl）mL（浓）	最终体积 /L
5.3	0.35	245	144	68	10
5.8	0.45	285	186	105	10
6.5	0.38	266	156	126	10

注：使用时，可以每升中加入 1 g 酚，若最后 pH 有变化，再用少量 50% 氢氧化钠溶液或浓盐酸调节，冰箱保存。

pH	0.1 mol/L 柠檬酸 /mL	0.1 mol/L 柠檬酸钠 /mL	pH	0.1 mol/L 柠檬酸 /mL	0.1 mol/L 柠檬酸钠 /mL
3.0	18.6	1.4	5.0	8.2	11.8
3.2	17.2	2.8	5.2	7.3	12.7
3.4	16.0	4.0	5.4	6.4	13.6
3.6	14.9	5.1	5.6	5.5	14.5
3.8	14.0	6.0	5.8	4.7	15.3
4.0	13.1	6.9	6.0	3.8	16.2
4.2	12.3	7.7	6.2	2.8	17.2
4.4	11.4	8.6	6.4	2.0	18.0
4.6	10.3	9.7	6.6	1.4	18.6
4.8	9.2	10.8			

注：柠檬酸 $C_6H_8O_7 \cdot H_2O$ 相对分子质量 210.14；0.1 mol/L 溶液为 21.01 g/L。

柠檬酸钠 $Na_3C_6H_5O_7$ 相对分子质量 294.12；0.1 mol/L 溶液为 29.41 g/L。

（4）乙酸—乙酸钠缓冲液（0.2 mol/L）。

pH/18℃	0.2 mol/L NaAc/mL	0.3 mol/L HAc/mL	pH/18℃	0.2 mol/L NaAc/mL	0.3 mol/L HAc/mL
2.6	0.75	9.25	4.8	5.90	4.10
3.8	1.20	8.80	5.0	7.00	3.00
4.0	1.80	8.20	5.2	7.90	2.10
4.2	2.65	7.35	5.4	8.60	1.40
4.4	3.70	6.30	5.6	9.10	0.90
4.6	4.90	5.10	5.8	9.40	0.60

注：$NaAc \cdot 3H_2O$ 相对分子质量 =136.090；0.2 mol/L 溶液为 27.22 g/L。

（5）磷酸盐缓冲液。

①磷酸氢二钠—磷酸二氢钠缓冲液（0.2 mol/L）。

pH	0.2 mol/L Na_2HPO_4/mL	0.2 mol/L NaH_2PO_4/mL	pH	0.2 mol/L Na_2HPO_4/mL	0.2 mol/L NaH_2PO_4/mL
5.8	8.0	92.0	7.0	61.0	39.0
5.9	10.0	90.0	7.1	67.0	33.0
6.0	12.3	87.7	7.2	72.0	28.0
6.1	15.0	85.0	7.3	77.0	23.0
6.2	18.5	81.5	7.4	81.0	19.0
6.3	22.5	77.5	7.5	84.0	16.0
6.4	26.5	73.5	7.6	87.0	13.0
6.5	31.5	68.5	7.7	89.5	10.5
6.6	37.5	62.5	7.8	91.5	8.5
6.7	43.5	56.5	7.9	93.0	7.0
6.8	49.5	51.0	8.0	94.7	5.3
6.9	55.0	45.0			

注：$Na_2HPO_4 \cdot 2H_2O$ 相对分子质量 =178.05；0.2 mol/L 溶液为 35.61 g/L。

$NaH_2PO_4 \cdot 2H_2O$ 相对分子质量 =156.03；0.2 mol/L 溶液为 31.21 g/L。

②磷酸氢二钠—磷酸二氢钾缓冲液（1/15 mol/L）。

pH	1/15 mol/L Na_2HPO_4/mL	1/15 mol/L KH_2PO_4/mL	pH	1/15 mol/L Na_2HPO_4/mL	1/15 mol/L KH_2PO_4/mL
4.92	0.10	9.90	7.17	7.00	3.00
5.29	0.50	9.50	7.38	8.00	2.00
5.91	1.00	9.00	7.73	9.00	1.00
6.24	2.00	8.00	8.04	9.50	0.50
6.47	3.00	7.00	8.34	9.75	0.25
6.64	4.00	6.00	8.67	9.90	0.10
6.81	5.00	5.00	8.18	10.00	0.
6.98	6.00	4.00			

注：$Na_2HPO_4 \cdot 2H_2O$ 相对分子质量 =178.05；1/15 mol/L 溶液为 11.876 g/L。

KH_2PO_4 相对分子质量 =136.09；1/15 mol/L 溶液为 9.078 g/L。

（6）磷酸二氢钾—氢氧化钠缓冲液（0.05 mol/L）。

X mL0.2 mol/L K_2PO_4+*Y* mL0.2 mol/L NaOH 加水稀释至 20 mL。

pH/（20 ℃）	*X*/mL	*Y*/mL	pH/（20 ℃）	*X*/mL	*Y*/mL
5.8	5	0.372	7.0	5	2.963
6.0	5	0.570	7.2	5	3.500
6.2	5	0.860	7.4	5	3.950
6.4	5	1.260	7.6	5	4.280
6.6	5	1.780	7.8	5	4.520
6.8	5	2.365	8.0	5	4.680

（7）巴比妥钠—盐酸缓冲液（18 ℃）。

pH	0.04 mol/L 巴比妥钠溶液 /mL	0.2 mol/L 盐酸 /mL	pH	0.04 mol/L 巴比妥钠溶液 /mL	0.2 mol/L 盐酸 /mL
6.8	100	18.4	8.4	100	5.21
7.0	100	17.8	8.6	100	3.82
7.2	100	16.7	8.8	100	2.52
7.4	100	15.3	9.0	100	1.65
7.6	100	13.4	9.2	100	1.13
7.8	100	11.47	9.4	100	0.70
8.0	100	9.39	9.6	100	0.35
8.2	100	7.21			

注：巴比妥钠盐相对分子质量 =206.18；0.04 mol/L 溶液为 8.25 g/L。

（8）Tris—盐酸缓冲液（0.05 mol/L，25 ℃）。

50 mL 0.1 mol/L 三羟甲基氨基甲烷（Tris）溶液与 *X*mL 0.1 mol/L 盐酸混匀后，加水稀释至 100 mL。

pH	*X*/mL	pH	*X*/mL
7.10	45.7	8.10	26.2
7.20	44.7	8.20	22.9
7.30	43.4	8.30	19.9
7.40	42.0	8.40	17.2
7.50	40.3	8.50	14.7
7.60	38.5	8.60	12.4
7.70	36.6	8.70	10.3
7.80	34.5	8.80	8.5
7.90	32.0	8.90	7.0
8.00	29.2		

注：三羟甲基氨基甲烷（Tris）相对分子质量 =121.14。

0.1 mol/L 溶液为 12.114 g/L。Tris 溶液可从空气中吸收二氧化碳，使用时注意将瓶盖盖严。

pH	0.05 mol/L 硼砂 /mL	0.2 mol/L 硼酸 / mL	pH	0.05 mol/L 硼砂 /mL	0.2 mol/L 硼酸 / mL
7.4	1.0	9.0	8.2	3.5	6.5
7.6	1.5	8.5	8.4	4.5	5.5
7.8	2.0	8.0	8.7	6.0	4.0
8.0	3.0	7.0	9.0	8.0	2.0

注：硼砂 $Na_2B_4O_7 \cdot H_2O$ 相对分子质量 =381.43；0.05 mol/L 溶液含 19.07 g/L。

硼酸 H_3BO_3，相对分子质量 =61.84；0.2 mol/L 溶液为 12.37 g/L。硼砂易失去结晶水，必须在带塞的瓶中保存。

（9）甘氨酸—氢氧化钠缓冲液（0.05 mol/L）。

X mL0.2 mol/L 甘氨酸 + *Y* mL 0.2 mol/L 氢氧化钠加水稀释至 200 mL。

pH	*X*/mL	*Y*/mL	pH	*X*/mL	*Y*/mL
8.6	50	4.0	9.6	50	22.4
8.8	50	6.0	9.8	50	27.2
9.0	50	8.8	10.0	50	32.0
9.2	50	12.0	10.4	50	38.6
9.4	50	16.8	10.6	50	45.5

注：甘氨酸相对分子质量 =75.07；0.2 mol/L 溶液为 15.01 g/L。

（10）硼砂—氢氧化钠缓冲液（0.05 mol/L 硼酸根）。

X mL0.05 mol/L 硼砂 +*Y* mL 0.2 mol/L NaOH 加水稀释至 200 mL。

pH	*X*/mL	*Y*/mL	pH	*X*/mL	*Y*/mL
9.3	50	6.0	9.8	50	34.0
9.4	50	11.0	10.0	50	43.0
9.6	50	23.0	10.1	50	46.0

注：硼砂 $Na_2B_4O_7 \cdot 10H_2O$ 相对分子质量 =381.43；0.05 mol/L 溶液为 19.07 g/L。

（11）碳酸钠—碳酸氢钠缓冲液（0.1 mol/L）。

Ca^{2+}、Mg^{2+} 存在时不得使用。

pH		0.1 mol/L Na_2CO_3/mL	0.1 mol/L $NaHCO_3$/mL
20 ℃	37 ℃		
9.16	8.77	1	9
9.40	9.12	2	8
9.51	9.40	3	7

续表

pH		0.1 mol/L Na_2CO_3/mL	0.1 mol/L $NaHCO_3$/mL
20 ℃	37 ℃		
9.78	9.50	4	6
9.90	9.72	5	5
10.14	9.90	6	4
10.28	10.08	7	3
10.53	10.28	8	2
10.83	10.57	9	1

注：$Na_2CO_3 \cdot 10H_2O$ 相对分子质量 =286.2；0.1 mol/L 溶液为 28.62 g/L。

$NaHCO_3$ 相对分子质量 =84.0；0.1 mol/L 溶液为 8.40 g/L。

第4部分　常用生物化学名词缩写符号

1. 二十种氨基酸

甘氨酸 Gly，G

丙氨酸 Ala，A

缬氨酸 Val，V

亮氨酸 Leu，L

异亮氨酸 Ile，I

甲硫氨酸（蛋氨酸）　Met，M

脯氨酸 Pro，P

苯丙氨酸 Phe，F

酪氨酸 Tyr，Y

色氨酸 Trp，W

精氨酸 Arg，R

赖氨酸 Lys，K

组氨酸 His，H

天冬氨酸 Asp，D

谷氨酸 Glu，E

半胱氨酸 Cys，C

丝氨酸 Ser，S

苏氨酸 Thr，T

天冬酰胺 Asn，N

谷氨酰胺 Gln，Q

2．NAD^+（Nicotinamide adenine dinucleotide）：烟酰胺腺嘌呤二核苷酸；辅酶Ⅰ。

3．FAD（Flavin adenine dinucleotide）：黄素腺嘌呤二核苷酸。

4．THFA（Tetrahydrofolic acid）：四氢叶酸。

5．$NADP^+$（Nicotinamide adenine dinucleotide phosphate）：烟酰胺腺嘌呤二核苷酸磷酸；辅酶Ⅱ。

6．FMN（Flavin mononucleotide）：黄素单核苷酸。

7．CoA（Coenzyme A）：辅酶A。

8．ACP（Acyl carrier protein）：酰基载体蛋白。

9．BCCP（Biotin carboxyl carrier protein）：生物素羧基载体蛋白。

10．PLP（Pyridoxal phosphate）：磷酸吡哆醛。

11．UDPG：二磷酸尿苷葡萄糖，是合成蔗糖时葡萄糖的供体。

12．ADPG：二磷酸腺苷葡萄糖，是合成淀粉时葡萄糖的供体。

13．F-D-P：1，6- 二磷酸果糖，由磷酸果糖激酶催化果糖 -1- 磷酸生成，属于高能磷酸化合物，在糖酵解过程生成。

14．F-1-P：果糖 -1- 磷酸，由果糖激酶催化果糖生成，不含高能磷酸键。

15．G-1-P：葡萄糖 -1- 磷酸。由葡萄糖激酶催化葡萄糖生成，不含高能键。

16．PEP：磷酸烯醇式丙酮酸，含高能磷酸键，属高能磷酸化合物，在糖酵解过程生成。

17．GOT（Glutamate-oxaloacetate transaminase）：谷草转氨酶。

18．GPT（Glutamate-pyruvate transaminase）：谷丙转氨酶。

19．APS（Adenosine phosphosulfate）：腺苷酰硫酸。

20．PAL（Phenylalanine ammonia lyase）：苯丙氨酸解氨酶。

21．PRPP（Phosphoribosyl pyrophosphate）：5- 磷酸核糖焦磷酸。

22．SAM （S-adenoymethionine）：S- 腺苷蛋氨酸。

23．GDH （Glutamate drhy ddrogenase）：谷氨酸脱氢酶。

24．IMP（Hypoxanthine nucleotide）：次黄嘌呤核苷酸。

25．CAP（Catabolic gene activator protein）：降解物基因活化蛋白。

26．PKA（Protein kinase）：蛋白激酶 A。

27．CaM（Calmkdulin）：钙调蛋白。

28．ORF（Open reading frame）：开放阅读框。

29．IF（Initiation factor）：原核生物蛋白质合成的起始因子。

30．EF（Elongation factor）：原核生物蛋白质合成的延伸因子。

31．RF（Release factor）：原核生物蛋白质合成的终止因子（释放因子）。

32．hnRNA（heterogeneous nuclear RNA）：核不均一 RNA。

33．fMet-tRNAf：原核生物蛋白质合成的第一个氨酰基转移 RNA。

34．Met-tRNAi：真核生物蛋白质合成的第一个氨酰基转移 RNA。

35．IP3：肌醇三磷酸。

36．DAG：甘油二酯。

37．NAN：N- 乙酰神经氨糖酸。

38．MVA：二羟甲基戊酸。

39．HMGCoA 合酶：β－羟甲基戊二酰 CoA 合酶。

40．HMGCoA：β－羟基－β－甲基戊二酰 CoA。

41．IPP：异戊烯醇焦磷酸酯。

42．DPP：二甲基丙烯焦磷酸酯。

43．PCA 循环：C4 途径，C4 二羧酸途径，C4 光合碳同化循环，Hatch-Slack 途径。

44．NADP-ME：具有高活性的依赖 NADP 的苹果酸酶的苹果酸型。

45．NAD-ME：具有高活性的依赖 NAD 的苹果酸酶的天冬氨酸型。

46．PEP-CK：具有高活性的 PEP 羧激酶的天冬氨酸。

47．CAM：景天酸代谢途径。

48．CATP：2- 羧基阿拉伯糖醇 -1- 磷酸。

49．PCR：卡尔文循环；C3 途径；C3 光合碳还原途径。

50．C2 光呼吸碳氧化循环。

51．RuBP：1，5- 二磷酸核酮糖。

52．PS Ⅰ：光系统Ⅰ。

53．PS Ⅱ：光系统Ⅱ。

54．CP：色素蛋白复合体。

55．OEC：放氧复合体。

56．LHC：捕光复合体。

57．WSC：水裂解体。

58．DNP：2，4- 二硝基苯酚，解偶联剂。

59．TCA：三羧酸循环；柠檬酸循环；Krebs 途径。

60．TPP：焦磷酸硫胺素。

61．DHAP：磷酸二羟丙酮。

62．EMP：糖酵解途径；Embden-Meyerhof Pathway 途径。

参 考 文 献

[1] 陆辉，左伟勇 . 动物生物化学 [M].2 版 . 北京：化学工业出版社，2015.
[2] 邹思湘 . 动物生物化学 [M].5 版 . 北京：中国农业出版社，2012.
[3] 姜光丽 . 动物生物化学 [M].2 版 . 重庆：重庆大学出版社，2011.
[4] 北京农业大学 . 动物生物化学 [M].2 版 . 北京：农业出版社，1980.
[5] 张喜南 . 动物生物化学 [M] . 北京：高等教育出版社，1992.
[6] 夏未铭 . 动物生物化学 [M] . 北京：中国农业出版社，2006.
[7] 周顺伍 . 动物生物化学 [M] .3 版 . 北京：中国农业出版社，2009.
[8] 北京市农业学校 . 动物生物化学 [M] . 北京：中国农业出版社，1996.